AF174240

LA VIDA DE LOS
HONGOS

LA VIDA DE LOS
HONGOS

LA HISTORIA NATURAL DE LOS ARQUITECTOS OCULTOS DEL EQUILIBRIO ECOLÓGICO

DESCOMPONEN, NUTREN, CONECTAN, REGENERAN

Britt A. Bunyard

BLUME

BLUME

Título original *The Lives of Fungi*

Edición Nigel Browning, Kate Shanahan
Dirección del proyecto Natalia Price-Cabrera
Dirección de arte Wayne Blades
Diseño Gilda Pacitti
Documentación iconográfica Natalia Price-Cabrera
Ilustración Sarah Skeate
Traducción Remedios Diéguez Diéguez
Revisión de la edición en lengua española Antonio Gómez Bolea
Profesor de Micología (Departamento de Biología Evolutiva, Ecología
y Ciencias Ambientales; Sección de Botánica y Micología; Institut de Recerca
de Biodiversitat [IRBio]; Facultad de Biología, Universidad de Barcelona)
Coordinación de la edición en lengua española
Cristina Rodríguez Fischer

Primera edición en lengua española 2026

© 2026 Naturart, S.A. Editado por BLUME
Carrer de les Alberes, 52, 2.º, Vallvidrera, 08017 Barcelona
Tel. 93 205 40 00 E-mail: info@blume.net
© 2022 UniPress Books Limited, Londres

I.S.B.N.: 979-13-87881-36-8
Depósito legal: B. 20789-2025
Impreso en China

Todos los derechos reservados. Queda prohibida la reproducción total
o parcial de esta obra, sea por medios mecánicos o electrónicos,
sin la debida autorización por escrito del editor.

WWW.BLUME.NET

MIXTO
Papel | Apoyando la
silvicultura responsable
FSC® C005748

CONTENIDO

INTRODUCCIÓN

«Todo depende de todo».

(Lema traducido del pueblo haida del noroeste del Pacífico)

Toda la vida en el planeta está conectada, pero esas conexiones son invisibles en su mayoría. Mientras lee estas líneas, los microbios que cubren gran parte de la superficie de su cuerpo, tanto por dentro como por fuera, están realizando sus funciones. De hecho, la inmensa mayoría de las células vivas que componen el ecosistema que es «usted» no son humanas, sino microbianas, y una cuantas son fúngicas.

Ocurre algo similar con el árbol que ve desde su ventana. También está compuesto en su mayor parte por células vegetales no vivas; la mayoría de las células vivas que componen ese árbol probablemente no sean siquiera células vegetales. Los organismos endófitos que se encuentran en los tejidos de la planta son responsables de gran parte del control hormonal del espécimen; determinan su resistencia a la sequía y al calor, y la producción de toxinas en respuesta al ataque de patógenos o herbívoros. Las micorrizas de las raíces del árbol son responsables de la absorción de agua y nutrientes. Estos hongos se adhieren a los árboles adyacentes, con los que no guardan parentesco, y cuentan con cuerpos fructíferos que albergan artrópodos que se alimentan de hongos (micófagos). A su vez, estos artrópodos son parasitados por nematodos, o por artrópodos más pequeños, como las avispas parasitoides bracónidas (que dependen de virus para ocultar sus huevos parásitos invasores al sistema inmunitario de las larvas del huésped, y así continúan las conexiones).

Sin embargo, lo que todos estos organismos vivos tienen en común (de hecho, lo que todos los organismos vivos de este planeta tienen en común) es la dependencia de los hongos. Y a pesar de que estamos rodeados de ellos, siguen siendo poco conocidos. Con el planeta y los recursos naturales bajo la presión constante de un hábitat cada vez más reducido y una población humana en rápido crecimiento —con la consiguiente contaminación, las especies invasoras y otros desastres provocados por el hombre—, cada vez cobra mayor importancia ser consciente de los tesoros naturales que nos rodean.

Las setas y otros hongos son organismos hermosos e interesantes, aunque sé que no todo el mundo comparte esta opinión. En muchos casos, los hongos se contemplan como meros recicladores de nutrientes y descomponedores de materia orgánica (es decir, los que pudren aquello que una vez estuvo vivo). Sin embargo, los métodos más actuales

para detectar el ADN de organismos en el entono, las técnicas microscópicas mejoradas y los nuevos métodos de cultivo están demostrando que los hongos son mucho más omnipresentes de lo que se pensaba. Además, están revelando que los hongos son bastante más importantes para el medio ambiente y, por extensión, para el ser humano.

Basándonos en su masa y en el número de especies, los hongos (junto con los insectos) probablemente sean los organismos más comunes y con mayor éxito evolutivo del planeta. Los hongos crecen en todos los continentes de la Tierra, desde los picos más altos hasta los desiertos más áridos, desde las profundidades de los océanos hasta nuestros propios patios traseros. Y no se detienen en nuestras puertas: también se desarrollan (para disgusto de la mayoría) dentro de nuestros hogares. Los avances en la microscopía moderna nos han permitido saber que hay mohos y otros hongos en casi todas las áreas del entorno y que probablemente ninguna planta, consideradas como

↑ *Favolaschia calocera* es un hermoso descomponedor de madera que ha aparecido recientemente en numerosos lugares y hábitats nuevos. El cambio climático y los viajes y el comercio internacionales están cambiando los paisajes micológicos que nos rodean.

← Las setas son las estructuras reproductivas de los hongos. Presentan una desconcertante variedad de formas y tamaños. El esquizófilo común (*Schizophyllum commune*) es una de las setas más numerosas; se encuentra en la madera muerta, en todos los continentes (excepto en la Antártida).

la piedra angular de todos los hábitats, puede prosperar durante mucho tiempo sin sus socios fúngicos. Entrelazados entre las raíces como micorrizas, creciendo de manera epifítica en la superficie de las plantas, y presentes en los tejidos vegetales como endófitos, los hongos manejan los hilos de la naturaleza. Por contra, también causan la gran mayoría de las enfermedades de las especies vegetales, incluidas aquellas a las que debemos nuestra supervivencia como fuentes de alimento, fibra y medicinas. Una vez más, los hongos mueven los hilos.

↑ Los hongos presentan una enorme variedad de colores, y sus formas abarcan desde las más simples hasta las más complejas; en algunos casos, incluso parecen de otro mundo. Su ecología y el papel que desempeñan en el medio ambiente son igualmente diversos.

Como especie, los humanos hemos llegado a un punto crucial en nuestra historia. Cuando nací, habitaban nuestro planeta unos 2500 millones de personas, pero a principios de la década de 1990, cuando era un alumno de posgrado que estudiaba las setas y otros hongos, la población había aumentado a 5300 millones. Ahora la cifra se ha elevado a 7800 millones, y se prevé que aumente a 9700 millones en 2050. Estas cifras, que crecen sin parar, ponen de relieve los inmensos retos a los que nos enfrentamos a la hora de abordar el cambio climático global y de averiguar cómo podemos mantener, como especie, los ecosistemas saludables de los que dependemos para nuestra existencia.

No hay duda de que los hongos desempeñarán un papel importante en este proceso, ya que los seres humanos (posiblemente) recolectamos, utilizamos y consumimos setas y otros hongos desde el inicio de los tiempos. En la actualidad se recolectan setas silvestres en todos

los continentes, excepto en la Antártida, y muchas especies se pueden cultivar con relativa facilidad. Sin embargo, las setas comestibles más abundantes son las ectomicorrícicas, que significa que interactúan de manera simbiótica con las raíces de los árboles. Estas especies tienen un suministro continuo de nutrientes de los árboles que las albergan, lo que les permite producir frutos en abundancia cada año, pero los bosques de todo el mundo se enfrentan a una enorme presión para otros usos. Las consecuencias más habituales son la deforestación o la degradación de los ecosistemas forestales, con un impacto directo en los hongos que albergan.

A pesar de su importancia crucial para el planeta, apenas prestamos atención a los hongos mientras realizan sus funciones y, sin embargo, hacen cosas y viven de una manera que a la mayoría de las personas les parecerían de otro mundo (algunos hongos hacen cosas que ni siquiera

podría imaginar). Sin embargo, si las condiciones son las adecuadas y se encuentra en el lugar oportuno en el momento preciso, podría ser testigo de un momento mágico: el que se produce cuando las setas emergen del suelo del bosque. Su asombrosa fuerza hidráulica contradice su apariencia delicada, ya que empujan los escombros y la hojarasca. Una a una, sus cabezas maduran y se abren para liberar innumerables esporas a los caprichos de la más ligera brisa. No se sabe dónde aterrizarán, pero si las condiciones y el sustrato son favorables, el ciclo comenzará de nuevo. Sin embargo, la seta es solo la punta micológica del iceberg, ya que el cuerpo principal del hongo permanece oculto. Además, los hongos que producen cuerpos fructíferos macroscópicos —setas con el tamaño suficiente para resultar visibles— constituyen solo una pequeña fracción de todos los hongos. Entonces, ¿qué son los hongos? ¿De qué son capaces y qué hacen en el entorno?

¿Qué son los hongos?

Los hongos constituyen todo un reino de la vida y, como ocurre con los miembros de los reinos animal y vegetal, son muy diferentes entre sí. Sus formas de obtener alimento, sus mecanismos de defensa, su genética, su reproducción y su comunicación, entre otros muchos elementos, son muy diferentes a los comportamientos animales que la mayoría de las personas conocen.

↓ *Cordyceps militaris* cultivado.

Durante la mayor parte de la historia de la ciencia, los hongos se consideraron plantas. Desde Aristóteles, todos los seres vivos se clasificaban como plantas o como animales dependiendo de si podían moverse o no. El sistema de clasificación que utilizamos en la actualidad (con rangos de parentesco como reino, filo, géneros, etcétera) fue desarrollado por Carlos Linneo (Carl Nilsson Linnæus) en el siglo XVIII. Sin embargo, aunque resulta más sofisticado, no supuso un gran cambio en el caso de los hongos, que siguieron considerándose plantas. Por lo tanto, resulta más que un poco irónico que en estos tiempos que corren, con unos conocimientos mucho más avanzados sobre la relación evolutiva de todos los seres vivos del planeta, resulte que los organismos más estrechamente relacionados con los hongos no sean las plantas, sino los animales (incluidos los seres humanos).

Si encontrase una seta en un bosque cercano, resulta evidente que la reconocería. Del mismo modo, si sujetase una hoja verde en la mano, sabría que procede de una planta. Sin embargo, la gran mayoría de los hongos no producen setas, y ¿qué pasaría si el material vegetal no fuese verde? ¿Cómo sabría entonces qué es lo que está viendo? Es más: ¿cómo se clasifica la vida? Para responder a una pregunta tan fundamental, se necesitan ciertos conocimientos de biología y fisiología.

La primera regla de la biología es que los seres vivos se componen de células. La célula es un conjunto de todos los materiales necesarios para gestionar la vida de ese organismo, contenidos dentro de una membrana fosfolípida semipermeable. Sin embargo, por sencillo que parezca, no todos los biólogos están de acuerdo: según esta definición, un virus no sería un ser vivo, pero habría científicos que argumentarían lo contrario.

En el nivel más simple, la vida en su conjunto se divide en procariotas y eucariotas. Los procariotas son organismos unicelulares (que incluyen las bacterias) que carecen de orgánulos rodeados de membranas y tampoco tienen núcleo. Su ADN consiste en un único cromosoma circular. Además de una membrana celular, las bacterias pueden tener o no una pared celular rígida, pero eso es todo.

En comparación, los eucariotas están mucho más organizados desde el punto de vista fisiológico. Cuentan con orgánulos rodeados de membranas, como las mitocondrias y el núcleo, y su ADN está organizado en complejos cromosomas. Los eucariotas incluyen protistas unicelulares, plantas, animales y hongos.

Los hongos obtienen su energía por todos los medios heterotróficos imaginables; es probable que algunos hongos hagan cosas que ni siquiera puede imaginar. Quizás la mayoría de los hongos son parásitos, y es posible que todas las plantas tengan patógenos fúngicos específicos de cada especie (es el caso de muchas de nuestras variedades de cultivos agrícolas). Otros hongos son saprótrofos (obtienen su alimento de la materia orgánica en descomposición), y algunos son simbiontes mutualistas de otros organismos, sobre todo de plantas. Unos pocos hongos son carnívoros; atrapan y matan a sus presas animales como fuente de nitrógeno.

Sin embargo, lo que todos los hongos tienen en común son las paredes celulares compuestas de quitina, que aporta resistencia y flexibilidad al cuerpo del hongo. La quitina es similar a la celulosa de las plantas, pero se compone de largas cadenas de carbohidratos conectados por un enlace químico específico distinto. Además de en los hongos, la quitina se encuentra en el exoesqueleto de los insectos y otros artrópodos; el grupo de protistas más estrechamente relacionado con los hongos también presenta las paredes celulares de quitina.

Los seres humanos no producen quitinasas, que son las enzimas necesarias para degradar la quitina. Una idea errónea muy extendida es que los hongos son indigestos y no nutritivos porque están compuestos de quitina. Sin embargo, aunque es cierto que la quitina (o la celulosa vegetal, para el caso) tiene poco valor nutricional, hay muchos otros elementos dentro de las células de los hongos y las plantas que sí son nutritivos. Además, la quitina que ingerimos cuando consumimos setas y otros hongos actúa en nuestro organismo como fibra, de forma muy similar a la celulosa vegetal. Aunque es indigerible, la fibra tiene un papel beneficioso en nuestra dieta.

← Los hongos fétidos, como el *Aseroe rubra*, pueden parecer una forma de vida extraterrestre, pero están altamente especializados en la producción de esporas y atraen a los insectos para que hagan gran parte del trabajo, de forma similar a la polinización de las plantas por parte de los insectos.

→ Los hongos no siempre son mutualistas con los insectos. *Beauveria bassiana* y *Metarhizium anisopliae* son hongos entomopatógenos (que matan insectos). En la imagen se observa un picudo rojo de las palmeras (*Rhynchophorus ferrugineus*) atacado por estos hongos, con un espécimen no infectado en el centro para poder comparar.

FORMA Y FUNCIÓN

Las estructuras reproductoras de los hongos presentan una gran variedad de tamaños, formas y colores, pero los cuerpos fructíferos con el tamaño suficiente para poder calificarlos como setas solo son producidos por ascomicetos y basidiomicetos. En general, las formas comunes de los cuerpos fructíferos se agrupan en cuerpos fructíferos con láminas, poros o tubos, púas o espinas (agáricos y boletos); setas en forma de repisa con poros o láminas (polípuros); hongos en forma de nido de pájaro y de copa; bejines y similares; hongos gelatinosos; hongos

↑ Las setas suelen adoptar formas hermosas, a veces parecidas a otros organismos, como esta *Ramaria stricta* con forma de coral.

coralinos y en forma de maza, así como trufas y hongos similares a las trufas.

Sin embargo, la similitud de las formas de los cuerpos fructíferos puede resultar engañosa. Como resultado de la evolución convergente, los hongos ascomicetos y basidiomicetos presentan especies que producen cuerpos fructíferos similares, como copas, mazas y trufas. Esta evolución ha llevado a grupos dentro de un filo a producir formas parecidas. Así, tenemos varios órdenes dentro de los basidiomicetos que producen cuerpos fructíferos similares a repisas, pero no todos son polípuros. Son el entorno y la selección natural los que impulsan al organismo a adaptarse a su situación; así, muchos grupos de hongos basidiomicetos producen formas similares a las trufas, ya que es el cuerpo fructífero más adecuado para los entornos áridos.

Diversas formas de reproducción

Los hongos y los organismos similares a los hongos producen estructuras reproductoras con una amplia variedad de tamaños, formas y colores. Las formas más comunes consisten en láminas, poros o tubos, púas o espinas; pueden ser en forma de repisa con poros o láminas; en forma de copa, coral o maza; mucilaginosos o gelatinosos, o redondos y esféricos como una bola. Numerosos mohos diminutos carecen de cuerpo fructífero; simplemente crean propágulos reproductivos a partir de conidióforos.

REBOZUELOS

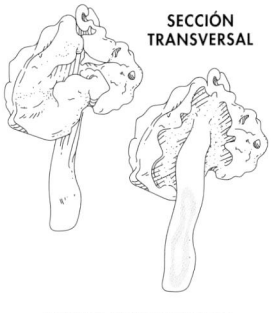

SECCIÓN TRANSVERSAL

FALSAS COLMENILLAS

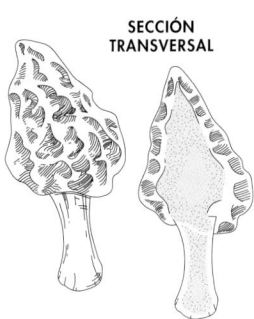

SECCIÓN TRANSVERSAL

COLMENILLAS

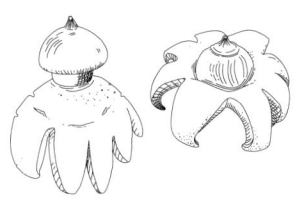

ESTRELLAS DE TIERRA

FALOS

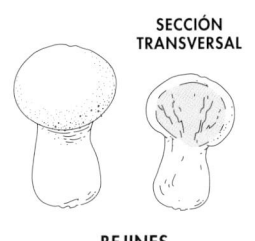

SECCIÓN TRANSVERSAL

BEJINES

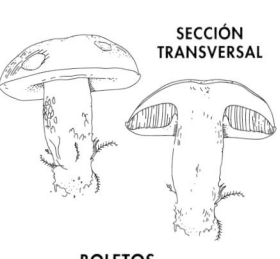

SECCIÓN TRANSVERSAL

BOLETOS

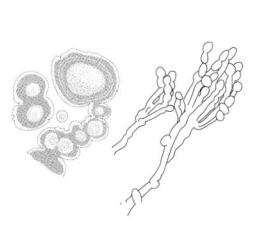

CONIDIÓFOROS SIMPLES

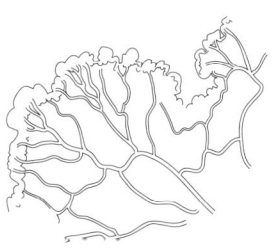

CONIDIÓFOROS SIMPLES

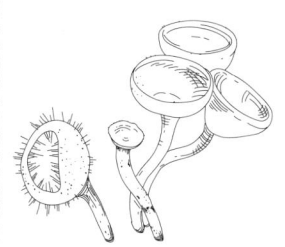

PLASMODIO MUCILAGINOSO

HONGOS EN COPA

HONGOS CORAL

HONGOS CON LÁMINAS

HONGOS CON PÚAS

POLÍPOROS

REGISTRO FÓSIL DE HONGOS

Aunque los hongos blandos y carnosos no se fosilizan
muy bien, disponemos de un registro fósil. Sin duda,
los primeros hongos se originaron en el agua, como
gran parte de la vida primitiva en la Tierra. Según
el registro fósil, se cree que los hongos ya existían
en el período Proterozoico tardío, hace entre 900 y
570 millones de años (Ma), y tal vez incluso antes.
Los microfósiles de «hongos» más antiguos se hallaron
en el esquisto de la isla Victoria y se dataron en torno
a 1010-890 Ma, aunque todavía no se ha llegado a
determinar si son realmente hongos. Sea cual sea
la fechas exacta, el consenso parece apuntar a que los
hongos probablemente llegaron a la tierra justo antes
de que lo hicieran las primeras plantas terrestres (que
datan de hace unos 700 Ma) y allanaron el camino
para que las plantas pasaran de un entorno marino
a hábitats cada vez más secos.

Los primeros organismos «similares a los líquenes»
que vemos en el registro fósil datan de hace unos 600 Ma,
y hace unos 550 Ma los quitridios y los hongos superiores
se separaron de un ancestro común. Los primeros hongos
identificables taxonómicamente datan de hace 460 Ma,
y parecen similares a los Glomeromycota modernos.
Hace unos 400 Ma, los Basidiomycota y los Ascomycota
se separaron de un ancestro común. Los primeros insectos
aparecieron en escena hace unos 400 Ma; los primeros
escarabajos y moscas datan de hace unos 245 Ma.

Gran parte de lo que sabemos de los hongos que
ya no existen proviene de especímenes hallados en ámbar.
Debido a las cualidades conservantes de la resina de los
árboles, el ámbar es un medio que preserva con gran
detalle objetos delicados como los cuerpos fúngicos.
La resina no solo impide que el aire llegue a los fósiles,
sino que además elimina la humedad del tejido, lo que da
lugar a un proceso conocido como deshidratación inerte.

Además, el ámbar posee compuestos antimicrobianos que matan los microorganismos que pudrirían la materia orgánica, embalsamando así de forma natural todo lo que queda atrapado. Gracias a estas propiedades, algunas setas fosilizadas de los períodos Cenozoico y Cretácico se han conservado en perfecto estado en ámbar. La seta más antigua es *Palaeoagaricites antiquus* (100 Ma), que se asemeja a los miembros actuales de la familia Tricholomataceae, mientras que otras especies incluyen *Archaeomarasmius leggetti* (90 Ma), *Protomycena electra* (20 Ma) y *Coprinites dominicana* (20 Ma). Estas tres últimas son muy parecidas a las setas que se pueden encontrar hoy en los bosques.

Se cree que las relaciones micorrícicas surgieron hace más de 400 Ma, cuando las plantas comenzaron a colonizar los hábitats terrestres. Estas relaciones se consideran una innovación fundamental en la evolución de las plantas vasculares. No hace mucho se descubrió la primera ectomicorriza fósil asociada a plantas con plantas de floración (angiospermas). Los fósiles se hallaron en un trozo de ámbar indio del Eoceno inferior (hace 52 Ma), solo 13 millones de años después de la extinción de los dinosaurios. Las micorrizas son extremadamente raras en el registro fósil.

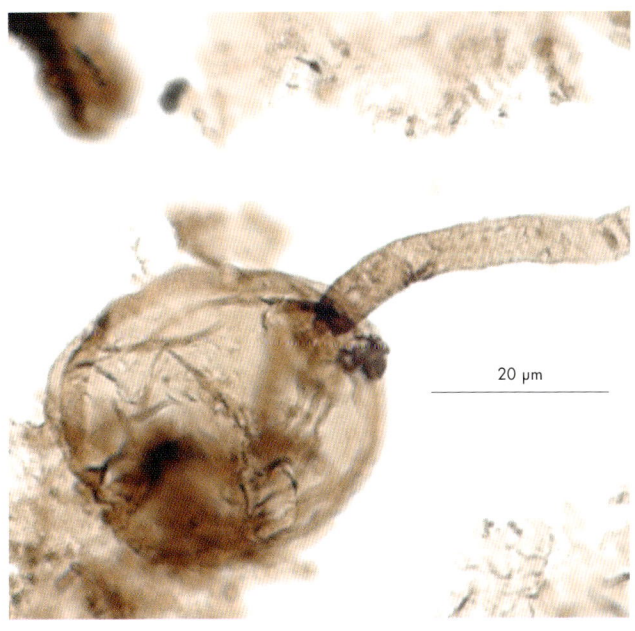

↖ Como se explica en el texto, el ámbar conserva de manera exquisita los organismos que quedan atrapados en él. Aunque se conocen muy pocos fósiles de setas, resulta habitual encontrar en ámbar organismos que se alimentan de hongos, como esta mosca tórida micófagica.

→ El fósil de hongo más antiguo que se conoce es *Ourasphaira giraldae*, hallado en pizarra formada hace entre 900 y 1000 millones de años, en lo que hoy son los Territorios del Noroeste de Canadá. A pesar de su antigüedad, los fósiles están muy bien conservados. Las esporas del hongo, claramente visibles, miden menos de una décima de milímetro de largo y están conectadas entre sí mediante filamentos hifales (hifas) finos y ramificados.

20 µm

CLASIFICACIÓN Y TAXONOMÍA

En el momento de redactar estas líneas, existen más de 150 000 especies de hongos con su denominación, aunque se estima que probablemente haya alrededor de 1,5 millones de especies en total. Esto significa que la gran mayoría de los hongos todavía están por descubrir y describir. La razón es que los hongos son enigmáticos: el tamaño microscópico de la mayoría de ellos hace que resulte difícil encontrarlos, y los que no admiten el cultivo permanecen en el anonimato. Sin embargo, sabemos que existen numerosos hongos invisibles porque dejan su ADN en el suelo y otros sustratos.

Los principales grupos de hongos se han clasificado según las características de sus estructuras reproductoras sexuales. Hasta hace poco, eso significaba que los hongos se agrupaban en cuatro clases: quitridiomicetos, zigomicetos, basidiomicetos y ascomicetos. Aunque muy simplificado, este esquema taxonómico sigue siendo un sistema bastante útil para entender qué son estos hongos y cómo se reproducen.

Los esquemas de clasificación desarrollados más recientemente separan los hongos en divisiones (o filos), aunque no todos los científicos están de acuerdo con las jerarquías taxonómicas para algunos de los grupos más extraños. Los nombres formales de los filos se escriben con mayúscula (Chytridiomycota, Glomeromycota, Basidiomycota y Ascomycota), mientras que «Zygomycota» se suele representar entre comillas porque se trata de un grupo artificial de hongos que, en conjunto, no son monofiléticos. Entre estos grupos, los basidiomicetos y ascomicetos (o «basidios» y «ascos», como a veces los denominan los micófilos) se conocen colectivamente como hongos «superiores». Aparte de los micólogos, la mayoría de la población solo conoce los basidiomicetos más grandes y vistosos, y algunos ascomicetos.

Sin embargo, si los hongos se clasifican en función de su reproducción sexual (el estado teleomórfico o «perfecto» del ciclo de vida), ¿qué ocurre con las formas asexuales (el estado anamórfico o «imperfecto»)? Muchos hongos se conocen solo como anamorfos, y muchos de ellos son importantes desde el punto de vista económico, ya que causan daños a los cultivos, pudren los alimentos almacenados o provocan micosis. Esos hongos suponen un problema para los taxónomos, cuyo trabajo consiste en darles un nombre. Así, en el pasado, esos hongos «imperfectos» se agrupaban simplemente en un gran grupo (los deuteromicetos o *fungi imperfecti*) con independencia de su relación evolutiva. Sin embargo, más recientemente, el análisis de secuencias de ADN ha permitido a los investigadores determinar por fin el estado teleomórfico y, por lo tanto, el nombre teleomórfico de cualquier hongo, sin necesidad de intentar que produzca esporas sexuales en cultivo.

← Las setas de ostra jóvenes (especies de *Pleurotus*) son unas setas culinarias muy apreciadas y fáciles de cultivar.

Filogenia de los hongos

Los esquemas de clasificación
modernos dividen los hongos en los
filos Chytridiomycota, Glomeromycota,
Basidiomycota y Ascomycota, y el
polifilético «Zygomycota» se está
separando poco a poco. También se
señala la ecología de cada grupo de
hongos, así como los que son móviles.

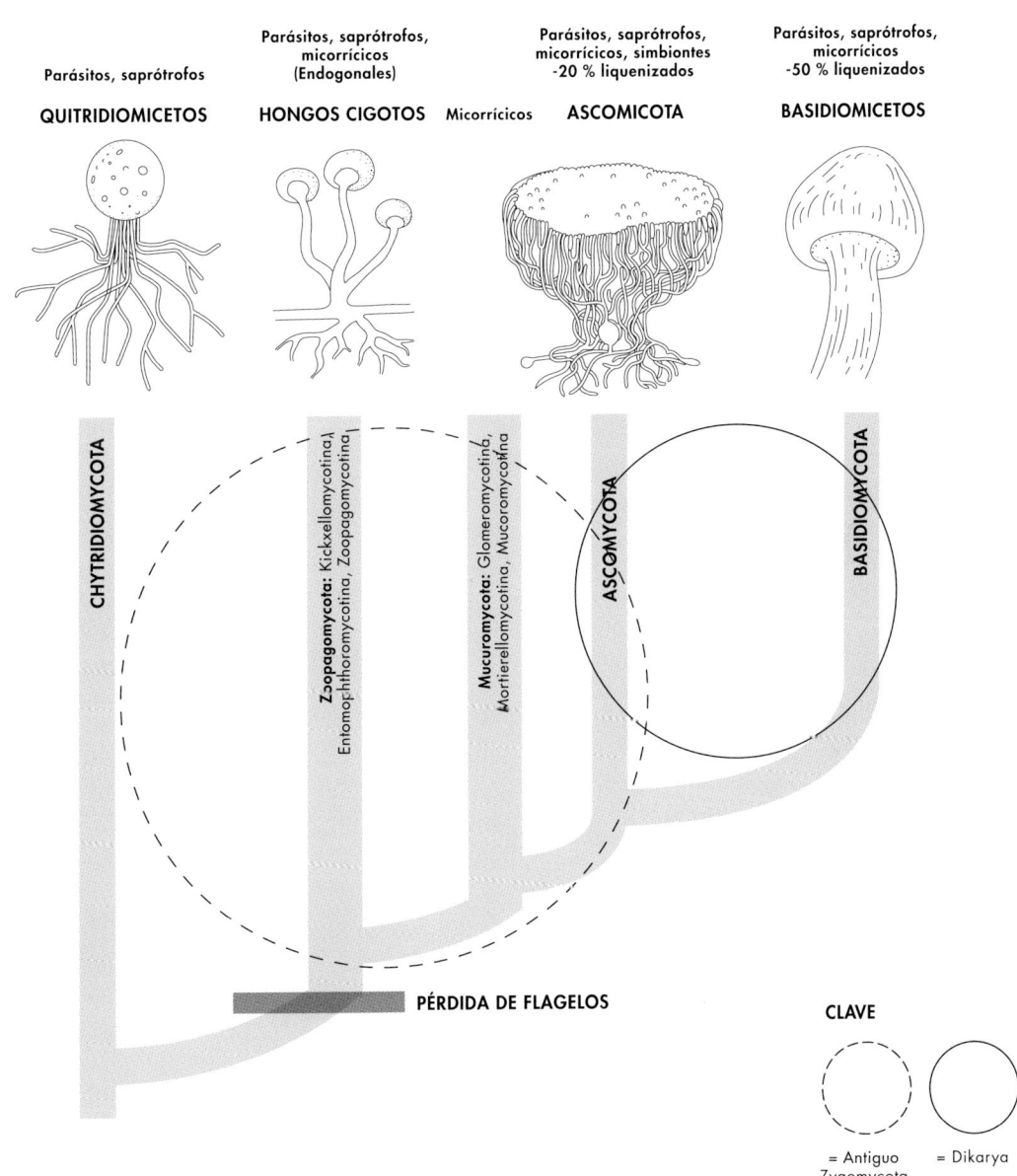

← Algunos quitridiomicetos son conocidos patógenos de anfibios como este jambato amazónico (*Atelopus spumarius*) infectado que se arrastra sobre una hoja en Ecuador.

→ Algunos de los hongos más extraños y menos conocidos son los Microsporidios, en la imagen con un aumento de 58 000 X mediante microscopía electrónica de transmisión (TEM) con color mejorado. Los Microsporidios viven en el interior de las células de sus portadores y tienen una fisiología y un genoma extremadamente reducidos.

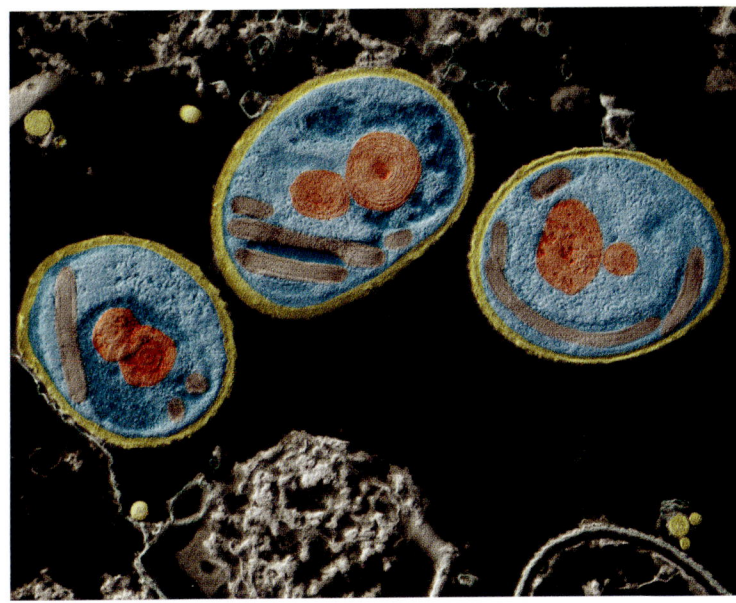

El análisis de la secuencia del ADN de algunos hongos imperfectos también ha dado lugar a algunas sorpresas. En el caso de *Aspergillus* (y esto se sabe desde hace décadas), se ha confirmado que más de 300 especies pertenecen a un mínimo de 11 géneros teleomórficos. Esto resultaba un tanto problemático, ya que *Aspergillus* es un nombre de anamorfo. Así, en 2012, los científicos cambiaron las normas sobre los nombres, con excepciones para los nombres de anamorfos (asexuales) ya establecidos en los casos en que el cambio al nombre del teleomorfo supusiera un gran problema. En consecuencia, algunas especies de *Aspergillus* (incluidos productores de micotoxinas muy conocidos como *Aspergillus flavus*, *A. parasiticus* y *A. ochraceus*) conservan el nombre del te anamórfico, pero cuando es preferible utilizar nombres teleomórficos, que es el caso de géneros teleomórficos bien establecidos como *Eurotium*, *Emericella* y *Neosartorya*, se utilizan estos últimos.

Antes de entrar en una breve disertación sobre los hongos «verdaderos», conviene mencionar el grupo más nuevo de hongos: los *Microsporidia*. Hasta 2006, este extraño grupo de organismos diminutos se consideraba protista, pero ahora se cree que son hongos primitivos extremadamente simplificados, o solo los parientes más cercanos de los hongos; se necesitarán más análisis para aclarar las relaciones evolutivas de este grupo. Sin embargo, resulta poco probable que vea un microsporidio, ya que se trata de parásitos unicelulares muy pequeños que se alimentan de animales (en su mayoría insectos). Toda la vida de un microsporidio, incluida la replicación, tiene lugar dentro de la célula de su anfitrión. Si proceden de un verdadero ancestro fúngico, hace mucho tiempo que abandonaron el crecimiento hifal para vivir como endosimbiontes. Los microsporidios figuran entre los eucariotas más pequeños que se conocen, y tienen los genomas eucariotas más pequeños.

Mientras que los microsporidios representan el grupo más reciente, los quitridiomicetos se han considerado durante tiempo los hongos «verdaderos» más primitivos. Presentes en todo el mundo, la mayoría de los quitridiomicetos son saprótrofos (se alimentan de materia orgánica en descomposición), aunque algunas especies son parásitas de plantas y animales (como veremos más adelante, están relacionados con la extinción mundial de los anfibios). Los quitridiomicetos son los únicos hongos móviles; producen zoosporas impulsadas por flagelos en forma de látigo. Todos los hongos situados por encima de ellos en el árbol de la vida de los hongos son inmóviles.

Nuestro siguiente grupo, el de los zigomicetos, siempre ha sido una mezcla heterogénea de hongos agrupados por el hecho de tener hifas aseptadas. Algunos ejemplos de hongos zigomicetos son el moho negro del pan (*Rhizopus stolonifer*) y las especies *Pilobolus* (el lanzador de sombreros), que son capaces de lanzar esporas a grandes distancias.

Los glomeromicetos eran parte de los zigomicetos, pero ahora poseen su propio filo, el de Glomeromycota. Estos hongos apenas se conocen. Muy pocos (si es que hay alguno) tienen reproducción sexual; no forman cuerpos fructíferos visibles; algunos forman grupos de esporas asexuales, y eso es todo. También sabemos que los glomeromicetos son simbiontes mutualistas de la mayoría de las plantas (son micorrícicos), por lo que es probable que sean quienes manejan los hilos de toda la vida en el planeta.

Los hongos más evolucionados en la actualidad son los basidiomicetos y los ascomicetos, y tienen el mismo ancestro. Los basidiomicetos incluyen la mayoría de las setas que conocemos. Producen esporas sexuales en células especiales con forma de maza llamadas basidios (de ahí su nombre alternativo, hongos de maza), mientras que los ascomicetos (conocidos como hongos de saco, o sacciformes) producen esporas sexuales en una célula especial en forma de saco llamada asca. Los ascomicetos constituyen el grupo más grande de hongos, e incluyen las colmenillas, las trufas y las levaduras.

Ambos grupos crecen mediante hifas con septos, aunque algunos miembros crecen como levaduras unicelulares, y viven como saprótrofos, parásitos o simbiontes mutualistas.

↑ Algunos ascomicetos producen setas muy coloridas con forma de copa, como esta bonita *Sarcoscypha coccinea*, la peziza escarlata.

→ En el siglo XIX, el naturalista alemán Ernst Haeckel estudió e ilustró numerosos animales, pero algunos hongos (en especial los vistosos basidiomicetos) también le impresionaron.

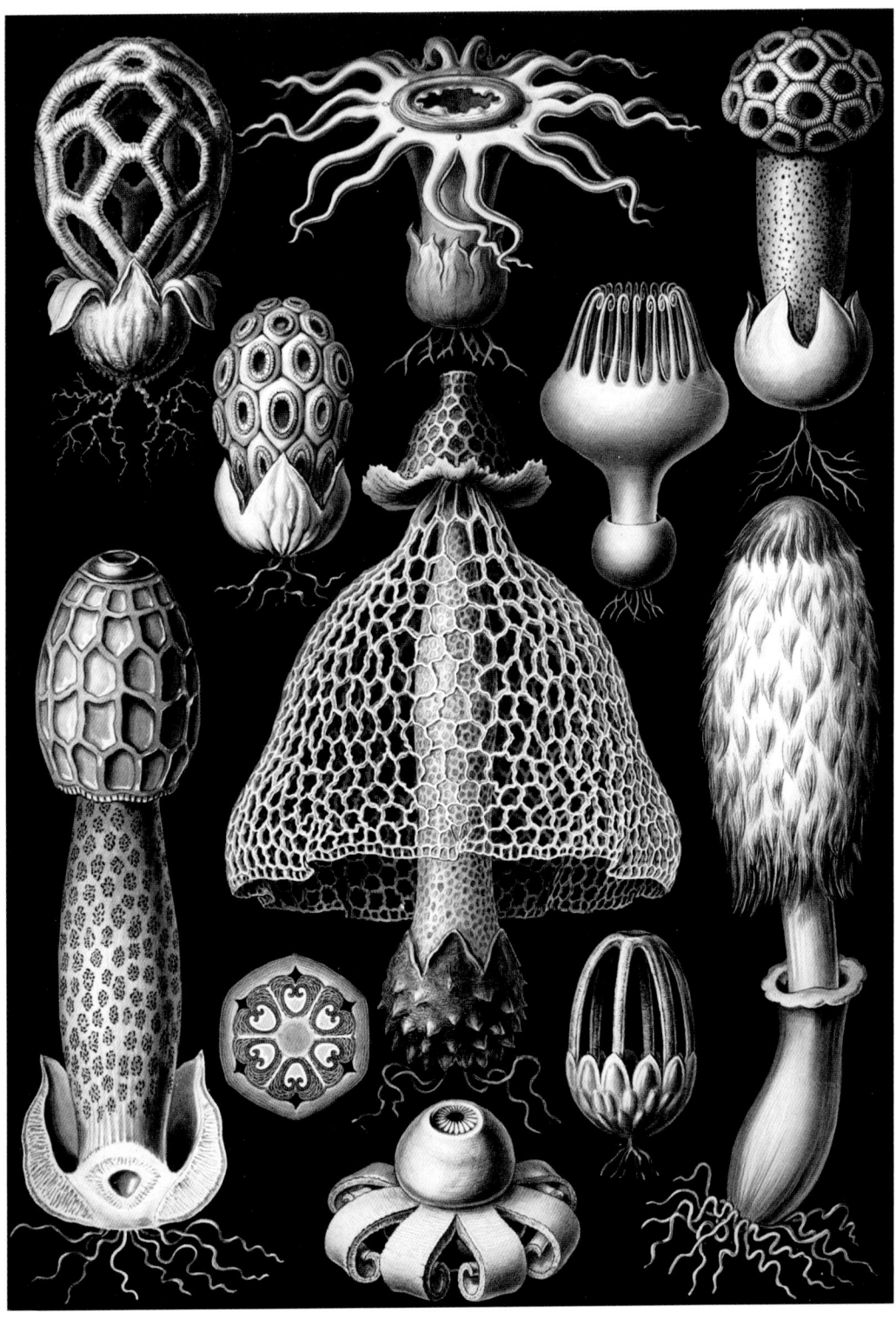

HONGOS PATÓGENOS

Muchos de los hongos que existen en la actualidad en el planeta (tal vez incluso la mayoría) son patógenos. Sin embargo, como ocurre con todas las formas de vida, los hongos también tienen sus propios parásitos y patógenos. De hecho, existen muchos hongos que son parásitos de otros hongos. Por ejemplo, el hongo gelatinoso común *Tremella* (mantequilla de bruja) se consideró durante mucho tiempo un saprótrofo de la madera en descomposición, ya que a menudo se ve cerca de especies de *Stereum* (falsa cola de pavo), que es otro saprótrofo de los troncos caídos. Sin embargo, resulta que *Tremella* es un parásito de hongos como *Stereum* (y *Peniophora*).

Como los animales, los hongos pueden verse afectados por virus, patógenos similares a virus e incluso priones (los científicos estudian los priones de los hongos de la levadura para comprender mejor cómo provocan los priones enfermedades en los mamíferos, como el kuru en los humanos o la encefalopatía bovina del ganado). Los virus son bastante comunes en los hongos y pueden causar enfermedades de gran importancia económica, como la enfermedad la France de los champiñones en las explotaciones comerciales de setas. Los virus fúngicos son persistentes, y se sabe que se transmiten a través de anastomosis y de las esporas. Dado que la anastomosis solo se produce entre hongos de la misma especie, este método de transmisión no introduce virus en nuevas especies.

En la mayoría de los casos se desconoce el papel de los virus en la vida de los hongos. Sin embargo, en algunos hongos fitopatógenos, el virus puede actuar como mutualista de la planta reduciendo el efecto de la patología del hongo. El ejemplo más estudiado es el del chancro del castaño, causado por el hongo *Cryphonectria parasitica*.

← La mantequilla de bruja (*Tremella mesenterica*) aparece principalmente en madera muerta, y a menudo se da por supuesto que es un saprótrofo. En realidad, este hongo es un parásito de otros hongos que crecen dentro de la madera en descomposición.

↗ Muchos organismos simbióticos diferentes crecen juntos. Cada liquen se compone de varios organismos, incluidos hongos y fotobiontes.

Cuando el hongo alberga el hipovirus Cryphonectria, la patología del hongo en la planta se reduce bastante. Esto se ha propuesto como método para rejuvenecer los bosques de castaños de Norteamérica. También se han encontrado otros ejemplos de virus asociados a la hipovirulencia en hongos fitopatógenos, entre ellos en *Ophiostoma ulmi*, el agente causante de la grafiosis del olmo.

Aunque no son mutualistas de sus hongos hospedadores, estos virus son beneficiosos para las plantas que albergan os patógenos fúngicos. De hecho, en un ejemplo, un virus fúngico es un socio obligatorio en una compleja simbiosis mutualista a tres bandas que permite a las plantas crecer en los suelos geotérmicos del Parque Nacional de Yellowstone, en Estados Unidos. *Dichanthelium lanuginosum* es una gramínea que crece en suelos con temperaturas superiores a 50 °C, pero para ello necesita un hongo endófito (*Curvularia protuberata*) infectado con el virus de tolerancia térmica Curvularia. Se trata de un claro mutualismo, ya que la hierba no puede sobrevivir sin el hongo, este debe estar infectado con el virus para conferir tolerancia térmica a las plantas.

EL FUTURO Y LOS HONGOS

Nos encontramos en un momento emocionante para ser científico. Aunque estamos descubriendo muchas cosas negativas sobre el estado de salud de nuestro planeta, lo cual puede resultar deprimente, podemos encontrar consuelo en el hecho de que la sofisticación científica que hemos alcanzado nos permite ver y conocer ese estado. Ahora somos capaces de modelar y predecir el resultado de las medidas (o la falta de estas) para revertir nuestro rumbo, y los científicos están mejor equipados para entender cómo funcionan los ecosistemas complejos. Ahora podemos hacer un inventario de toda la vida, incluso de la que no vemos, antes de que desaparezca.

Por consiguiente, resulta probable que todos los seres humanos que viven hoy en el planeta formen parte del siglo más crucial de nuestra larga historia, y que nuestras decisiones tengan un impacto decisivo en el futuro de la humanidad y de todo el planeta. Sin embargo, no estamos solos ante este reto: toda la vida en el ecosistema está conectada, y todo depende de todo lo demás. Muchas de estas conexiones se sustentan en los hongos, que son algunos de los principales descomponedores, patógenos y simbiontes de este mundo. Por tanto, prepárese para entrar en un mundo muy distinto al que está acostumbrado: el mundo (en su mayor parte) oculto de los hongos.

Los micólogos (los que estudian los hongos) cuentan con su propia terminología para describir los hongos y sus características morfológicas. Aunque este libro no exige conocimientos científicos previos, la terminología científica resulta inevitable en cualquier texto sobre historia natural y seres vivos. No obstante, no se deje intimidar: al final se incluye un glosario que explica los términos científicos utilizados en este libro.

← Ya ha visto setas en la naturaleza. Cuando conozca su ecología y su papel en el medio ambiente, los verá con otros ojos.

REPRODUCCIÓN

Dispersión de esporas

La mayoría de las descripciones de la liberación de esporas de hongos nos llevan a pensar que se trata de un proceso pasivo en el que las esporas se alejan del cuerpo fructífero con las corrientes de aire. Una vez en la columna de aire, las esporas quedan a merced de las corrientes, pero su liberación inicial dista mucho de ser pasiva. De hecho, para muchos hongos se trata de un proceso explosivo.

→ *Sordaria macrospora*, un ascomiceto descomponedor, crea cuerpos fructíferos muy pequeños parecidos a bejines. Sin embargo, sus esporas se producen en ascas tubulares y se liberan mediante un mecanismo similar al de una pistola de agua.

← Fieles a su nombre, los cuescos de lobo piriformes (*Lycoperdon pyriforme*) emiten nubes de esporas cuando son golpeadas por las gotas de lluvia. Se trata de descomponedores cuyas esporas se posan sobre los restos leñosos húmedos, donde germinarán y darán inicio a la siguiente generación de este hongo.

La mayoría de los hongos productores de esporas que se conocen son ascomicetos o basidiomicetos. Cada grupo tiene su propia forma especializada de liberar esporas, pero también se dan algunos giros interesantes en la liberación de esporas que merecen ser comentados. En cada caso, la superficie productora de esporas (himenio) suele tener una estructura que permite aumentar su superficie y la producción de esporas de manera considerable, por lo que los cuerpos fructíferos pueden ser retorcidos, estriados, con láminas, cubiertos de tubos, ramificados, etcétera. No obstante, algunos son simplemente un hongo liso con forma de maza.

ASCOMICETOS

Los hongos ascomicetos presentan un estilo de liberación de esporas que a menudo se compara con una pistola de agua. En este grupo, las esporas se forman dentro de una bolsa alargada similar a un saco llamada asca. En algunas especies de hongos de copa, como *Morchella*, *Helvella* o *Chlorociboria*, las ascas se alinean en la superficie del himenio; en otras especies (*Cordyceps*, *Claviceps* y *Xylaria*, por nombrar solo algunas), las ascas se encuentran dentro de cámaras ocultas en el interior de los hongos.

A medida que el cuerpo fructífero madura, el líquido fluye hacia el asca, que se hincha. Finalmente, la presión aumenta hasta que la punta del asca (o asco) se rompe y se expulsan las ascósporas. En algunos hongos de copa grandes, esta liberación de esporas puede ser una ráfaga que no solo se ve, sino que también se oye (en ocasiones, con total claridad). Una vez que el himenio del cuerpo fructífero está maduro y las ascas están listas para ser disparadas, un simple movimiento de aire basta para que las ascas se descarguen de manera simultánea. Incluso el más ferviente micófobo se sorprenderá gratamente cuando le vea sosteniendo un ascocarpo cuidadosamente recogido y, al soplar sobre su superficie... ¡pff!

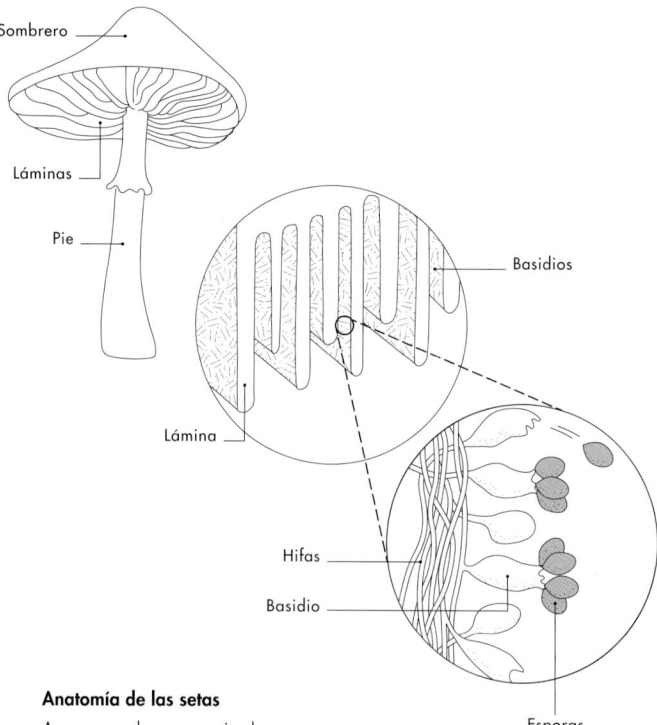

BASIDIOMICETOS

Los basidiomicetos tienen un estilo muy diferente de liberación de esporas llamado balistosporia, y la descripción más gráfica sería la de una catapulta de tensión superficial. Como su nombre indica, la liberación de esporas es explosiva. Las esporas (balistosporas) se encuentran en el sombrero del cuerpo fructífero del hongo, ya sea en la superficie de las láminas en el caso de los agáricos, o en las paredes de los tubos en los boletos y los políporos. El revestimiento de la superficie del himenio está formado por terminaciones de hifas especializadas llamadas basidios, que cuentan con excrecencias denominadas esterigma, donde se desarrollan las esporas.

La clave de la eyección de esporas entre los basidiomicetos es la producción de la llamada «gota de Buller». El proceso comienza con la liberación de una pequeña cantidad de un líquido higroscópico azucarado, como el manitol, en el esterigma. La humedad del aire se condensa en ese líquido y en la superficie de la espora, donde forma una película de líquido y crece hasta convertirse en una gotita en el esterigma. Esa gotita, la gota de Buller, crece hasta alcanzar un tamaño crítico, momento en el que toca la película de agua de la

Anatomía de las setas

Aunque pueda parecer simple, una seta es una estructura con un diseño extraordinario. Un pie alargado sostiene un sombrero para liberar las esporas al aire. Debajo del sombrero hay numerosas láminas que aumentan de manera drástica la superficie del himenio. Las láminas están cubiertas de basidios que producen una enorme cantidad de esporas.

Liberación de esporas de basidiomicetos

Esta es la secuencia que conduce a la eyección balística de las esporas.

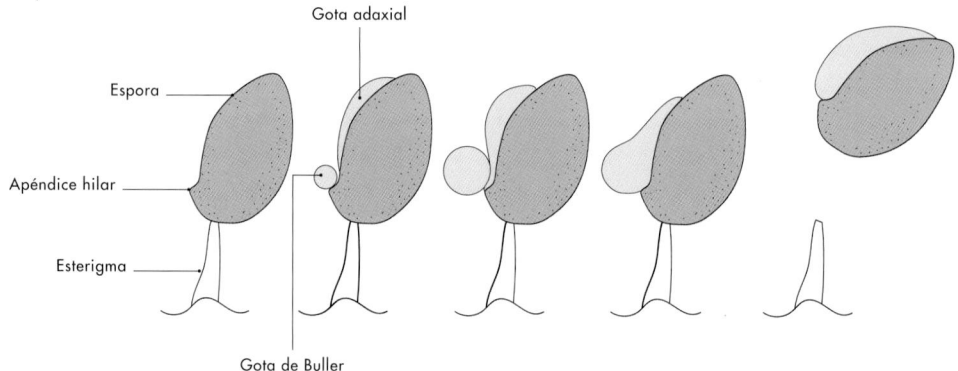

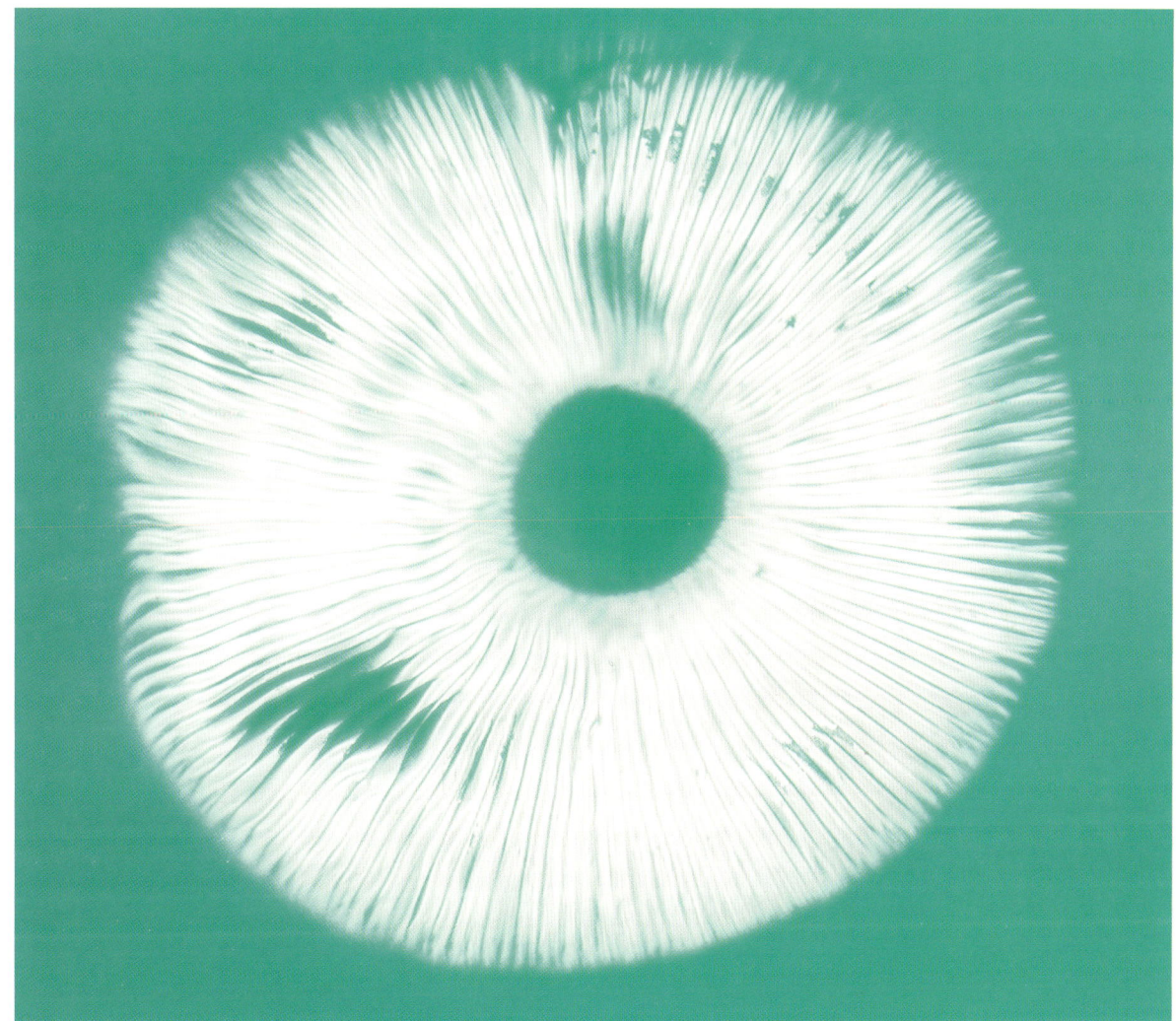

superficie de la espora y se fusiona. En ese momento, la tensión superficial atrae rápidamente la gota hacia la espora: la gota colapsa y la energía superficial se convierte en energía cinética, creando así el impulso necesario para separar la espora de la superficie del himenio. Ante la energía producida, las balistosporas son literalmente lanzadas de sus basidios, aunque a una distancia muy corta antes de que la resistencia aerodinámica se imponga y la espora desacelere. Cuando la espora se detiene, cae por efecto de la gravedad y es arrastrada por las corrientes de aire.

La clave de la balistosporia es la gota de Buller, que recibe su nombre del micólogo británico-canadiense Reginald Buller. Sin embargo, aunque la formación de la gota de Buller requiere humedad del aire, el exceso

de agua puede alterar por completo este mecanismo. Por esta razón, muchos basidiomicetos poseen cuerpos fructíferos en forma de paraguas para proteger al himenio de la lluvia. Muchos otros aíslan el himenio por completo dentro de un cuerpo fructífero, como los cuescos de lobo (hongos bola) y las trufas. Esta es también la razón por la que apenas encontramos hongos balistospóricos acuáticos; existe un ejemplo extraño que veremos con más detalle más adelante.

↑ Aunque son microscópicas, las esporas de los hongos pueden acumularse en grandes cantidades debajo de un sombrero cortado que se deja sobre una superficie durante la noche, dando lugar a un grabado de esporas.

EL EFECTO DE LA GRAVEDAD

Muchas setas pueden continuar liberando esporas durante horas, e incluso días después de haber sido separadas de su sustrato. Las células de las setas recogidas en el bosque, e incluso en la sección de productos frescos del supermercado, siguen vivas mientras el cuerpo fructífero se mantenga fresco. De hecho, algunas setas con pie (amanitas en particular) continúan creciendo e incluso se inclinan hacia arriba. La descarga de esporas solo funciona si el sombrero de la seta está horizontal respecto al suelo, y cuanta más altura alcance en la columna de aire, mejor para que las esporas sean transportadas por las corrientes de aire. Este crecimiento es una respuesta directa a la gravedad; el proceso se denomina gravitropismo (también

se conoce como geotropismo; de manera similar, las plantas presentan fototropismo, por el que se inclinan hacia la luz solar). El himenio de los hongos (por ejemplo, las láminas, los tubos o las púas) crece perpendicular al sombrero, exhibiendo un gravitropismo positivo. Si el sombrero se recoloca en cualquier posición que no sea perfectamente horizontal, la seta continuará alargándose y doblándose hasta quedar de nuevo en posición vertical. Los hongos de repisa que crecen en los lados de los árboles hacen algo similar. Si el árbol en el que viven cae al suelo, por ejemplo, se forma una nueva seta en posición horizontal a la superficie. El gravitropismo de las setas garantiza que las esporas sean expulsadas de la superficie de las láminas (o los tubos) y caigan en línea recta sin aterrizar en una superficie productora de esporas adyacente.

← Las setas de pie aterciopelado (*Flammulina* sp.) brotan de su sustrato leñoso y liberan esporas.

→ Cuerpos fructíferos de *Fomes fomentarius*, con forma de pezuña de caballo.

CÓMO CRECEN LAS SETAS «HACIA ARRIBA»

El mecanismo por el que las setas crecen «hacia arriba» resulta fascinante. El gravitropismo fúngico es un proceso similar al fototropismo que hace que las plantas se inclinen hacia una fuente de luz. En las plantas, el lado del tallo que recibe la luz más intensa envía una señal hormonal (llamada auxina) al lado «más oscuro» del tallo, lo que induce un cambio fisiológico en las paredes celulares de esa zona. Las células del lado oscuro del tallo liberan unas enzimas llamadas expansinas, que descomponen y debilitan parcialmente las paredes celulares de las células del lado oscuro, lo que permite que estas sean menos rígidas y que se expandan. Las células más alejadas de la fuente de luz reciben la señal de auxina más intensa y se expanden más, lo que imparte una fuerza de elongación desproporcionada. El resultado es que la planta se inclina en la dirección opuesta. La inclinación hacia la luz permite que las superficies de las hojas superiores capten la luz de manera más eficiente.

El gravitropismo fúngico funciona de manera similar, pero hasta hace poco no se entendió del todo. Se llevaron a cabo experimentos de injerto utilizando basidiocarpos maduros de *Flammulina* para comprobar los efectos del gravitropismo. Se eligió la *Flammulina* por sus pies largos y su facilidad de cultivo (se trata de setas *enoki*, comunes en los mercados asiáticos). La parte de la seta más sensible a los efectos de la gravedad es el ápice del pie. Esto se descubrió mediante una cuidadosa manipulación de los sombreros y los pies de las setas. A medida que los cuerpos fructíferos comenzaron a desarrollarse, se retiraron los sombreros de las setas y se sustituyeron (injertados) por otros sombreros, o por sombreros con ápices del pie (y, en algunos casos, por tallos invertidos). Los efectos de los distintos injertos demostraron el «transporte acrópeto» de metabolitos miceliales a través de las hifas vivas del pie, lo que indujo la curvatura de los pies de las setas en respuesta a la gravedad.

Esos metabolitos parecen servir como señal de las fuerzas gravitacionales, aunque no se sabe con certeza cómo funcionan. Es probable que la detección gravitatoria en los hongos sea similar al sistema de los órganos otolíticos de los seres humanos, situados en el interior del oído interno. Mantenemos el equilibrio y sabemos dónde es arriba y abajo gracias a que los órganos del oído interno contienen un líquido lleno de diminutas partículas similares a piedras, llamadas otolitos u otoconias (que son realmente piedras, ya que se componen de caliza y una proteína), que rozan los pelillos que recubren el interior del órgano otolítico. La mayor parte del tiempo, las partículas permanecen asentadas de manera uniforme y nos indican qué es abajo. Si da vueltas, las partículas se mueven y provocan una sensación de desorientación, e incluso de mareo. Y es probable que las células fúngicas experimenten la gravedad de una forma similar.

En el interior de las células hifales, los núcleos probablemente actúan como otolitos fúngicos; su sedimentación dentro de las células es una respuesta a la dirección de las fuerzas gravitacionales, e indica a las células fúngicas cuál es la parte superior. Los núcleos están enredados en filamentos proteicos de actina que forman el «esqueleto» interno de la célula (el citoesqueleto). A medida que estos núcleos se asientan, tiran de los filamentos de actina, que a su vez tiran de las paredes celulares en sus puntos de unión. Esa tensión desencadena cambios celulares en respuesta a la gravedad, y en el lado de la célula que siente la fuerza de la gravedad, las microvesículas empiezan a llenarse y expandirse, las vacuolas se expanden y todo el proceso provoca la expansión de las células hifales. El resultado final es que el pie de la seta que ha recogido continúa doblándose por la sensación gravitatoria, incluso horas después de haberla arrancado.

La gravedad, junto con la temperatura y la humedad, son factores abióticos que influyen en la formación de las setas. Aunque parezca increíble, la luz también podría ser necesaria. La idea generalizada es que los hongos no necesitan luz, pero lo cierto es que existen muchos hongos que muestran una respuesta fototrópica. Los cultivadores de setas *shiitake* (*Lentinula edodes*) saben que esta especie no se desarrolla si no recibe luz. El políporo brumal *Lentinus brumalis* crece hacia la luz. Muchas otras setas no forman sombreros o producen cuerpos fructíferos malformados en ausencia de luz. Probablemente, se trata de un mecanismo de seguridad evolucionado. Así, si las hifas no pueden salir de debajo de la corteza de la madera en descomposición, o de otros residuos o sustratos, el hongo no desperdiciará ningún esfuerzo en crear un cuerpo fructífero que no lanzará las esporas de manera eficaz.

Tropismo fúngico

El pie de una seta se dobla en respuesta a la gravedad. El sombrero queda en posición horizontal y las esporas que se liberan caen en línea recta, sin el obstáculo de las láminas situadas debajo del sombrero.

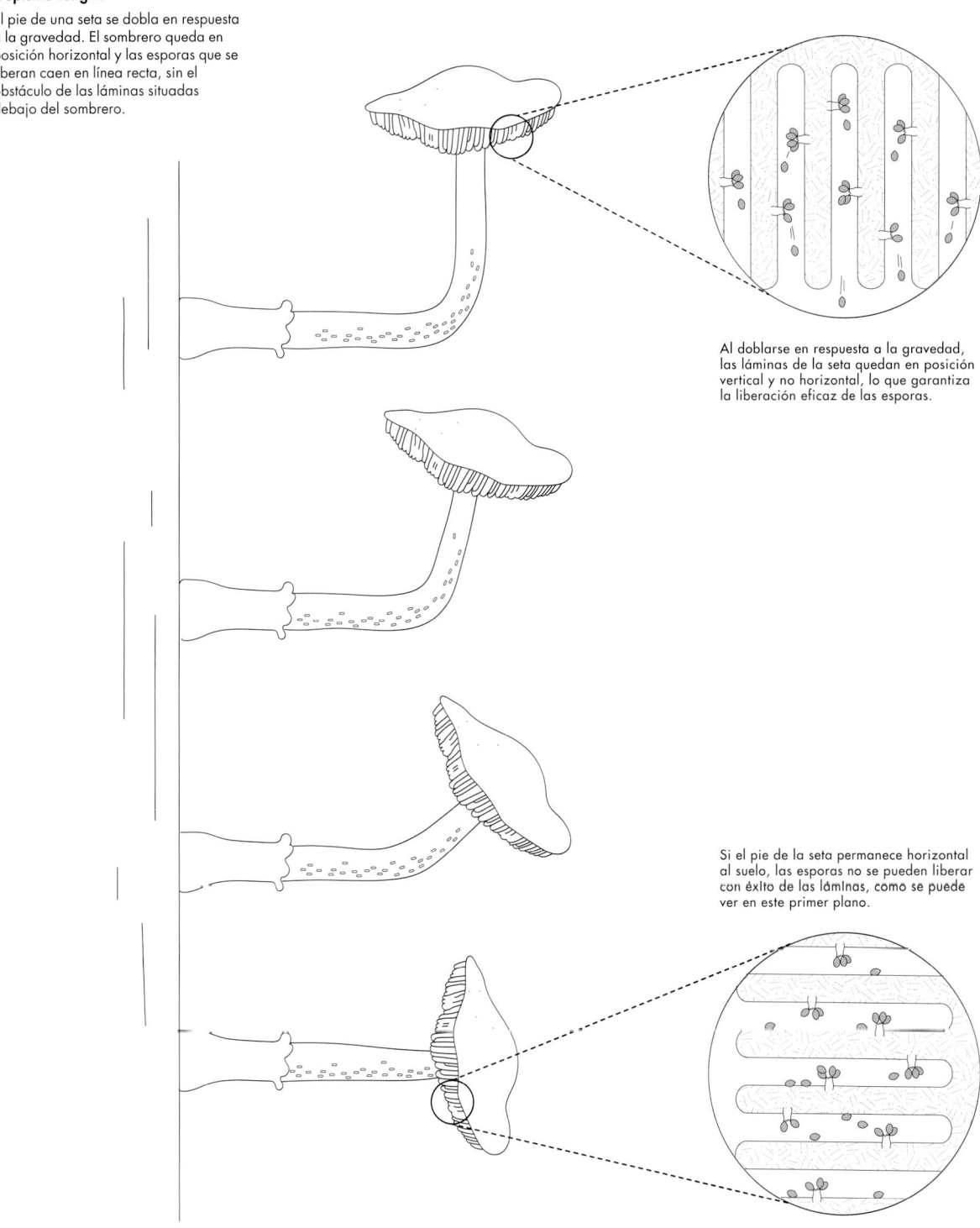

Al doblarse en respuesta a la gravedad, las láminas de la seta quedan en posición vertical y no horizontal, lo que garantiza la liberación eficaz de las esporas.

Si el pie de la seta permanece horizontal al suelo, las esporas no se pueden liberar con éxito de las láminas, como se puede ver en este primer plano.

↑ Políporo brumal (*Lentinus brumalis*)
emergiendo de un sustrato leñoso.

↗ Fructificación de setas *shiitake*
cultivadas (*Lentinula edodes*).

GASTEROIDES

No todos los hongos basidiomicetos son balistospóricos. Los hongos gasteroides, que incluyen los hongos fétidos, los bejines y los hongos nido, necesitan viento o agua (o un impulso en el punto adecuado) para liberar sus esporas. Sin embargo, mientras que la mayoría de los bejines expulsan sus esporas a través de un agujero situado en la parte superior del cuerpo fructífero, el bejín invertido (especie *Disciseda*) lo hace de manera distinta. Este curioso hongo se forma boca abajo, de modo que la cubierta basal más pesada, con tierra y residuos adheridos, queda inicialmente en la parte superior, mientras que el ostiolo o agujero de salida de las esporas se encuentra en la parte inferior.

La razón por la que esta rareza funciona es que el bejín queda parcialmente enterrado y sujeto de manera laxa al suelo circundante durante su desarrollo. A medida que el bejín madura, se seca y se encoge, y se va aflojando en su anclaje. Finalmente, el viento o la lluvia lo desprenden y libera las esporas mientras rueda.

Dado que su base es más pesada, el hongo acaba quedando boca abajo y deja al descubierto el ostiolo de salida.

Los bejines invertidos se encuentran en llanuras secas y expuestas de Australia, Europa y Norteamérica. Los mamíferos que pastan frecuentan esos hábitats, y se ha sugerido que los bejines se benefician de los golpes o los pisotones de las pezuñas de los animales. De hecho, siempre que he visto estas extrañas setas, crecían en los caminos utilizados por el ganado vacuno u ovino.

Los simpáticos hongos nido representan una forma gasteroide presente en todo el mundo. Producen sus esporas en pequeños paquetes (peridiolos) que parecen «huevos» en una copa con forma de nido. Cuando una gota de lluvia cae sobre la copa, los huevos salen disparados a varios centímetros o incluso a unos pocos metros de distancia, y se adhieren a las hojas o se fijan a las ramitas. Muchos están especializados en descomponer ramitas y ramas muertas de las copas de los árboles, aunque cabría preguntarse cómo se mantienen allí arriba: ¿o es que la lluvia no salpicará y arrastrará todos los peridiolos hasta

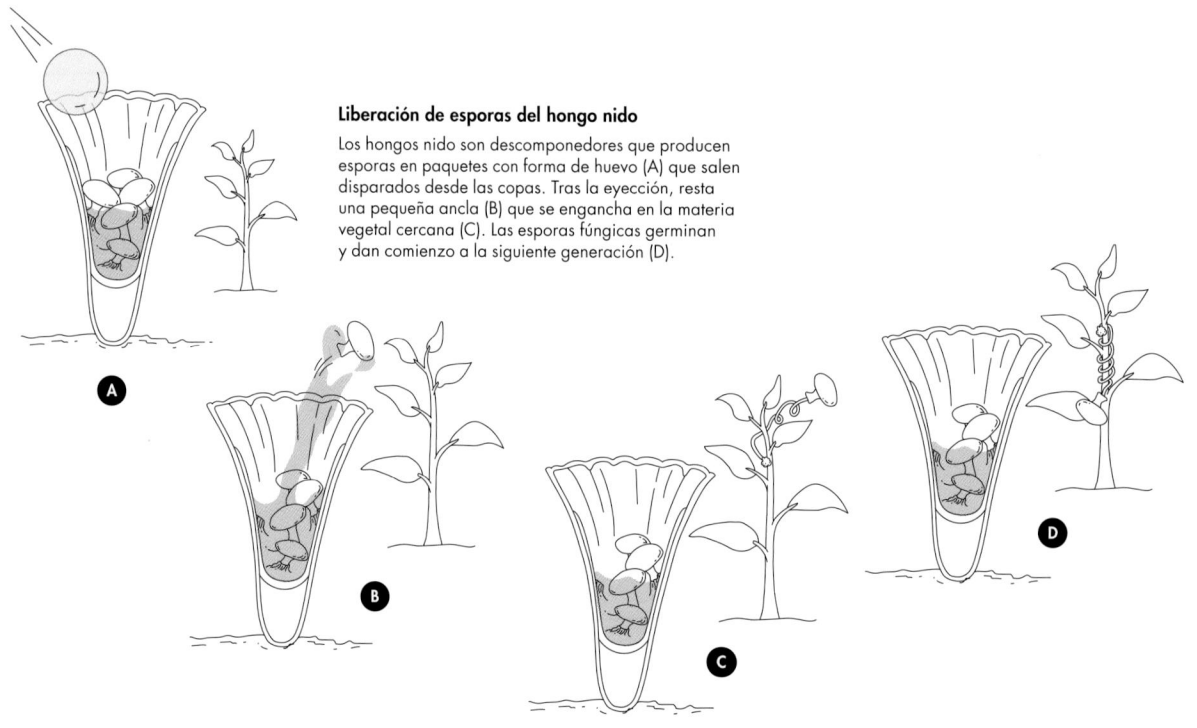

Liberación de esporas del hongo nido
Los hongos nido son descomponedores que producen esporas en paquetes con forma de huevo (A) que salen disparados desde las copas. Tras la eyección, resta una pequeña ancla (B) que se engancha en la materia vegetal cercana (C). Las esporas fúngicas germinan y dan comienzo a la siguiente generación (D).

el suelo? El secreto radica en que muchas de estas especies han desarrollado un cordón muy fino de hifas conocido como funículo, que está unido a sus peridiolos. Cuando el peridiolo sale disparado de su copa, el funículo queda atrás y, como una pequeña ancla, se adhiere a la primera ramita que toca, envolviendo el peridiolo con firmeza a su alrededor.

Existen muchas otras especies de hongos que liberan todas sus esporas en un solo paquete ordenado. Algunos hongos coprófilos producen esporas dentro de paquetes resistentes que pueden entrar en los animales que pastan y salir por el otro extremo junto con su sustrato (estiércol). ¿Y cómo consigue un hongo que crece en estiércol introducir sus esporas en otro rumiante? Cuando se trata de animales de pastoreo como el ganado vacuno, no resulta fácil, ya que sabemos que las vacas evitan las heces

de sus congéneres: los pastos incluyen «zonas de repugnancia», que es el término técnico para la hierba exuberante que crece intacta en las inmediaciones de las heces de vaca.

La solución es que gran parte de los hongos coprófilos descargan sus propágulos reproductivos hacia la luz, lanzándolos suficientemente lejos para escapar de la zona de repugnancia. Las especies de *Pilobolus* pueden lanzar sus propágulos a nada menos que 2,5 metros en horizontal. En todos los casos, la descarga se produce durante el día, con un peridiolo melanizado negro que protege las esporas de los efectos nocivos de la luz.

↑ Con un aspecto muy similar al de los huevos en un auténtico nido de pájaros, los diminutos peridiolos fúngicos de *Crucibulum laeve* esperan una gota de lluvia que atine para ser lanzados.

Zoocoria

El viento es uno de los principales modos de dispersión de las esporas fúngicas, pero la dispersión mediada por animales (zoocoria) también desempeña un papel fundamental. Sin embargo, se sabe mucho menos sobre la zoocoria, ya que solo alrededor del 1 por ciento de las decenas de miles de especies de hongos conocidas tienen una asociación con animales. Con el tiempo, sin embargo, nuestros conocimientos sobre los hongos asociados con animales irán aumentando, y podrían revelar que algunas de esas asociaciones sustentan ecosistemas enteros.

↓ El escarabajo de los hongos
Scaphidium quadrimaculatum se
alimenta de hifas y setas. Sin duda,
transporta esporas de hongos
a nuevos sustratos.

En el caso de los «hongos secuestrados» que producen
esporocarpos hipogeos (subterráneos), como las trufas,
casi siempre es necesario un vector animal que ayude con
la dispersión de las esporas, y la micofagia —el consumo
de hongos por parte de diversos organismos— también
es, probablemente, un modo importante de dispersión
de las micorrizas arbusculares en las raíces de las plantas.

Sabemos que numerosos grupos diferentes de
mamíferos, incluidos roedores, ciervos, jabalíes y primates,
consumen las trufas hipogeas y los hongos similares a las
trufas. Asimismo, las tortugas consumen hongos epígeos
(en el suelo) e hipogeos. En Australia, las trufas hipogeas
y los hongos similares a las trufas constituyen una gran
parte de todos los macrohongos, y los pequeños mamíferos
son cruciales, sin duda, para la diversidad de los hongos
en ese país. En Nueva Zelanda, donde las aves dominan
las redes tróficas, los «hongos secuestrados» producen
cuerpos fructíferos que se asemejan a bayas que yacen
en el suelo del bosque. En muchos casos, se ha demostrado
que los mamíferos no solo diseminan esporas viables tras
su ingestión, sino que además aumentan la viabilidad
de las esporas a través de la digestión.

El proceso de ingestión y posterior defecación se
conoce como «endozoocoria», pero las esporas de hongos
también se pueden ser transportar en el exterior de los
vectores animales, lo que se conoce como «epizoocoria».
Por supuesto, los insectos pueden chocar contra mohos
y cuerpos fructíferos, y llevarse algunas esporas al azar, y
los hongos de levadura pueden viajar de una fruta a otra
en descomposición o de una flor a otra en las piezas
bucales de insectos o aves. No obstante, numerosos hongos
han desarrollado estrategias elaboradas para atraer a los
vectores animales.

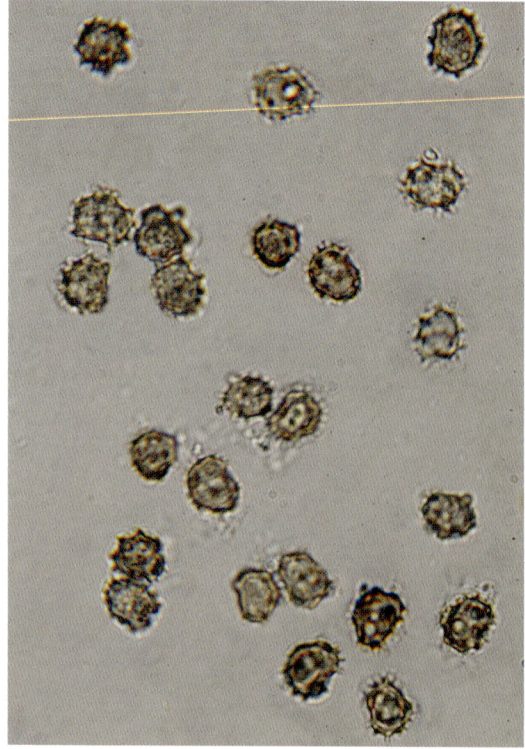

Entre los más conocidos figuran los hongos *Phallales* (hongos fétidos), que producen olores pútridos que atraen a las moscas carroñeras. Las moscas lamen la gleba con masas de esporas, que se adhieren a los insectos, y estos transportan después las esporas a otros sustratos adecuados, como estiércol o vegetación en descomposición. Existen pruebas de que las esporas viables también pueden atravesar el tracto digestivo de esas especies de moscas.

↑ *Tomentella radiosa* es un hongo resupinado que crece y esporula en la parte inferior de los troncos caídos.

↗ Esporas de *Tomentella* sp.

→ Un hongo fétido recién emergido como este *Phallus impudicus* quedará cubierto por una masa viscosa y fangosa de esporas que será devorada rápidamente por las moscas.

Todas las setas de tamaño considerable son atractivas para las moscas micófagas (que se alimentan de setas) y otros artrópodos. Si busca setas silvestres, habrá visto (¡y probablemente comido!) sus larvas. Puede parecer curioso que los hongos no hayan desarrollado un arsenal de toxinas antialimentarias como las plantas, pero existen pruebas de que los hongos podrían beneficiarse de que los artrópodos consuman tejidos y esporas de hongos, ya que favorece su dispersión. Esto se ha demostrado entre los hongos resupinados que producen cuerpos fructíferos en superficies poco accesibles, como la parte inferior de los troncos caídos. Este estilo de vida parece contradecir las formas típicas de los cuerpos fructíferos, que son verticales y siguen la columna de aire, pero la fructificación cerca del suelo tiene sus ventajas: es ahí donde se alimentan las babosas, los colémbolos y otros artrópodos. Para los hongos resupinados, como el ectomicorrícico *Septobasidium sublilacinum*, estas redes tróficas del suelo constituyen la forma perfecta de dispersar las esporas.

SIMBIONTES DE INSECTOS

Existen numerosos casos en que grupos de insectos están asociados a hongos de manera inevitable. En algunas de esas asociaciones, el hongo es una fuente de alimento, y ciertas especies de insectos han desarrollado bolsas (micangios) en sus cuerpos para asegurarse de que el hongo vaya con ellos en todo momento. En el caso de los insectos xilófagos (que perforan la madera), los hongos son necesarios para descomponer la madera que comen; sin hongos (o sus enzimas), los insectos no pueden digerir la celulosa de la madera. Algunos de estos insectos inoculan la madera, y tras un tiempo comienzan a alimentarse de ese material que ha pasado a ser digerible. Otros hongos simbiontes son patógenos de las plantas que atacan y debilitan al árbol huésped, haciendo que sea más propenso al ataque de los escarabajos.

Los insectos xilófagos más fascinantes son los escarabajos de la ambrosía, que conforman uno de los grupos conocidos más diversos y extendidos de insectos que cultivan hongos. Estos insectos perforan la madera y la inoculan con hongos de la ambrosía; a continuación, dedican su existencia a alimentarse exclusivamente de los jardines de hongos que crecen en las paredes de sus galerías y túneles en la albura.

Los hongos de la ambrosía se han adaptado del todo a la simbiosis con los escarabajos, y se presentan de dos formas. La primera es una hifa filamentosa que crece en las galerías de los escarabajos, donde produce una densa capa de conidióforos («ambrosía») fácilmente pastables para que los escarabajos se alimenten. La segunda es una morfología similar a la levadura que se cultiva y se nutre en el interior del micangio mediante secreciones glandulares del escarabajo.

Dado que estas especies de hongos viven atrapadas en lo profundo de los túneles de los escarabajos, se cree que el transporte micangial es el único medio de transmisión, aunque los escarabajos de la ambrosía más primitivos carecen de un verdadero micangio (en este caso se cree que las esporas de los hongos de ambrosía podrían ser transportadas en el sistema digestivo del escarabajo). Las especies ligeramente más avanzadas cuentan con micangios no glandulares (depresiones sencillas) en la superficie de su exoesqueleto, mientras que los clados más evolucionados de los escarabajos de la ambrosía han desarrollado, de forma independiente, micangios glandulares especializados en forma de bolsa o fosa. Cabe señalar que los micangios han evolucionado varias veces dentro de los coleópteros, así como en otros artrópodos.

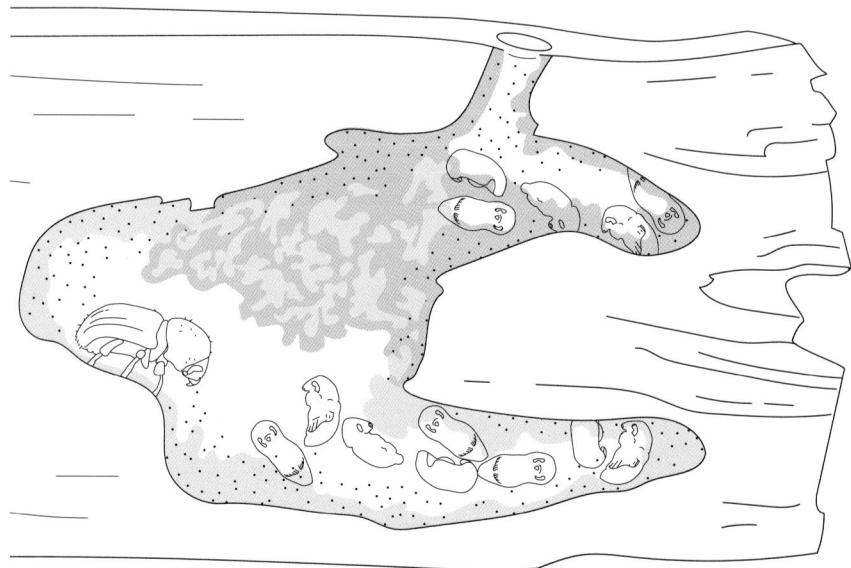

Criadero de escarabajos

El hongo de la ambrosía crece en las cámaras huecas de los escarabajos de la ambrosía, *Xylosandrus crassiusculus*. Las larvas se alimentan exclusivamente del hongo, presente en los túneles del interior del árbol huésped.

→ Las larvas de los escarabajos de la corteza (familia Scolytidae) excavan túneles y consumen la madera parcialmente descompuesta por la acción de los hongos de la podredumbre de la madera.

Mimetismo

Algunos hongos han desarrollado trucos asombrosos para obligar a los animales a transmitir sus esporas: entre ellos, imitar a las plantas con flores, con «pseudoflores» incluidas. A través de la selección natural, estos hongos embaucadores superan a las plantas en su propio juego. Podría decirse que se trata de un truco de magia en el reino de los hongos.

El mimetismo es la semejanza adaptativa de un organismo con otro. Los ejemplos más conocidos provienen de animales que se explotan entre sí para obtener protección frente a los depredadores (como las mariposas monarca y las virrey), pero existen ejemplos igualmente fascinantes de mimetismo entre plantas y hongos, muchos de los cuales todavía esperan a ser descubiertos.

El hongo *Epichloe elymi* (antes *E. typhina*) es un ascomiceto patógeno de las plantas herbáceas y miembro de la familia Clavicipitaceae, que incluye numerosos patógenos de las gramíneas, entre ellos el célebre *Claviceps purpurea* (*véase* página 88), causante del fuego de san Antonio. *Epichloe* vive íntegramente dentro de la planta huésped; estos hongos se conocen como endófitos. Durante el ciclo reproductivo, el hongo forma una masa estéril de hifas (denominada estroma) en la superficie exterior del tallo de la hierba. Las hifas del estroma son de un solo género, o tipo de apareamiento, y producen esporas simples no fertilizadas llamadas espermacios. Los espermacios funcionan de manera muy similar al polen haploide de las plantas: flotan en el aire o son transportados por polinizadores a otro individuo de la misma especie, completando así la fertilización.

Recientemente se ha descubierto que las moscas del género *Botanophila* actúan como «polinizadoras» de *Epichloe*. Las moscas hembras se sienten atraídas por el tejido estromal del hongo (y lo consumen), y ponen un solo huevo en el estroma. Las moscas adultas visitan los estromas de otras plantas herbáceas y defecan espermacios viables. El resultado de esta «pseudopolinización» es que el hongo completa la reproducción sexual y produce ascósporas. Se cree que el mutualismo es obligatorio para ambas especies; al parecer, los espermacios fúngicos no son dispersados por el viento o el agua, y se cree que las especies de *Botanophila* se alimentan exclusivamente de *Epichloe*.

← Mosca *Botanophila fugax* adulta.

→ Un hongo endófito común, *Epichloe elymi*, vive íntegramente en el interior de *Elymus virginicus* y produce unos estromas blancos algodonosos en la superficie de su hierba huésped durante la reproducción.

LA PLAGA DEL ERGOTISMO

En la Edad Media fue común, aunque impredecible, una aterradora enfermedad humana conocida como «fuego santo» o «fuego de san Antonio». Los síntomas incluían una sensación de hormigueo o ardor en la piel, parálisis, convulsiones, temblores y alucinaciones; eran frecuentes los abortos entre las embarazadas aquejadas de la enfermedad, y la fertilidad se reducía durante los brotes. La causa era la intoxicación por cornezuelo (ergotismo), que provoca la constricción de los vasos sanguíneos y el aumento de la presión arterial. Algunas víctimas desarrollaban gangrena en las extremidades (muchas perdieron manos y pies), y miles fallecieron; en algunas epidemias documentadas en el siglo XIX, la tasa de mortalidad alcanzó una media del 40 por ciento. Aunque el ergotismo es poco frecuente en la actualidad, todavía se producen brotes ocasionales; el mayor de estos episodios en la era moderna afectó a todo un pueblo de Francia en 1951.

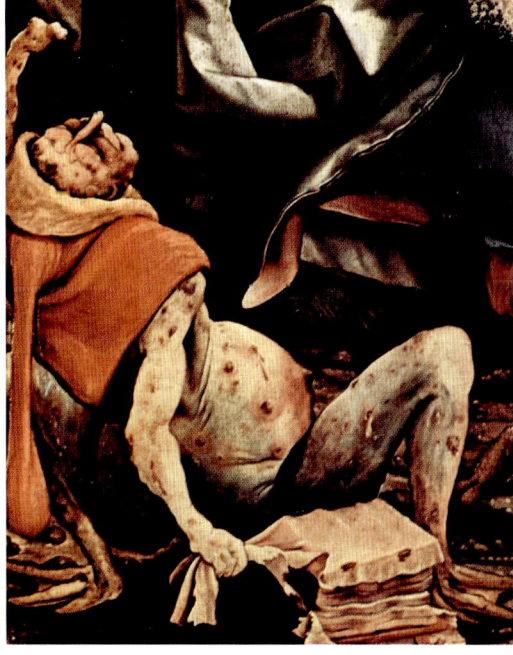

6977

M.S.del. J.N Fitch lith.

Vincent Brooks Day & Son Imp

L. Reeve & C° London.

En los bosques tropicales densos apenas sopla el viento a nivel del suelo, y por eso las plantas con flores que viven allí también dependen de los insectos polinizadores en lugar de la polinización eólica. Es probable que muchos hongos tengan estrategias similares, como sugiere una extraña simbiosis entre un árbol, un hongo y una mosca de las agallas en los bosques tropicales de Borneo. El árbol en cuestión es una especie monoica (con flores masculinas y femeninas) de *Artocarpus*. Conocido localmente como «chempedak», los científicos han descubierto que un hongo zigomiceto, *Choanephora*, puede infectar las flores masculinas del árbol. Este hongo es consumido por los adultos y las larvas de una mosca de las agallas (*Contarinia* spp.) que se alimenta de las flores. Sin saberlo, no solo transmiten el polen de las flores masculinas a las femeninas del *Artocarpus*, sino también las esporas del hongo. De ese modo, contar con un animal polinizador beneficia a ambas especies.

Las hojas y los brotes florales de las plantas del arándano suelen ser parasitados por el hongo discomiceto *Monilinia vaccinii-corymbosi*. Cuando esto ocurre, los tejidos infectados se decoloran y emergen hifas epifíticas que producen conidios. Los tejidos infectados parecen reflejar la luz ultravioleta de longitudes de onda similares a las de las propias flores de la planta, y las hifas fúngicas parecen producir secreciones dulces además de conidios infecciosos. Al parecer, estos dos elementos —el color y los exudados similares al néctar— atraen a los polinizadores normales de la planta, que después transfieren los conidios del hongo a flores sanas, propagando así el patógeno

vegetal. El hongo pasa el invierno en el suelo en forma de esclerocios, que son masas de tejido fúngico dentro de frutos marchitos «momificados» (de ahí el nombre de la enfermedad: baya momia). El ciclo de la enfermedad comienza de nuevo en primavera, cuando los esclerocios producen pequeños cuerpos fructíferos que liberan esporas contagiosas a las hojas recién emergidas (las hojas que se convertirán en las pseudoflores de este imitador floral).

Aunque existen ejemplos de hongos que imitan a plantas, se conocen muy pocos casos en los que las plantas dan la vuelta a la tortilla e imitan a los hongos. Aunque este libro trata sobre los hongos, no está de más destacar una planta a la que se le da tan bien imitar a un hongo que muy pocas personas serían capaces de notar la diferencia. En los bosques de la región tropical de América Central y del Sur vive una orquídea conocida como *Dracula*. En total, existen más de 100 especies de orquídeas *Dracula*, que habitan en las repisas empapadas donde muy pocas plantas con flores se atreven a llegar. Como resultado, apenas hay polinizadores, pero abundan las setas que fructifican durante todo el año en el humus húmedo. Así, como si se tratase del resultado de algún capricho evolutivo, las especies de *Dracula* han unido su destino a las moscas que se alimentan de hongos para satisfacer la necesidad de polinización. Las vistosas partes florales de la orquídea *Dracula* se asemejan mucho a hongos con láminas, e incluso huelen a hongo. Así es: las orquídeas producen exactamente el mismo olor que los hongos, una sustancia química llamada «1-octen-3-ol», para completar el engaño.

← *Dracula chestertonii* es una especie de orquídea endémica de Colombia. El nombre *Dracula* significa literalmente «pequeño dragón», y se aplicó al género debido a las flores de color rojo sangre y a los largos espolones de los sépalos, de aspecto siniestro. Esta especie de orquídea *Dracula* recibió su nombre en honor a Henry Chesterton, el descubridor de la especie. Joseph Henry Chesterton (1837-1883) fue un célebre coleccionista de plantas británico contratado por James Veitch & Sons para buscar especies de orquídeas raras y desconocidas en Sudamérica, con gran éxito. En su último viaje descubrió esta increíble especie, pero su ecología permaneció en secreto hasta no hace mucho.

Roya
Mimetismo floral

NOMBRE CIENTÍFICO	*Puccinia monoica*
FILO	Basidiomycota
ORDEN	Pucciniales
FAMILIA	Pucciniaceae
HÁBITAT	Alpino

El ejemplo más extremo de mimetismo floral es el que demuestra el hongo de la roya *Puccinia monoica*, un patógeno de las mostazas de los géneros *Arabis* y *Phoenicaulis* (familia Brassicaceae). Barbara Roy, científica de Oregón que estudia las asociaciones ecológicas de hongos y plantas en Norteamérica y Europa, descubrió que, tras la infección, el hongo inhibe la producción floral de su planta huésped e induce la producción de pseudoflores elevadas que no se parecen en nada a las flores de su huésped.

Un huésped común de *Puccinia monoica* es *Phoenicaulis cheiranthoides*. Las plantas no infectadas son cortas y achaparradas, algo típico de las especies que viven en zonas áridas y elevadas, y producen pequeñas flores rosadas. Sin embargo, las plantas infectadas producen un mayor número de rosetas de hojas, no auténticas flores, y pseudoflores de color amarillo brillante.

Un segundo hospedador de *Puccinia monoica* es *Arabis holboellii*, una planta alta y erguida con hojas finas en forma de correa de aspecto similar a las briznas de hierba. *Arabis holboellii* suele producir pequeñas flores cruciformes blancas, pero tras la infección las plantas se mantienen cortas y producen pseudoflores amarillas.

En ambas asociaciones, las plantas hospedadoras infectadas producen pseudoflores de un color distinto al de las no infectadas. Una inspección minuciosa revela que estas pseudoflores son en realidad rosetas de hojas en forma de pétalos cubiertas de espermogonios fúngicos, que son los responsables del color amarillo brillante. Del mismo modo, el tejido hifal del hongo emite un olor fragante y una sustancia dulce y pegajosa que contiene espermacios. Este se transporta a las hifas receptivas de las pseudoflores de otras plantas, lo que facilita la reproducción sexual («pseudopolinización») del hongo.

Curiosamente, parece que los impostores fúngicos podrían estar ganando a las plantas en su propio juego, ya que las plantas infectadas «florecen» antes que las no infectadas, y el amarillo es el color dominante de las flores en muchos ecosistemas, incluido el hábitat montañoso de *Phoenicaulis*. Este hongo también puede tener un efecto perjudicial sobre el éxito reproductivo de muchas otras especies vegetales del entorno, ya que el olor y el dulce néctar de las plantas infectadas podrían resultar más atractivos para las especies de insectos polinizadores que los producidos por otras especies florales.

→ *Arabis holboellii* con rosetas de hojas a modo de pseudoflores.

PHALLUS INDUSIATUS

Velo de novia

Atrayentes olfativos

NOMBRE CIENTÍFICO	*Phallus indusiatus*
FILO	Basidiomycota
ORDEN	Phallales
FAMILIA	Phallaceae
HÁBITAT	Bosques y zonas urbanas

A primera vista, la fase inicial de este hongo podría parecer una puesta de huevos de pájaro parcialmente enterrada en restos orgánicos, o tal vez unos bejines inusuales. Sin embargo, si volvemos a inspeccionarlos al cabo de uno o dos días, los «huevos» se habrán abierto y habrá brotado un cuerpo fructífero obsceno y maloliente.

Sabemos que existen hongos fétidos en todos los continentes, excepto en la Antártida, y muchos son setas urbanas muy comunes que viven como saprótrofos en restos orgánicos. De hecho, algunas especies son cosmopolitas tras haber sido introducidas a través de la importación de mantillo de madera y plantas hortícolas. No se puede prever cuándo aparecerán, pero siempre que se detectan, llaman la atención. Algunos se asemejan a especies submarinas, como calamares o pólipos, y abarcan toda la gama desde los puritanos (con un velo dorado o de un blanco puro) hasta los lascivos (que se asemejan descaradamente a órganos sexuales). La hija mayor de Charles Darwin, Henrietta («Etty»), disfrutaba especialmente destruyéndolos cada vez que los veía en los bosques cercanos a Down House para que no mancillaran la virtud de los sirvientes.

Dado su aspecto, no es de extrañar que los micólogos les dedicasen un orden especial: los Phallales. La mayoría de los hongos fétidos se pueden clasificar en dos grupos principales dentro del orden: los que carecen de ramificaciones (y suelen tener forma fálica) y los que tienen ramificaciones (con «brazos» o «garras», o que parecen una «jaula»). Muchos tienen nombres comunes sugerentes, como el calamar apestoso (*Pseudocolus fusiformis*), el hongo estrella (*Aseroe rubra*), el falo con brazos (*Lysurus cruciatus*) y el falo hediondo (*Phallus impudicus*), por nombrar solo algunos. El hermoso velo de novia (*Phallus indusiatus*) es un hongo cultivado muy popular en Asia.

En algún momento de su historia evolutiva, los miembros del orden Phallales perdieron el hábito balistospórico, atrayendo a los insectos (en especial a las moscas carroñeras) para que transmitieran sus esporas. A medida que el cuerpo fructífero madura, se produce una masa de gleba fétida que contiene basidiósporas. Su hedor atrae a las moscas, que se alimentan de la gleba y suelen eliminar toda la masa de esporas en cuestión de horas. Las basidiósporas ingeridas son defecadas por las moscas en otros lugares.

→ *Phallus indusiatus.*

SPHAEROBOLUS STELLATUS

Esfera de estrella

Liberación explosiva de esporas

NOMBRE CIENTÍFICO	*Sphaerobolus stellatus*
FILO	Basidiomycota
ORDEN	Geastrales
FAMILIA	Geastraceae
HÁBITAT	Bosques y zonas urbanas

Existe una serie de hongos que se benefician de prácticas humanas como el transporte, la agricultura e incluso el paisajismo. Muchos hongos se adaptan bien a la vida descomponiendo el mantillo de madera omnipresente que es tan popular en el paisaje urbano actual. De hecho, existe tanta demanda de mantillo de madera que se produce y se envía a todo el mundo, con la introducción involuntaria de numerosas especies de hongos en hábitats exóticos.

Los miembros del género *Sphaerobolus* acostumbran a crecer en madera en descomposición. Estos diminutos hongos se conocen también como hongos de artillería o de bala de cañón por su asombrosa capacidad para lanzar un paquete de esporas (llamado peridiolo) a gran distancia. Sin embargo, técnicamente los cañones se parecen más a catapultas, ya que el lanzamiento se produce por la eversión explosiva de una membrana presurizada dentro del esporóforo. Los peridiolos se disparan hacia la luz intensa y pueden recorrer hasta 6 metros. La fuerza de la eyección de las esporas produce un sonido audible.

En los últimos años, las esferas de estrella se han convertido en una fuente de molestias para los propietarios de viviendas, los productores de mantillo para jardinería y las compañías de seguros, ya que la fuerte adhesión de los peridiolos expulsados se pega de manera irreversible a las superficies lisas. Se conocen casos en los que estas pequeñas pistolas de juguete estropean las superficies de los revestimientos vinílicos de las casas, las ventanas y los automóviles. Por tanto, tenga cuidado si estaciona cerca de «islas» cubiertas de mantillo en los aparcamientos: ¡todo un lado de su coche podría quedar salpicado en pocos minutos!

Pistolas de juguete en miniatura

Secuencia del lanzamiento de esporas del hongo esfera de estrella. A medida que el paquete de esporas madura, se acumula presión en el cuerpo fructífero que impulsa los peridiolos a grandes distancias.

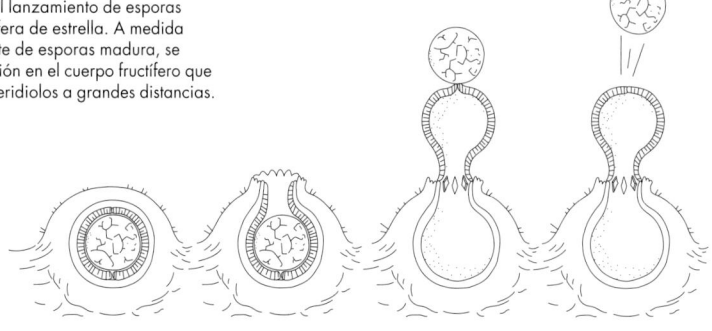

→ *Sphaerobolus stellatus* creciendo en restos de madera. Los peridiolos blancos de tamaño generoso están listos para disparar; también se observan cuerpos fructíferos vacíos.

Seta acuática

Balistosporia subacuática

NOMBRE CIENTÍFICO	*Psathyrella aquatica*
FILO	Basidiomycota
ORDEN	Agaricales
FAMILIA	Psathyrellaceae
HÁBITAT	Acuático

En 2005, el río Rogue, en Oregón, fue escenario de un descubrimiento inusual: se encontraron setas bajo el agua. Naturalmente, se supuso que las setas habían fructificado a partir de restos leñosos que habían caído al agua, pero no fue así. Las setas no solo eran nuevas para la ciencia, sino que además se han visto todos los años desde su descubrimiento y, lo más sorprendente, fructifican bajo el agua.

Aunque se conoce la existencia de varios ascomicetos que crecen y fructifican bajo el agua, hasta ahora no se conocía ninguna seta acuática con láminas. El basidiomiceto *Gloiocephala aquatica*, una especie diminuta similar a *Marasmius* procedente de estanques eutróficos de la Patagonia argentina, se le parece, pero no tiene láminas.

Psathyrella aquatica se parece a la mayoría de las demás especies del género que se pueden encontrar en los bosques o en las pilas de compost cerca de casa, y todavía se desconoce cómo produce las esporas. Se supone que la balistosporia no funciona bajo el agua, por lo que una teoría es que este hongo debe crear burbujas de aire en la superficie de las láminas y disparar las esporas hacia ellas; se han documentado grupos de esporas flotando en las proximidades de los cuerpos fructíferos. Otra alternativa es que las esporas podrían propagarse a medida que las setas se marchitan y se alejan flotando.

Cuando se responda a esa pregunta, quedará otra: ¿cómo se transmiten las esporas *contracorriente*? En un intento por explicar cómo podrían contrarrestar las esporas el flujo constante del agua, el micólogo Jonathan Frank, afincado en Oregón, capturó y diseccionó invertebrados asociados a las setas subacuáticas. Frank halló esporas de *Psathyrella aquatica* en las tripas de tricópteros, cachipollas y moscas negras. Esto sugiere que los insectos acuáticos participan en la dispersión de esporas, ya sea como micófagos, herbívoros o filtradores que recogen esporas mientras se desplazan por las setas bajo el agua. Se necesitarán más datos para confirmar el papel de estos invertebrados, pero no cabe duda de que los insectos acuáticos poseen la capacidad de contrarrestar el flujo de agua y transportar las esporas contracorriente, sobre todo si también son consumidos por peces o aves que podrían transportar las esporas incluso más lejos.

→ Se supone que la balistosporia no funciona bajo el agua, pero la extraña *Psathyrella aquatica* ha hallado el modo de ponerla en práctica. Los científicos todavía no saben con certeza cómo lo hace.

PAUROCOTYLIS PILA

Trufa de baya escarlata

Mimetismo frutal

NOMBRE CIENTÍFICO	*Paurocotylis pila*
FILO	Ascomycota
ORDEN	Pezizales
FAMILIA	Pyronemataceae
HÁBITAT	Bosques

Paurocotylis pila es un extraño hongo que depende de la zoocoria y el mimetismo durante la reproducción. En Oceanía, los mamíferos excavadores representan el vector de esporas más importante para los hongos productores de trufas de Australia. La mayoría de las trufas que dependen de los mamíferos son de color apagado, pero despiden olores muy fuertes, ya que los mamíferos suelen buscar alimento mediante el sentido del olfato. Sin embargo, en Nueva Zelanda, las aves son los herbívoros dominantes, y los hongos trufa han desarrollado trucos diferentes para atraerlas. Varias especies de «hongos secuestrado» producen cuerpos fructíferos de color morado, azul o rojo intenso que se asemejan a bayas que yacen en el suelo del bosque; las aves que buscan alimento las engullen y depositan sus esporas en otros lugares.

Es posible que la trufa de baya más convincente sea *Paurocotylis pila*. Los ascocarpos comienzan a formarse justo debajo de la superficie del suelo a finales del verano y, a medida que la trufa madura, se expande y queda expuesta en la superficie con aspecto de un fruto rojo caído. Su tamaño y su color hacen que parezca casi idéntica a los frutos de los árboles *Podocarpus*, que maduran y caen al mismo tiempo.

No existe un conocimiento sólido de la ecología de *Paurocotylis*. Las pocas especies conocidas de América del Norte y del Sur se consideran raras o en peligro de extinción, y apenas disponemos de datos sobre ellas. *Paurocotylis pila* se encuentra ahora también en el Reino Unido, a donde se cree que llegó a principios de la década de 1970 desde Nueva Zelanda (su introducción se ha relacionado de manera anecdótica con la visita de un equipo de remo neozelandés). En un principio se supuso que el género era micorrícico, pero estudios recientes sugieren que los miembros de este género (y los géneros relacionados *Geopyxis*, *Hydnocystis* y *Densocarpa*) podrían ser endófitos o saprótrofos, o ambos.

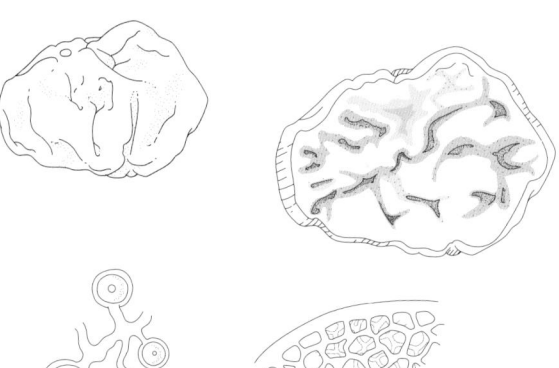

Cuerpo fructífero similar a una trufa
Los cuerpos fructíferos de este hongo parecen bayas de colores vivos, pero una sección transversal revela cámaras revestidas de himenio productor de esporas.

→ Las trufas de baya escarlatas son en realidad del tamaño de un guisante; en la imagen se muestran muy ampliadas.

PILOBOLUS CRYSTALLINUS

Lanzador de sombreros

Reproducción explosiva

NOMBRE CIENTÍFICO	*Pilobolus crystallinus*
FILO	Zygomycota
ORDEN	Mucorales
FAMILIA	Pilobolaceae
HÁBITAT	Bosques y tierras de cultivo

El estiércol de los mamíferos que pastan constituye un hábitat ideal para numerosos hongos conocidos con la designación colectiva de «coprófilos». Del mismo modo, el estiércol de los mamíferos de pastoreo es un excelente lugar para observar un microcosmos de muchos hongos distintos que aparecen y desaparecen en rápida sucesión. *Pilobolus crystallinus*, conocido como lanzador de sombreros, suele ser el primero en colonizar y en esporular, normalmente en solo unos días.

Si está fresco, el nutritivo sustrato celulósico (los excrementos) ya se ha descompuesto de manera mecánica, y se encuentra humedecido y a la temperatura perfecta, por lo que es colonizado rápidamente por hongos. Ese carácter nutritivo se agota con la misma rapidez, de modo que *Pilobolus crystallinus* ha desarrollado un truco fascinante para asegurarse de ser el primero en colonizar: se asegura de que sus esporas ya estén dentro del estiércol cuando sale del animal. Para lograrlo, este fascinante hongo lanza sus esporas en paquetes melanizados llamados esporangios, asegurándose de que salgan disparadas fuera de la «zona de repugnancia» (la exuberante hierba no pastada en las inmediaciones del estiércol), donde esperan a ser consumidas por los animales que pastan.

La forma sigue a la función

Un solo esporangióforo tiene una forma bulbosa y actúa como una lente para enfocar la luz solar, lo que hace que el esporangióforo lance su «sombrero» a un espacio abierto. El esporangio negro es un paquete de esporas capaz de resistir las enzimas digestivas de los mamíferos herbívoros.

ATRAÍDOS POR LA LUZ

¿Y cómo lo hacen? Para empezar, *Pilobolus crystallinus* es fototrópico. Produce pequeños cuerpos fructíferos con pie (esporangióforos) que sostienen un único esporangio apical lleno de esporas que crece hacia la luz. El extremo del esporangióforo es una vesícula bulbosa que se llena de líquido, lo que hace que se hinche. Esta «pistola de agua» actúa a continuación como una lente: la luz atraviesa la pared exterior y se concentra en la pared interior que tiene enfrente. Un fotorreceptor transmite un estímulo por el pie, debajo de la vesícula, que reacciona creciendo con mayor rapidez en el lado opuesto a la fuente de luz. El resultado es que el esporangióforo se inclina para apuntar en dirección a la luz. Cuando la vesícula estalla, lanza el esporangio negro hacia la luz.

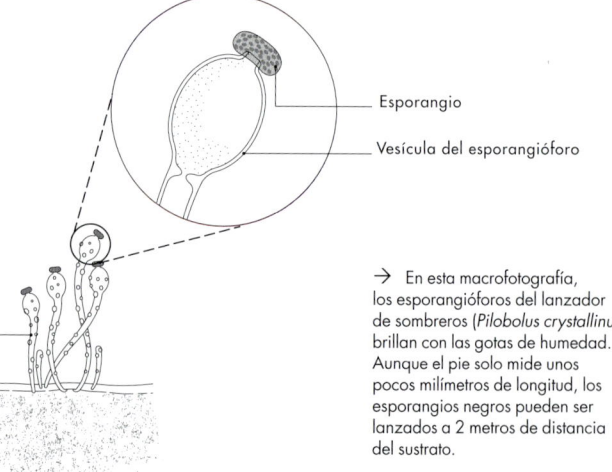

Esporangio

Vesícula del esporangióforo

Pie del esporangióforo

→ En esta macrofotografía, los esporangióforos del lanzador de sombreros (*Pilobolus crystallinus*) brillan con las gotas de humedad. Aunque el pie solo mide unos pocos milímetros de longitud, los esporangios negros pueden ser lanzados a 2 metros de distancia del sustrato.

QUÍMICA
Y FISIOLOGÍA

Una química extraña

Entre todos los reinos de la vida, los parientes más cercanos de los animales son los hongos. Esto puede no ser evidente a primera vista, ya que los hongos y los animales no se parecen en nada desde el punto de vista morfológico, ni siquiera a nivel celular. Sin embargo, desde el punto de vista químico y fisiológico, compartimos numerosas similitudes y un antepasado común.

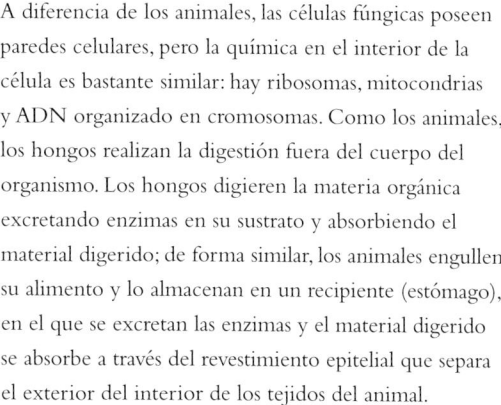

↓ Las setas pie de terciopelo
(*Flammulina* spp.) representan
una visión muy común en la madera
en descomposición.

A diferencia de los animales, las células fúngicas poseen
paredes celulares, pero la química en el interior de la
célula es bastante similar: hay ribosomas, mitocondrias
y ADN organizado en cromosomas. Como los animales,
los hongos realizan la digestión fuera del cuerpo del
organismo. Los hongos digieren la materia orgánica
excretando enzimas en su sustrato y absorbiendo el
material digerido; de forma similar, los animales engullen
su alimento y lo almacenan en un recipiente (estómago),
en el que se excretan las enzimas y el material digerido
se absorbe a través del revestimiento epitelial que separa
el exterior del interior de los tejidos del animal.

En las condiciones adecuadas, los hongos pueden
utilizar casi cualquier cosa como fuente de alimento.
Pueden consumir las páginas de libros, fotografías,
películas fotográficas y los revestimientos de las lentes
de las cámaras; pañales desechables, plásticos y otros
productos derivados del petróleo (incluido el petróleo
crudo procedente de vertidos accidentales); se han
encontrado obstruyendo los conductos de combustible
de aviones, provocan la podredumbre de los cascos de
barcos de vela y pueden destruir casi cualquier material
que se encuentre dentro de su hogar y en los alrededores.

No solo son inusuales sus hábitos alimenticios; por
ejemplo, algunos hongos brillan en la oscuridad; otros
producen algunas de las sustancias más tóxicas conocidas
en la naturaleza, y muchos pueden vivir en ausencia
de oxígeno, con la consiguiente producción de grandes
cantidades de alcohol en algunos casos. Por otra parte,
existen hongos patógenos de las plantas que pueden alterar
la química de su huésped para crear estructuras similares
a flores o frutos, y hongos patógenos de animales capaces
de apoderarse de la mente de su huésped y convertirlo
en un «zombi» con el único fin de reproducirse.

MELANINAS

Otro proceso químico que comparten los animales y los hongos es la producción de melaninas. Estas figuran entre las sustancias orgánicas más extendidas en todos los reinos; son comunes en numerosos taxones y parecen desempeñar un papel fisiológico fundamental. Incluso podrían estar relacionadas con el origen de la vida.

Los animales producen estos pigmentos oscuros para protegerse de la radiación ultravioleta, como la pigmentación bronceada de la piel humana en respuesta a la exposición al sol. En los hongos, las melaninas desempeñan diversas funciones, desde el refuerzo estructural de las paredes celulares hasta la protección contra el estrés térmico y la desecación, el estrés salino y de pH, y la radiación (luz ultravioleta, radiación ionizante, etcétera). Las melaninas también actúan «absorbiendo» metales pesados tóxicos y productos químicos oxidantes, y protegiendo contra las enzimas líticas u otras toxinas de los microbios. Además, son la base de la virulencia en algunos hongos patógenos de las plantas.

Las melaninas fúngicas son principalmente de color marrón a negro y, por lo tanto, absorben la luz visible y ultravioleta (y, en cierta medida, la infrarroja). Esto resulta especialmente beneficioso para los hongos que producen rizomorfos (similares a las raíces de las plantas) que se extienden de un sustrato al contiguo, ya que tienen que hacer frente al estrés físico de la luz solar y la desecación. Por ejemplo, los rizomorfos permiten que los hongos de miel (*Armillaria*) se desplacen de un tocón a otro, o a árboles vivos, lo que les permite desarrollarse como patógenos forestales. En una demostración de la resistencia de estos rizomorfos, podrá encontrarlos en troncos en descomposición mucho después de que el hongo —y gran parte de la madera— haya desaparecido.

← El abundante hongo de miel (*Armillaria* sp.) es un grave patógeno de los árboles del bosque. Continúa creciendo de forma saprótrofa en la madera muerta.

El calor y el frío son fuentes de estrés adicionales que se pueden aliviar con las melaninas, como lo demuestra *Monilinia fructicola*, un ascomiceto que causa la podredumbre parda de las frutas con hueso. Esta especie es capaz de crecer en temperaturas mediterráneas elevadas, al contrario que los mutantes deficientes en melanina. De hecho, muchos microhongos y líquenes están melanizados, en especial los que habitan en sustratos extremos, como las rocas en ambientes fríos.

Las melaninas también actúan como antioxidantes y resisten la lisis (desintegración celular) por enzimas, así como los ataques microbianos. Al parecer, estas últimas propiedades permiten que muchos hongos fitopatógenos superen las defensas del huésped, contribuyendo así a la virulencia del patógeno. Del mismo modo, patógenos humanos tremendos como las especies de *Cryptococcus* están melanizadas; los mutantes deficientes en melanina pierden su capacidad de provocar infección.

Las melaninas muestran una alta resistencia a la tracción y, por lo tanto, refuerzan las estructuras de las paredes celulares, como las paredes de las esporas. De ese modo, las paredes celulares de los hongos melanizados resisten mejor el estrés osmótico y las fuerzas de turgencia. Además, las esporas melanizadas son mucho más resistentes a la desecación y a la peligrosa radiación UV. La radiación ionizante (incluida la luz UV) daña el ADN y, por lo tanto, puede ser destructiva para todas las células vivas. Sin melanina (o sin una buena cantidad de crema solar protectora), nuestras propias células cutáneas corren peligro por la luz solar; el cáncer de piel es el resultado del daño que sufre el ADN por la radiación ionizante. Los hongos que producen esporas hialinas o incoloras no suelen ser viables durante mucho tiempo, pero algunos hongos (como *Ganoderma*), producen esporas melanizadas de pigmentación oscura que pueden permanecer viables en el suelo durante años.

HONGOS AUTÓTROFOS

Sorprendentemente, otra forma de radiación —la radiación atómica— parece provocar un crecimiento acelerado en algunos hongos melanizados, como indican las muestras de *Cladosporium* y *Penicillium* que se han aislado de las ruinas del reactor de Chernóbil. Al parecer, estos hongos obtienen energía de la radiación ionizante, lo que los convierte en autótrofos mediante un proceso que todavía no se ha descifrado. En la imagen, esporas de *Cladosporium* bajo el microscopio, coloreadas digitalmente.

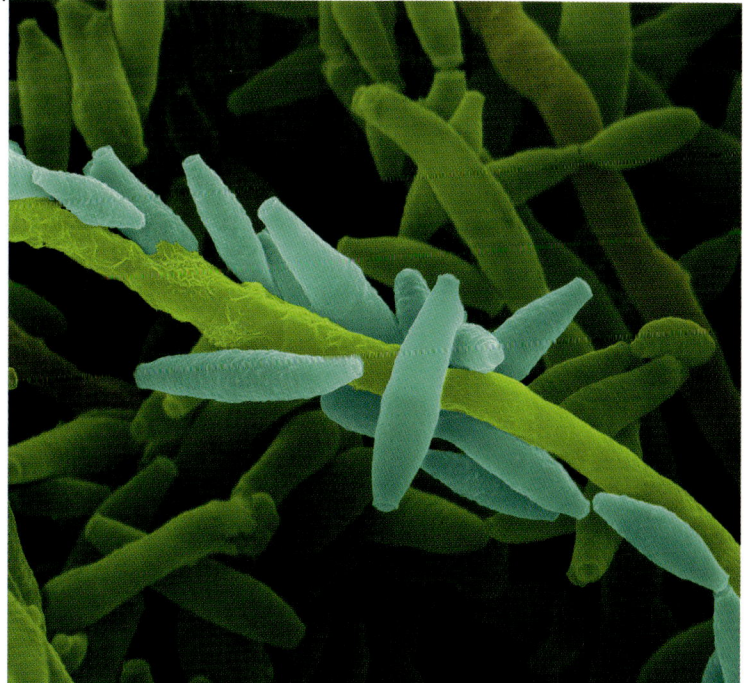

LA BELLEZA DE LA DESCOMPOSICIÓN

En muchos casos, las melaninas fúngicas producen resultados hermosos visibles en la madera podrida. Es posible que haya visto objetos de madera preciosos, como guitarras, muebles, piezas de ebanistería o pequeños objetos artísticos (por ejemplo, cuencos) hechos de «arce rizado» o «arce ojo de pájaro». Por supuesto, no existen árboles así: esta madera, con sus hermosos patrones de zonas ennegrecidas, es en realidad madera que ha sido invadida (y a menudo deformada) por microbios, entre ellos hongos. Entre otros, hongos como *Armillaria* y *Xylaria* crecen en la madera y rodean su zona de infección con lo que se denomina «placas pseudoesclerociales». Cuando se corta y se pule la madera, esas placas aparecen como líneas oscuras, pero si pudiese observar la madera en tres dimensiones, vería una columna de tejido leñoso rodeada de hifas fúngicas y abundante melanina. De esa manera, el hongo casi aísla su zona de todo lo exterior, incluidos otros hongos.

↓ Las elaboradas líneas de la madera son el resultado de la lucha de los hongos y otros microbios por los recursos.

→ Las especies de *Xylaria* son hongos de pudrición de la madera muy comunes. Estos ascomicetos producen esporas a partir de cámaras diminutas enterradas en tallos negros llamados estromas.

↘ El hongo de podredumbre de la madera *Physisporinus vitreus* es un políporo basidiomiceto que produce esporas a partir de tubos, visibles en la imagen.

El hongo políporo *Fomes fomentarius* muestra un hermoso patrón de líneas oscuras, mientras que otros hongos que atacan la madera pueden producir líneas de diferentes colores; por ejemplo, *Chlorociboria* es un hongo que pudre la madera y la decolora con un precioso azul verdoso. En las primeras etapas de la descomposición, antes de que la integridad de la madera se vea comprometida y debilitada, este material es muy apreciado por los artesanos.

Si es aficionado a la música clásica, sabrá que existen numerosos factores que influyen en el sonido de un famoso violín Stradivarius, desde el tipo de madera empleada hasta la forma en que ha envejecido, pasando por las colas y los productos químicos utilizados en su fabricación. Sin embargo, a pesar de siglos de investigación por parte de científicos y músicos, lo que hace especial a un Stradivarius continúa siendo un misterio.

Sin embargo, algunos investigadores creen que se están acercando. Recientemente, un grupo de científicos fabricó un violín muy barato con madera que había sido tratada con dos tipos de hongos que provocan la pudrición del material: *Meripilus vitreus* y *Xylaria longipes*. Las especies de madera utilizadas eran las mismas que las empleadas por los luthiers profesionales: abeto noruego para el cuerpo del instrumento y sicomoro para el fondo, los aros y el mástil. Lo inusual de *Meripilus* y *Xylaria* es que degradan las paredes celulares de la madera que infectan de manera gradual, haciendo que pierdan grosor en lugar de destruirlas por completo. De ese modo, dejan un andamio rígido a través del cual pueden pasar fácilmente las ondas sonoras sin comprometer la elasticidad de la madera.

Tras un período de incubación, las planchas de madera se trataron con un gas que mata a los hongos y, a continuación, se entregaron a maestros luthiers para que las convirtieran en instrumentos. Una vez fabricados, un equipo de audiófilos participó en una prueba a ciegas y los resultados fueron sorprendentes: el jurado experto concluyó que el sonido del violín «Mycowood», de bajo coste, era idéntico al de un Stradivarius fabricado en 1711. Teniendo en cuenta que los violines de calidad concertística resultan imprescindibles para la carrera de cualquier joven intérprete, pero su elevado precio dificulta su adquisición, el desarrollo de los instrumentos de esa «micomadera» podría contribuir a democratizar el mundo del violín.

↑ → *Omphalotus nidiformis* es un hongo bastante apagado cuando se ve a la luz del día (superior), pero que brilla en la oscuridad.

BIOLUMINISCENCIA

Entre las numerosas variedades de hongos más fascinantes se encuentran los que brillan: los hongos bioluminiscentes. La bioluminiscencia se conoce y está documentada desde la antigüedad. Aunque Aristóteles y Plinio el Viejo ya mencionaron este fenómeno, los naturalistas lo ignoraron hasta que las observaciones de los mineros en el siglo XVIII llamaron la atención.

Ahora sabemos que la fuente del brillo no son las plantas, sino los hongos, y que existen cuatro linajes conocidos de hongos basidiomicetos bioluminiscentes, que incluyen alrededor de 80 especies. Entre los hongos luminiscentes que nos resultan familiares figuran *Armillaria*, *Mycena*, *Omphalotus* y *Panellus*; si la luz procede de las hifas de la madera (lo que se conoce como «fuego fatuo»), lo más probable es que se trate de una especie de *Armillaria*.

La bioluminiscencia se encuentra muy extendida en la naturaleza y, además de los hongos, hay animales, plantas y bacterias capaces de producirla. Dos factores a tener en cuenta sobre la bioluminiscencia son que es continua, incluso a la luz del día (aunque no sea visible), y que no genera calor, por lo que resulta muy distinta a la

HONGOS ILUMINADORES

En 1796, el naturalista alemán Alexander von Humboldt fue uno de los primeros en describir la luminiscencia de los rizomorfos en minas de carbón alemanas. Se informó de una luminiscencia tan brillante en paneles y vigas de madera que, al parecer, no se necesitaban lámparas de minero. La humedad y las temperaturas elevadas en la galería de la mina parecían un requisito importante para la emisión de luz, que se describió como procedente principalmente de las puntas de las hifas de «plantas» (especies denominadas *Rhizomorpha*).

incandescencia, que es un resplandor térmico. La luz se origina a partir de una reacción metabólica del hongo en la que los electrones se transfieren a una molécula aceptora (luciferina), que es escindida por una enzima (luciferasa) en presencia de oxígeno. El resultado es la formación de un estado de excitación electrónica de la luciferina y la posterior emisión de luz con una longitud de onda máxima de aproximadamente 525 nm durante el retorno al estado fundamental. Este proceso es muy similar en todos los organismos bioluminiscentes, aunque las luciferinas y las luciferasas no son exactamente iguales.

Muchas personas se preguntan cuál es el «propósito» de la bioluminiscencia y si tiene algún beneficio para el organismo. Se han planteado numerosas funciones, entre las que destaca la de atraer a invertebrados con el fin de dispersar esporas. Esta sugerencia se ha estudiado, pero no parece ser el caso en los biomas templados. Sin embargo, en los bosques tropicales muy densos (donde el aire se mueve muy poco), las pruebas recientes indican que la bioluminiscencia podría ser un mecanismo para la dispersión de esporas a través de insectos voladores.

Una hipótesis alternativa plantea que la bioluminiscencia es simplemente una forma que tienen los hongos de disipar energía como subproducto del metabolismo oxidativo, ya que la mayoría de los organismos (incluidos nosotros mismos) desprenden calor como subproducto de este proceso. Esta reacción química también podría estar relacionada con la desintoxicación de los peróxidos que se forman durante la ligninólisis (la descomposición de la madera). Muchos hongos

bioluminiscentes pudren la madera y la hojarasca, entre ellos los hongos de la podredumbre blanca *Armillaria mellea* y *Panellus stipticus*. Los factores que inducen o debilitan el sistema lignolítico de los hongos de la podredumbre blanca también inducen o debilitan la bioluminiscencia.

Aunque, hoy en día, la función de la bioluminiscencia sigue siendo desconocida y controvertida. Dentro del género *Mycena*, por ejemplo, hay al menos 33 especies conocidas que presentan bioluminiscencia. Sin embargo, muchas otras especies de *Mycena* no son bioluminiscentes, lo que plantea la pregunta: ¿evolucionó la bioluminiscencia una sola vez y después se perdió en diversas ocasiones a lo largo de la historia, o evolucionó en momentos distintos e independientes dentro del género?

Algunos investigadores sugieren que no existe un beneficio evolutivo derivado de la bioluminiscencia en los hongos, ya que géneros como *Mycena* cuentan con especies luminosas y no luminosas que parecen tener el mismo éxito en la naturaleza. En esos casos, es probable que la bioluminiscencia fuese ventajosa en ciertos hongos (tal vez para la dispersión de esporas) y que se haya conservado como «bagaje» evolutivo en algunos miembros sin tener ninguna ventaja o desventaja selectiva real. Mi hipótesis es que el rasgo debe tener algún beneficio si se ha conservado en tantas especies de hongos, pero su hipótesis es tan válida como la mía.

↓ *Mycena roseoflava* es una preciosa seta bioluminiscente diminuta de Australia y Nueva Zelanda.

Hongos tóxicos

De todos los aspectos relacionados con la química de los hongos, el más estudiado probablemente sea el que tiene que ver con los compuestos tóxicos que producen. Se han escrito libros enteros sobre este tema, que es tan amplio que sería inútil intentar resumirlo aquí. No obstante, debido a su omnipresencia, a lo largo de este libro y en casi todos los capítulos encontrará referencias a las toxinas fúngicas.

Las toxinas son sustancias producidas por organismos vivos que envenenan el sistema vital de otro organismo, bloqueando o alterando el funcionamiento normal de las vías bioquímicas u otros procesos. Los hongos producen una enorme variedad de compuestos que resultan tóxicos para otros organismos, incluidos los seres humanos. Algunos de estos compuestos se crean, casi con toda seguridad, como mecanismo de defensa para proteger a los hongos de otros microbios, como los alcaloides amargos de los hongos del cornezuelo, que sirven como antialimentarios. Otras toxinas fúngicas se utilizan para matar a las células de los organismos huéspedes en los que viven algunos hongos, y también hay compuestos que resultan ser tóxicos cuando terminan dentro de nosotros. Las amatoxinas presentes en especies de hongos cosmopolitas, incluidas algunas de *Amanita*, son conocidas por causar muertes cada año, pero se desconoce por qué los hongos producen estos compuestos.

No obstante, numerosas sustancias tóxicas sirven para curar enfermedades. El célebre médico suizo Paracelso (pionero en la investigación de lo que hoy se considera la toxicología) señaló que la diferencia entre la medicina y el veneno suele ser la dosis.

→ Aunque no es mortal, la matamoscas (*Amanita muscaria*) es una seta tóxica muy común.

LEVADURA

El inicio de la agricultura y la domesticación de plantas y animales se encuentran entre los acontecimientos más decisivos de la historia de la humanidad porque desencadenaron la aparición de las civilizaciones y los consiguientes avances demográficos, tecnológicos y culturales. La domesticación de la cebada en el Creciente Fértil condujo a la aparición del antepasado de la cerveza moderna en Sumeria, hace unos 6000 años. La cerveza y otras bebidas alcohólicas podrían haber desempeñado un papel crucial en la consolidación de las sociedades humanas a través del acto y los rituales sociales de la bebida, y al proporcionar una fuente de nutrición, medicina y agua no contaminada.

En Europa, la elaboración de cerveza evolucionó de forma gradual durante la Edad Media hasta producir cerveza tipo *ale*. Este proceso utiliza *Saccharomyces cerevisiae* («levadura de cerveza»), que es la misma especie que interviene en la producción de vino y pan leudado. En el siglo XV surgió en Baviera la elaboración de cerveza

lager y, a finales del siglo XIX, ya se había granjeado una amplia aceptación. Desde entonces, se ha convertido en la técnica más popular para producir bebidas alcohólicas, con más de 250 000 millones de dólares en ventas en todo el mundo.

A diferencia de la mayoría de cervezas *ale* y vinos, las *lager* requieren fermentaciones lentas a baja temperatura que se llevan a cabo mediante *Saccharomyces pastorianus*, una levadura criotolerante («tolerante al frío»; antes llamada *S. carlsbergensis*). Curiosamente, *S. pastorianus* nunca se ha aislado en estado silvestre y depende totalmente del ser humano para su propagación. Esto resulta bastante inusual si se tiene en cuenta que la cerveza está presente en todo el planeta y que la mayor parte de ella pasa (por así decirlo) por este hongo.

Sin embargo, un reciente inventario mundial de levaduras naturales ha descubierto los orígenes de *S. pastorianus*. Resulta que esta levadura se creó mediante la hibridación de una levadura *ale Saccharomyces cerevisiae* y otra especie de *Saccharomyces* criotolerante desconocida

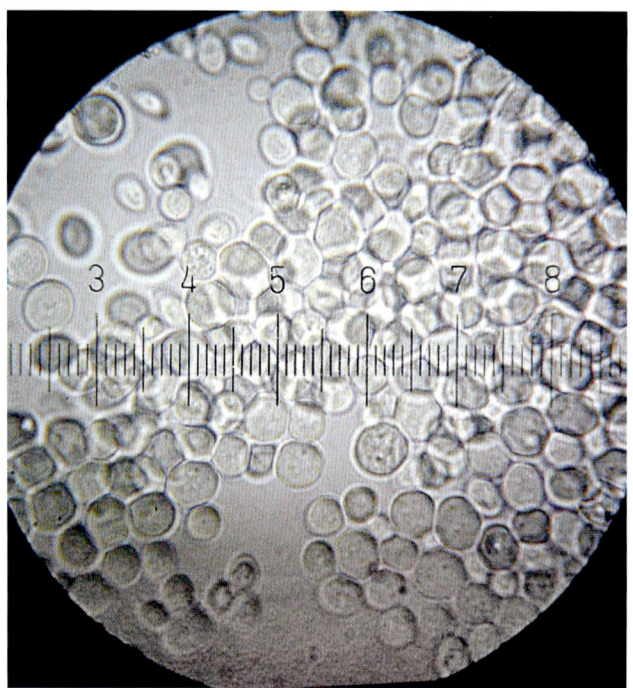

previamente. Esto plantea una pregunta: ¿qué hacen exactamente las levaduras de cerveza en la naturaleza?

Existen numerosas levaduras que surgen de forma natural en la savia que exudan las heridas y las grietas de los árboles. En el hemisferio norte, las especies de *Saccharomyces* se asocian a los robles, mientras que otras levaduras salvajes se hallan en el flujo de savia de haya austral (especies de *Nothofagus*), en las regiones templadas más frías del hemisferio sur. Fue un inventario de las levaduras de bosques con poblaciones de hayas australes el que reveló la misteriosa especie de levadura que forma parte de *S. pastorianus*. La nueva especie fue denominada *Saccharomyces eubayanus* por su parecido con *S. bayanus* (un híbrido complejo de *S. eubayanus*, *S. uvarum* y *S. cerevisiae*, presente solo en el entorno de elaboración de cerveza).

Las poblaciones de la recién descubierta *S. eubayanus* se dan en los gélidos bosques de *Nothofagus* de la Patagonia, en el extremo sur de Sudamérica. Se trata de un lugar muy alejado de Baviera y Bohemia, por lo que se desconoce cómo llegaron a Europa los antepasados de la levadura de cerveza moderna a pesar de que el comercio entre Europa y Sudamérica existe desde hace siglos. Es necesario identificar la cepa genética silvestre de la levadura criotolerante *S. pastorianus* para resolver la taxonomía y la sistemática de este importante complejo de especies, y para comprender los acontecimientos fundamentales que condujeron a la domesticación de la levadura *lager*.

↑　El bosque antártico de *Nothofagus* es frío y remoto. Forma parte del Parque Nacional Los Glaciares, en Argentina. En la imagen, con el Cerro Torre asomándose a lo lejos.

←　Louis Pasteur, el químico francés, fue pionero en microbiología y ciencia de la fermentación.

←←　Levadura de panadería, *Saccharomyces cerevisiae*, vista al microscopio.

Resulta interesante señalar que la levadura misteriosa se encontró en los árboles junto a *Cyttaria,* otro hongo asociado con *Nothofagus.* Los cuerpos fructíferos de *Cyttaria* se asemejan a pelotas de golf adheridas a la corteza de los árboles. Estos cuerpos fructíferos no solo son comestibles; además, son notablemente dulces, ya que se trata de uno de los pocos hongos en el mundo que produce azúcar. Elio Schaechter, una autoridad mundial en microbios, escribió que Darwin observó que los nativos de Tierra del Fuego comían estas setas, «aunque, curiosamente, pasaban por alto los ejemplares frescos y preferían los más viejos y arrugados. Hace unos años, se me ocurrió una posible explicación. A diferencia de otras setas, las *Cyttaria* tienen una concentración de azúcares fermentables... ¿Podría ser que [los yaganes] prefirieran los ejemplares más viejos en proceso de fermentación? Esas personas eran sorprendentemente resistentes; sus ropas eran muy escasas y, sin embargo, vivían en condiciones climáticas muy duras. Planteé la hipótesis de que un poco de alcohol procedente de las *Cyttarias* fermentadas podría haber contribuido en gran medida a su buen humor».

Esta idea se ve respaldada por los habitantes actuales de esa región, que llaman *llao-llao* a los cuerpos fructíferos que caen de las hayas del sur. Además de consumirlos directamente, los cuerpos fructíferos se recogen y se fermentan para elaborar una bebida llamada «chicha de *llao-llao*». ¿Podría ser esta bebida la «madre de todas las cervezas»? Tal vez. Las especies de *Cyttaria* sin duda albergan la levadura *lager* resistente al frío, y también sin duda es esta la que fermenta la cerveza autóctona de Sudamérica. Conoceremos más detalles sobre *Cyttaria* en la página 122.

→ Los cuerpos fructíferos maduros de *Cyttaria darwinii* parecen más frutos de plantas que setas.

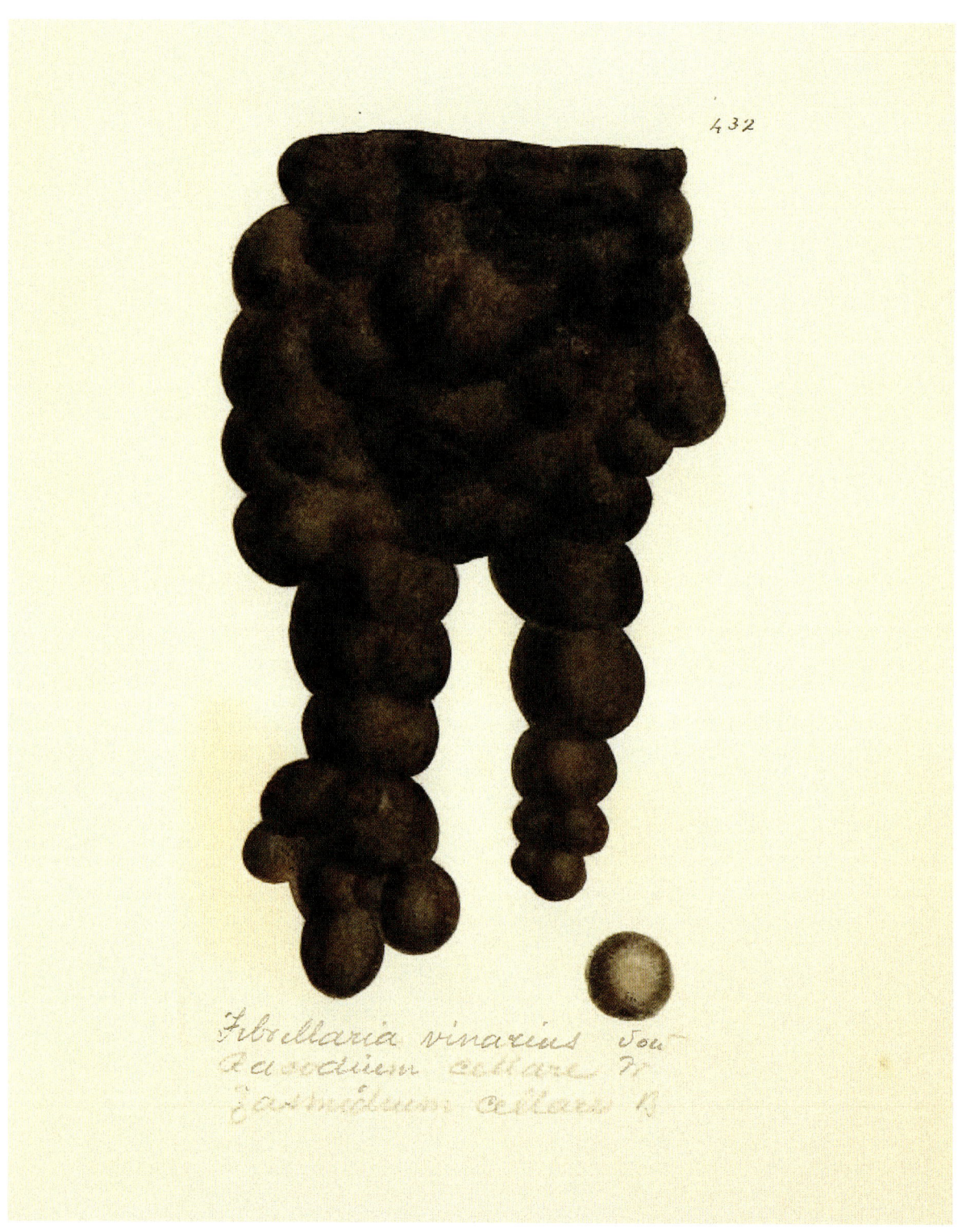

Aunque la levadura de cerveza es muy conocida, no se trata del único hongo implicado en la fabricación de la droga más apreciada por el ser humano (el alcohol). Muchos hongos responden a innumerables sustancias químicas volatilizadas en el aire, y algunos pueden subsistir a base de fuentes de carbono volátil que extraen del aire. Posiblemente, el más extraño es *Zasmidium cellare*, más conocido como moho de las bodegas. En el pasado se consideró una especie de *Cladosporium* (un moho peludo de color marrón verdoso que crece sobre las superficies) debido a su semejanza, pero la forma de crecer de este curioso moho lo diferencia de todos los demás hongos.

Como su nombre indica, este moho se encuentra en bodegas tradicionales y destilerías de todo el mundo. Si no se altera su desarrollo, puede colgar del techo en exuberantes láminas de hifas, sobreviviendo únicamente del alcohol volatilizado presente en el aire. El alcohol que se evapora de las barricas, conocido como «la parte de los ángeles», puede ser considerable (hasta un 2 por ciento del volumen en el caso del brandi y el *whisky*). Tener láminas de hongos colgando del techo puede parecer repugnante, pero el moho es un habitante bienvenido en las bodegas desde hace siglos.

Esto resulta especialmente cierto en la zona de producción de los vinos de Tokay, donde el hongo confiere maravillosos sabores y aromas a los famosos caldos. El moho de las bodegas, además, mantiene las bodegas libres de otros olores desagradables y mohosos.

Si no hay fuentes de carbono volátil en el aire, el hongo puede obtener nutrientes de su sustrato. Sin embargo, las bodegas y destilerías modernas que utilizan acero inoxidable, medidas intensivas de higiene y limpieza, y ventilación en sus salas de producción y envejecimiento no son adecuadas. ¿Podría ser que este hongo pase a convertirse en una especie en peligro de extinción debido a los cambios en las prácticas de producción y a la modernización?

← *Zasmidium cellare* ha recibido diversos nombres y se conoce desde hace siglos. En el siglo XVIII, el naturalista inglés James Sowerby ilustró y describió su hábito de formar colonias amorfas y vellosas de hifas aéreas que cuelgan de los techos.

↑ Aunque parece espeluznante y repugnante, el moho de las bodegas (*Zasmidium cellare*), que cuelga de las paredes y los techos, es un residente bienvenido en las bodegas europeas desde hace siglos, y es el encargado de limpiar el aire estancado de olores contaminantes.

Control mental químico

Existen numerosos hongos patógenos para los animales, y volveremos a ellos más adelante, pero existe un grupo muy extraño de hongos patógenos, especialistas en insectos y otros artrópodos, que merece una mención especial.

Dado que en el planeta hay más insectos que todos los demás grupos de animales, no es de extrañar que haya hongos especializados en acabar con ellos. Destacan dos grupos: los Entomophthorales (considerados zigomicetos durante mucho tiempo) y los Hypocreales (ascomicetos). Muchos miembros de estos grupos son parásitos de insectos (entomopatógenos), así como de plantas e incluso de otros hongos. Entre los Entomophthorales, todas las especies de la familia Entomophthoraceae son entomopatógenas (de hecho, su nombre se traduce como «destructores de insectos»), mientras que las familias Ophiocordycipitaceae y Clavicipitaceae tienen especies entomopatógenas dentro de los Hypocreales.

← Un hongo zombi (*Cordyceps* sp.) emergiendo de su insecto víctima en el Área de Conservación del Valle de Danum (Sabah, Borneo, Malasia).

Enfermedad de la cumbre

Cuando un hongo zombi infecta a una hormiga, el destino de la huésped está sellado. El patógeno empieza a consumir el insecto, pero inmediatamente antes de la muerte le ordena que trepe a la mayor altura posible, donde el hongo esporulará.

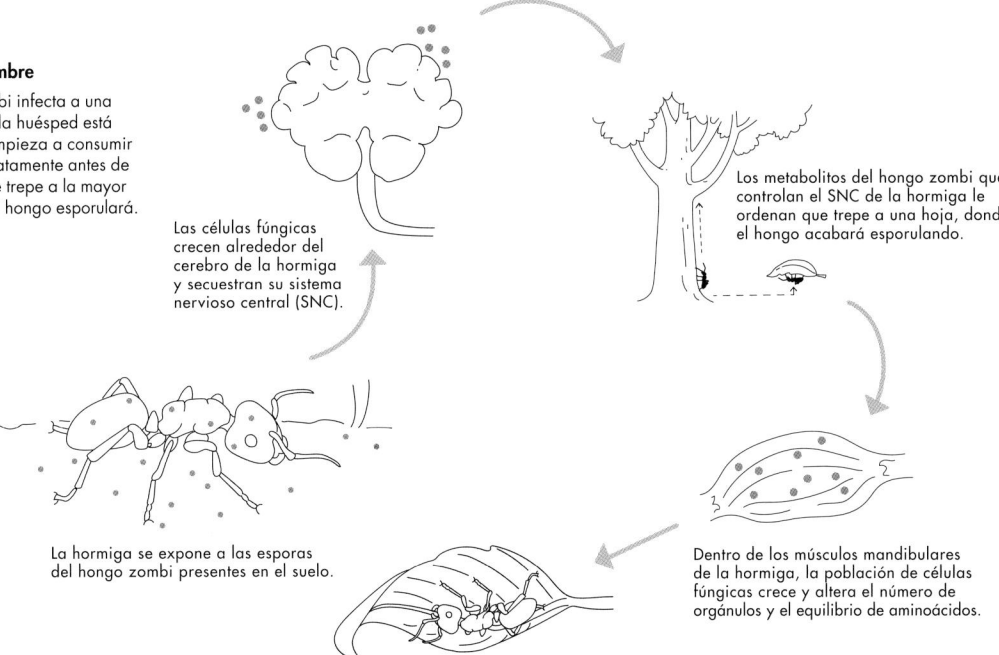

Las células fúngicas crecen alrededor del cerebro de la hormiga y secuestran su sistema nervioso central (SNC).

Los metabolitos del hongo zombi que controlan el SNC de la hormiga le ordenan que trepe a una hoja, donde el hongo acabará esporulando.

La hormiga se expone a las esporas del hongo zombi presentes en el suelo.

Dentro de los músculos mandibulares de la hormiga, la población de células fúngicas crece y altera el número de orgánulos y el equilibrio de aminoácidos.

El último espasmo mortal se da cuando la hormiga sufre una parálisis de la mandíbula a consecuencia de la atrofia de los músculos mandibulares.

Aunque los hongos hipocreales y entomoftorales son bastante diferentes, comparten algunas similitudes sorprendentes que han surgido a través de la evolución convergente. Ambos grupos de hongos infectan a un insecto hospedador, crecen en forma de hifas por todo el cuerpo del animal y, justo antes de la muerte, toman el control del cerebro del hospedador y le indican cómo y dónde moverse. Conviene destacar que ambos grupos evolucionaron a partir de un ancestro distinto, pero han llegado a la «zombificación» de forma independiente.

Los efectos de estos hongos y la forma en que se reproducen parecen increíbles. Por ejemplo, las hormigas parasitadas por el hongo *Pandora formicae* se alejan de la colonia y, en la mayoría de los casos, se ven obligadas a trepar y aferrarse al sustrato en un acto conocido como «enfermedad de la cumbre». A continuación, se produce una muerte macabra, ya que los esporóforos fúngicos irrumpen a través del exoesqueleto del huésped y lanzan las esporas. Las hormigas parasitadas por *Ophiocordyceps unilateralis* también se convierten en armas del hongo: se sitúan en el follaje caído en los caminos frecuentados por otros miembros de su colonia. Desde esa posición,

también pueden lanzar esporas infecciosas sobre las víctimas desprevenidas que se encuentran debajo.

Eryniopsis lampyridarum, que infecta a los escarabajos soldado dorados (*Chauliognathus pensylvanicus* y *C. marginatus*), guarda un as en la manga. Después de llegar a las flores de la vara de oro, el escarabajo condenado se aferra y muere. Sin embargo, entre 15 y 22 horas más tarde, al amanecer, las alas del huésped muerto se abren en una postura de apareamiento, animando a otros escarabajos soldado a intentar aparearse. Los inconscientes pretendientes quedan expuestos entonces a las esporas infecciosas, que a esas alturas ya cubren el abdomen del huésped inicial.

Otro hongo zombificador, por así decirlo, es *Massospora cicadina*. Este extraño hongo entomoftoral es una de las 13 especies de un pequeño género especializado. Charles Horton Peck (1867-1915) fue un botánico del estado de Nueva York que reunió 36 000 especímenes de hongos, musgos, helechos y plantas con semillas durante su célebre carrera. Aunque no tenía formación en micología, dio nombre a 2 700 especies de hongos, y el más extraño de todos ellos quizá sea *Massospora cicadina*. Dispone de más información sobre esta especie en la página 96.

LOPHODERMIUM PINASTRI

Tizón de las acículas del pino

Guerra química

NOMBRE CIENTÍFICO	*Lophodermium pinastri*
FILO	Ascomycota
ORDEN	Rhytismatales
FAMILIA	Rhytismataceae
HÁBITAT	Bosques y zonas urbanas

Todos los árboles pierden regularmente sus hojas planas y las acículas (agujas) en el marco de un proceso denominado senescencia. La reducción de la luz solar al final de la temporada de crecimiento, los cambios drásticos de temperatura y las condiciones de sequía pueden provocar la caída de las hojas. La senescencia también permite que las plantas expulsen los patógenos. Las hojas y las acículas caídas ofrecen un lugar ideal para observar una enorme variedad de hongos interesantes, pero en su mayoría son diminutos y es necesario fijarse bien.

Resulta poco probable que se haya fijado en el hongo *Lophodermium pinastri*; este diminuto ascomiceto tiene el aspecto de unas manchas negras en las acículas de los pinos de dos, tres y cinco acículas. Las especies de *Lophodermium* son patógenos muy conocidos de los árboles de hoja plana y de las coníferas en todo el mundo, y provocan la caída de las acículas afectadas de estas últimas. Se cree que todas las especies del género viven como saprobios en hojas planas y acículas muertas, mientras que algunas especies, como *Lophodermium pinastri*, viven de manera asintomática como endófitos en el interior de las acículas del árbol.

Si tiene pinos cerca, vaya a echar un vistazo en busca de este hongo. Los cuerpos fructíferos de *Lophodermium* aparecen en las acículas muertas que quedan en el árbol o en las que ya han caído al suelo. Como ya hemos señalado, el hongo no parece gran cosa, pero esa impresión resulta engañosa. Tras examinarlo, es probable que las acículas de pino presenten

ascocarpos negros brillantes con forma de balón de rugby, de tan solo 0,8 mm de largo. Los ascocarpos negros están ligeramente elevados y alineados a lo largo de la aguja. Cuando maduran, presentan una hendidura longitudinal a través de la cual se liberan las esporas.

Todavía más interesantes son las líneas negras que atraviesan las acículas y separan los ascocarpos de *Lophodermium*. Estas líneas aparecen cuando un micelio del hongo se encuentra con otro que crece dentro de los tejidos de la planta; se trata del mismo proceso que se puede observar a mayor escala en la madera, donde los hongos provocan los cambios de color.

→ Los diminutos cuerpos fructíferos indican la presencia de colonias de *Lophodermium pinastri* creciendo en el interior de las acículas de pino.

CLAVICEPS PURPUREA

Cornezuelo

Históricamente tóxico

NOMBRE CIENTÍFICO	*Claviceps purpurea*
FILO	Ascomycota
ORDEN	Hypocreales
FAMILIA	Clavicipitaceae
HÁBITAT	Praderas

Existen más de 70 especies de *Claviceps*, todas ellas parásitas de gramíneas, juncos y carrizos. La más conocida es *Claviceps purpurea*, presente en todas las regiones templadas y con una variedad de más de 400 especies como huéspedes, incluyendo importantes cereales. El hongo infecta el ovario de su huésped, y es la etapa más reconocida de su ciclo de vida. Un ovario infectado (grano) es reemplazado por un esclerocio (cornezuelo) duro, curvado, de color púrpura casi negro.

A finales de la primavera, coincidiendo con la fase de floración de la planta huésped, los esclerocios que se encuentran en el suelo germinan y forman pequeños estromas sobre pies que se asemejan a setas diminutas. Incrustados en los estromas se observan cuerpos fructíferos que producen esporas sexuales (ascósporas). Estas esporas se expulsan con fuerza al aire y entran en la planta huésped a través de la flor, de forma muy similar al polen.

Aunque el cornezuelo reduce el rendimiento de los cultivos de cereales al sustituir los granos del huésped por esclerocios, la importancia recae en los alcaloides tóxicos producidos por el hongo, ya que estas micotoxinas suponen un riesgo para la salud de los seres humanos y el ganado. Su efecto se conoce como ergotismo. Los métodos modernos de limpieza eliminan el cornezuelo del grano antes de molerlo o utilizarlo como alimento para animales, pero el proceso es costoso y puede dejar residuos tóxicos. Durante mucho tiempo se adjudicó la responsabilidad a la histeria colectiva, pero es probable que los infames juicios de las brujas de Salem, en Massachusetts, fuesen el resultado del ergotismo. A partir de febrero de 1692, algunas de las jóvenes de Salem comenzaron a sufrir convulsiones, a gritar y a hablar en lenguas desconocidas. Al ser interrogadas, las chicas culparon a una indigente, una anciana postrada en cama y una *tituba* (una esclava caribeña). Esta última fue la única que realizó una confesión forzada: había hecho un pacto con Satanás e implicó a varias conspiradoras más. La histeria se apoderó del pueblo y se iniciaron los juicios por brujería: quienes confesaron o delataron a otras brujas se salvaron de la ejecución, pero quienes defendieron su inocencia no tuvieron tanta suerte. Al final, diecinueve mujeres fueron ahorcadas y un anciano murió aplastado bajo pesadas piedras.

→ El cornezuelo, de color púrpura casi negro, es una señal de infección por *Claviceps purpurea* en el grano de los cereales.

Esporulación del cornezuelo

Cuando llega el momento de la reproducción sexual, emergen pequeñas protuberancias similares a setas de un único esclerocio que se ha producido en la planta huésped y pasa el invierno en el suelo.

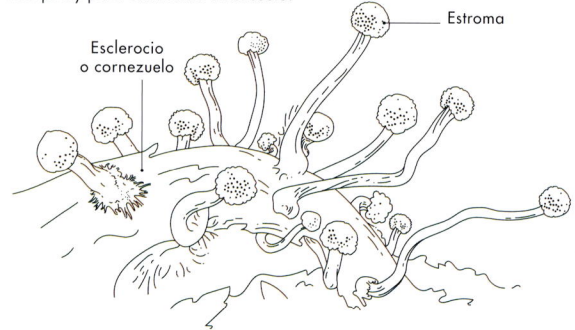

Estroma

Esclerocio o cornezuelo

Hongo yesquero

Iniciador de fuego

NOMBRE CIENTÍFICO	*Fomes fomentarius*
FILO	Basidiomycota
ORDEN	Polyporales
FAMILIA	Polyporaceae
HÁBITAT	Bosques

Fomes fomentarius se considera un patógeno, ya que normalmente crece en los troncos principales de árboles vivos. Sin embargo, resulta más probable que este políporo, un hongo de podredumbre blanca, sea un saprótrofo limitado al duramen muerto del árbol. El hongo continúa creciendo en la madera mucho después de la muerte del árbol huésped y da lugar a las hermosas líneas y manchas que ya hemos comentado (lo que se conoce como madera «veteada»).

Conocido como hongo yesquero (el epíteto específico significa yesca para el fuego), este hongo cosmopolita produce grandes repisas que se observan comúnmente en todo el hemisferio norte. Durante las excavaciones de pueblos prehistóricos en Italia y Suiza, los restos de *F. fomentarius* revelaron que las repisas se utilizaron durante mucho tiempo para encender fuegos, una práctica que probablemente se remonta al Paleolítico (hace 15 000 años).

En Alemania y Francia, en el siglo XVII, existió una industria artesanal basada en la fabricación de kits para encender fuego con este hongo. Cada kit incluía el hongo preparado, un eslabón y una piedra de sílice moldeada, todo empaquetado en una pequeña caja de hojalata o una bolsita. La industria daba empleo a muchas personas, desde recolectores de setas hasta fabricantes que las procesaban; a principios del siglo XX, una planta de fabricación situada en Ulm, Alemania, producía 50 toneladas de material al año y empleaba a unos 70 trabajadores. Dado que no produce llama, humo ni olores desagradables, el tejido del hongo machacado también resultó muy útil como mecha

o detonador (se conocía como «detonador alemán»). Una vez encendido, ardía muy lentamente, lo que permitía conservarlo y transportarlo durante horas e incluso días.

En septiembre de 1991, unos excursionistas descubrieron el cuerpo momificado de un hombre en un glaciar en deshielo en las montañas del Tirol, en la frontera entre Italia y Austria. Apodado Ötzi, inicialmente se pensó que era el cadáver de un excursionista que se habría perdido y habría caído en una grieta, pero los investigadores del Museo Arqueológico de Alto Adigio, en Bolzano (Italia), determinaron que el hombre había vivido entre los años 3300 y el 3100 a. C. Cuando murió, Ötzi llevaba consigo un rico botín de artefactos: entre otros, un arco, flechas y un trozo de yesquero del abedul (*Fomitopsis betulina*) que se habría utilizado para detener hemorragias. También llevaba un trozo de *Fomes fomentarius* envuelto en hojas verdes y guardado en un recipiente; sin duda, el hongo estaría ardiendo en el momento de su muerte.

→ Los cuerpos fructíferos de los políporos perennes como *Fomes fomentarius* persisten en los árboles durante muchos años. Añaden una nueva capa esporulante y aumentan de tamaño con cada año que pasa.

OPHIOCORDYCEPS SINENSIS

Hongo oruga
Medicina inestimable

NOMBRE CIENTÍFICO	*Ophiocordyceps sinensis*
FILO	Ascomycota
ORDEN	Hypocreales
FAMILIA	Ophiocordicipitaceae
HÁBITAT	Praderas

Conocido en el Tíbet como *yartsa gunbu* («hierba de verano, gusano de invierno»), el hongo oruga ha hecho historia en la medicina y la cultura locales. Los textos que lo describen datan del siglo XV, y es probable que se utilizase mucho antes.

En la actualidad, el hongo oruga (*Ophiocordyceps sinensis*) es casi tan fundamental para la vida tibetana como el yak. En primavera, el mundo se dirige a los pastos alpinos en busca del esquivo hongo. De hecho, *Ophiocordyceps* representa el 10 por ciento del producto interior bruto total del Tíbet y representa entre el 50 y el 90 por ciento de los ingresos de las zonas rurales de las Tierras Altas, dependiendo de la productividad regional. La mayor parte de la recolección se destina a China, donde alcanza precios exorbitantes en las tiendas con productos para medicina: casi 22 000 euros por 450 gramos (casi 50 000 euros por kg).

Sin embargo, los investigadores llevan mucho tiempo haciéndose preguntas sobre la relación entre el hongo y su huésped, la polilla fantasma (*Thitarodes armoricanus* y especies relacionadas). Las larvas de estas especies se alimentan de hierbas y otras plantas del Himalaya antes de excavar varios centímetros en el suelo para pasar el invierno como pupas y emerger en primavera como adultas. La pregunta era: ¿cómo lograban las esporas de *Ophiocordyceps sinensis* encontrar e infectar a las larvas tan poco comunes de estas polillas?

La respuesta, descubierta recientemente, es que el hongo vive de manera endófita dentro de numerosas especies de gramíneas y plantas con flor en el hábitat, y las larvas se alimentan de ellas. Otras pruebas respaldan la hipótesis de que el hongo infecta al insecto huésped a través de su sistema digestivo y, sin duda, vive bastante tiempo dentro de ese huésped antes de matarlo.

Ciclo de vida del hongo oruga

Primavera: el estroma fúngico emerge del suelo (A) y se hace visible. Las pequeñas cámaras, denominadas peritecios, incrustadas en el estroma liberan esporas (B) que germinan e infectan las plantas herbáceas o las orugas, o ambas. Las orugas se alimentan de las plantas herbáceas durante toda la temporada, pero se refugian bajo tierra para pupar (C). Las orugas infectadas no mueren al instante, sino que continúan excavando (D) hasta que se detienen con la cabeza apuntando hacia arriba (E).

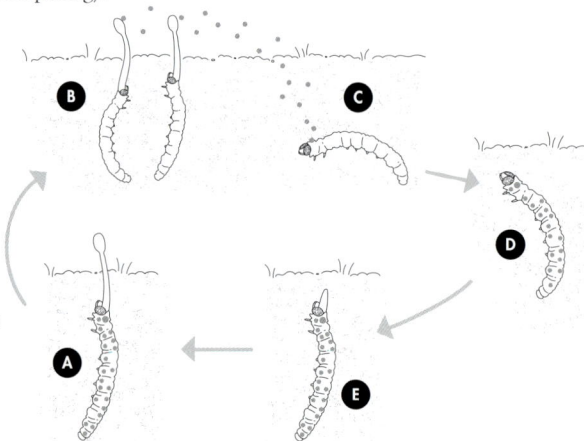

→ Aparición primaveral del hongo oruga. Resulta sorprendente pensar que este hongo ha desarrollado la capacidad no solo de subvertir el sistema inmunológico de las plantas, sino también el de los insectos, para completar su ciclo vital. Otros de su especie (en el orden Hypocreales) también son capaces de saltar entre huéspedes de diferentes reinos, desde plantas a animales, de hongos a animales, etcétera.

FUSARIUM GRAMINEARUM

Fusariosis de la espiga

Agente de guerra biológica

NOMBRE CIENTÍFICO	*Fusarium graminearum*
FILO	Ascomycota
ORDEN	Hypocreales
FAMILIA	Nectriaceae
HÁBITAT	Tierras de cultivo y zonas urbanas

Los tricotecenos constituyen una gran familia de micotoxinas químicamente relacionadas que producen diversas especies de hongos, entre ellos *Fusarium* (en especial *Fusarium graminearum*) y especies de *Stachybotrys*, *Trichoderma* y *Trichothecium*. Las intoxicaciones por micotoxinas tricotecenas se producen principalmente a través de los alimentos (en granos en mal estado o mohosos, como el trigo, la avena, la cebada o el maíz), y pueden ser muy peligrosas para los seres humanos, el ganado y otros animales.

El caso más conocido en seres humanos ocurrió poco después de la Segunda Guerra Mundial en la Unión Soviética. Se cree que 100 000 personas podrían haber muerto por el consumo de cereales contaminados con la toxina T-2. Dada su toxicidad, tal vez no sea de extrañar que los tricotecenos se hayan estudiado como armas de guerra terribles, pero ¿se han llegado a utilizar alguna vez? Sin duda, Ronald Reagan (expresidente de Estados Unidos) así lo creía. Durante el verano de 1975, dos años después de que Estados Unidos pusiera fin a su intervención militar en Vietnam, llegaron informes desde la región que indicaban que las fuerzas gubernamentales de Laos estaban utilizando armas químicas suministradas por la Unión Soviética para aterrorizar al pueblo hmong (que había luchado contra los comunistas). Miles de refugiados que habían sido expulsados de sus santuarios en las montañas describieron haber estado expuestos a una «lluvia amarilla» que provocaba hemorragia nasal y de las encías, ceguera, temblores,

convulsiones y la muerte. La CIA recogió en secreto muestras de la lluvia amarilla y las analizó, lo que llevó al presidente Reagan a acusar a la Unión Soviética de suministrar micotoxinas de tricoteceno como armas a sus aliados vietnamitas y laosianos.

Sin embargo, las acusaciones del presidente fueron desmentidas por un equipo de científicos dirigido por Matthew Meselson, de la Universidad de Harvard. Meselson viajó al sudeste asiático para investigar. Los investigadores concluyeron que las gotas amarillentas halladas en el follaje probablemente habían sido producidas por abejas melíferas, que acostumbran a abandonar sus colmenas en masa y producen lluvias de excrementos mezclados con polen. Al mismo tiempo, los rastros de veneno hallados en algunas muestras de la CIA probablemente serían falsos positivos causados por la contaminación del laboratorio (un escenario razonable teniendo en cuenta que las muestras originales de la CIA se enviaron a una instalación de análisis de micotoxinas donde se manipulaban toneladas de cereales y otros productos agrícolas cargados de micotoxinas). Dado que nunca se han encontrado municiones químicas y que ninguno de los cientos de soldados vietnamitas interrogados proporcionó la más mínima información que sugiriera el uso de un arma remotamente parecida a la lluvia amarilla, parece que las «pruebas» se basaron en datos erróneos y una falta de conocimientos de ciencia básica.

→ Micrografía electrónica con falso color de esporas del patógeno vegetal *Fusarium graminearum* y recuadro con la imagen de una planta de trigo amarillenta que muestra signos de infección (junto a una planta verde sana).

Hongo salero volador

Reproducción espeluznante

NOMBRE CIENTÍFICO	Massospora cicadina
FILO	Zygomycota
ORDEN	Entomophthorales
FAMILIA	Entomophthoraceae
HÁBITAT	Bosques y zonas urbanas

Sea cual sea su lugar de residencia, sin duda estará familiarizado con el canto de las cigarras. Estas criaturas voladoras de tamaño generoso pertenecen a un enorme grupo (de más de 3 000 especies) de insectos verdaderos o hemípteros. Pasan la mayor parte de su vida bajo tierra en forma de larva, succionando los jugos de las raíces de los árboles, antes de emerger en verano para volver locos a los humanos con su zumbido incesante. Sin embargo, a pesar de resultar irritantes para el oído, las cigarras tienen una historia increíble y un simbionte fúngico igualmente extraño que las acompaña en su viaje.

Magicicada es un pequeño grupo de cigarras que vive únicamente en la zona este de Norteamérica y hace las cosas de manera distinta. A diferencia de otras especies de cigarras, estas no emergen todos los años: viven bajo tierra durante 13 o 17 años (depende de la especie) antes de emerger de forma coordinada. En un año en el que emergen las cigarras «periódicas», casi alcanzan los millones de individuos por casi media hectárea durante su temporada de reproducción, que dura entre tres y cuatro semanas.

Aunque los depredadores se atiborran de estos insectos, solo consumen una pequeña parte. Un riesgo mucho mayor para *Magicicada* es el hongo *Massospora cicadina*. Este hongo entomoftoral se adhiere a las ninfas de las cigarras que se arrastran por sus chimeneas antes de emerger. Las hifas fúngicas cubren el cuerpo del huésped, cuyo abdomen se llena de conidios. El hongo produce psilocibina (una sustancia psicodélica) y catinona (una anfetamina), lo que hace que el huésped pase sus pocos días de vida restantes volando frenéticamente e intentando copular con parejas ajenas a lo que ocurre y que después se infectan.

El hongo que germina en el huésped infectado de manera secundaria producirá esporas sexuales que pueden permanecer latentes en el suelo durante muchos años; las investigaciones de laboratorio demuestran que no germinarán, como habrá adivinado, durante 13 a 17 años, o incluso más. En las fases finales de la infección, los segmentos terminales de las cigarras infectadas caen y los insectos parecen saleros voladores que van espolvoreando las esporas que quedarán a la espera de la siguiente generación de huéspedes.

→ Una cigarra adulta ajena a lo que ocurre alberga un patógeno letal. A medida que el hongo entra en modo de reproducción, los segmentos terminales del abdomen del huésped se desprenden y las hifas cargadas de esporas quedan expuestas.

SAPRÓTROFOS
Y PARÁSITOS

Nuestro mundo podrido

Los hongos desempeñan diversas funciones en el ecosistema del planeta, y la forma de obtener alimento resulta igualmente variada. Los hongos no pueden «fabricar su propio alimento» de la misma manera que las plantas, que utilizan la luz solar como fuente de energía, o las bacterias, que obtienen energía de la oxidación de compuestos inorgánicos. En su lugar, dependen de otros organismos.

← La descomposición por hongos de podredumbre parda da lugar a zonas marrones y compactas de restos leñosos.

↙ En la imagen de la página anterior se observan restos blancos y fibrosos resultantes de la descomposición por hongos de podredumbre blanca.

Como nosotros, los hongos son heterótrofos, y eso significa que obtienen la energía y los nutrientes de otros organismos, ya sea de manera saprotrófica (descomponiendo materia orgánica muerta) o biotrófica (viviendo como simbiontes de otro organismo vivo). El término «simbionte» se utiliza a menudo de forma errónea para indicar que ambos organismos de una asociación se benefician de esta, pero no necesariamente es así: los simbiontes, por definición, son simplemente dos organismos que viven en estrecha colaboración. Por supuesto, las simbiosis pueden ser mutualismos, en los que ambos organismos se benefician, pero los parásitos y los patógenos también son simbiontes, y estas asociaciones son perjudiciales para el huésped (también existen los comensalismos, en los que un organismo se beneficia, mientras que el otro no obtiene ningún beneficio, pero tampoco sale perjudicado). Veremos los hongos mutualistas en otro capítulo; aquí nos centraremos en los estilos de vida saprotrófico y parasitario de los hongos.

Los análisis filogenéticos dicen que los hongos capaces de descomponer plantas leñosas no aparecieron hasta el final del período Carbonífero (hace 360–290 millones de años), lo cual es bastante después de la evolución de las plantas leñosas. Así, en lugar de descomponerse, toda esa materia orgánica primitiva se acumuló y se transformó mediante un proceso de reducción química, se fosilizó y se convirtió en combustibles fósiles como el carbón (con la proliferación de hongos que pudren la madera, la acumulación de depósitos de carbón disminuyó de manera notable durante el período Pérmico).

Si examina un árbol caído en un bosque, descubrirá un pequeño ecosistema. Al morir, toda la materia orgánica del árbol —probablemente, toneladas de carbohidratos y proteínas, así como otros pilares de la vida— queda allí a disposición de cualquier organismo con la capacidad de descomponer la madera. Las bacterias unicelulares simples pueden ingerir los azúcares que se encuentran en la superficie de la madera, mientras que los «hongos» mucilaginosos se extienden y los envuelven. Los hongos están bien adaptados para descomponer la madera utilizando celulasas, y los escarabajos xilófagos, las avispas de la madera y otros artrópodos pueden alimentarse de la madera habitada y degradada por hongos (que son inoculados en la madera por sus socios insectos). Al mismo tiempo, las aves y los mamíferos desgarran la madera en busca de artrópodos para alimentarse, mientras que otros miembros del bosque construyen sus hogares en las cavidades de la madera. El ciclo de vida de ese árbol se completa cuando el tronco sirve de árbol nodriza para las plántulas, o cuando se descompone y vuelve a la tierra.

El ciclo de la vida

La red trófica de cualquier entorno está formada por diversos factores abióticos (agua, aire, luz solar, temperatura) y contribuyentes bióticos como las plantas y los animales, que son visibles a nuestros ojos. Igual de importantes son los descomponedores, como los hongos: en muchos casos son invisibles, y descomponen la materia orgánica muerta tanto en la superficie como bajo tierra.

CO₂ en la atmósfera

Respiración

Fotosíntesis

Suelo

Descomposición

Descomposición de materia orgánica muerta

Descomposición

Descomposición de la materia orgánica muerta

La descomposición de los carbohidratos y otra materia orgánica es prácticamente el mismo proceso químico que la fotosíntesis, pero a la inversa. Durante la fotosíntesis, la clorofila de las plantas captura las longitudes de onda ojas y azules de la luz solar (el verde apenas se utiliza y se refleja, por lo que las plantas parecen verdes). Esa luz solar se convierte en energía para «fijar» las moléculas de carbono individuales (las moléculas de dióxido de carbono, muy abundantes en la atmósfera), creando cadenas crecientes de carbonos e hidrógenos (literalmente, los carbohidratos de la materia vegetal). Resulta desconcertante pensar que prácticamente *toda* la materia vegetal que vemos ante nuestros ojos, desde la plántula más pequeña hasta la secuoya más imponente, proviene del aire.

Impulsada por el sol, la reacción de fijación del carbono se produce gracias a una enzima asombrosa: ribulosa-1,5-bisfosfato carboxilasa-oxigenasa (o RuBisCO). Se cree que es la enzima más abundante en la Tierra y, uno a uno, fija los carbonos en azúcares de seis carbonos que se unen para formar celulosa y otros carbohidratos a partir de los cuales crecen las plantas.

Los hongos (y usted y yo) hacemos lo contrario durante la respiración aeróbica: los azúcares de seis carbonos, como la glucosa, se descomponen para obtener hidrógenos, y al romper los enlaces de hidrógeno se libera la energía que nuestras células utilizan para hacer lo que hay que hacer. Los carbonos simples que quedan son en su mayoría inútiles para nosotros y se liberan en su forma oxidada como dióxido de carbono. Cuando los hidrógenos se agotan, también se liberan como residuo (como agua; la orina se compone sobre todo de esta agua residual y otros residuos disueltos).

PODREDUMBRES DE LA MADERA

Las plantas están compuestas principalmente por celulosa y lignina. Ambas son difíciles de descomponer y requieren un arsenal de enzimas y otros mecanismos. En su mayor parte, a los hongos que degradan la madera se les da bien descomponer una u otra, pero casi todos buscan lo mismo: la celulosa. Los hongos que descomponen la celulosa directamente se denominan hongos de «podredumbre parda» porque dejan atrás la lignina marrón de la madera. La lignina es un polímero de moléculas muy resistentes en forma de anillo que refuerzan la madera, pero una vez que se elimina la celulosa, la madera se agrieta y se desintegra en cubos. La razón por la que las capas de mantillo y humus son de color marrón oscuro es que gran parte de ese material es lignina que los microbios no han descompuesto. Algunos ejemplos de hongos de podredumbre parda son los polígonos *Laetiporus*, *Phaeolus schweinitzii* y *Fomitopsis*.

Por el contrario, los hongos de la «podredumbre blanca» cuentan con unas potentes enzimas peroxidasas y lacasas que descomponen la lignina, blanqueando así la madera y dejando la celulosa fibrosa y blanca. Aunque existen pruebas de que estos hongos pueden descomponer la lignina por completo en dióxido de carbono, numerosos investigadores sugieren que los hongos la eliminan de la pulpa leñosa para acceder mejor a la celulosa. Entre los hongos de la podredumbre blanca figuran polígonos como *Inonotus*, *Ganoderma* y *Trametes*, así como *Pleurotus*, *Armillaria* y *Lentinula edodes*, la seta cultivada *shiitake*.

ENZIMAS APROVECHADAS

El poder destructivo de los hongos de la podredumbre blanca se puede aprovechar; el poder de blanquear la pulpa de lignina de la madera hace que el hongo de la podredumbre blanca *Phanerodontia chrysosporium* sea importante para la industria del papel como sustituto ecológico de los agresivos químicos sintéticos.

↑ Los hongos de la pudrición de la madera pueden descomponer y debilitar el interior de un árbol en pie (lo que se conoce como podredumbre del corazón) hasta que finalmente cae y deja un tocón cubierto de hongos.

← En este corte de un tronco se observa el resultado de varios años de descomposición por acción de hongos de la podredumbre del corazón.

→ El diminuto hidno de las piñas (*Auriscalpium vulgare*) descompone pequeños conos de coníferas (en la imagen, en el cono de un abeto de Douglas). Eso es todo: ese es su hábitat. El suelo del bosque puede estar cubierto de conos, y pocos organismos tienen la capacidad de descomponerlos, por lo que este hongo tiene un nicho casi sin competencia.

Muchos hongos que pudren la madera no esperan a que los árboles mueran para lanzar su ataque. Numerosos árboles vivos presentan grandes cuerpos fructíferos de hongos de repisa (políporos). Esto se debe a que la mayor parte del árbol es duramen —madera interior muerta— y solo las capas externas, inmediatamente debajo de la corteza, son tejido vivo. Por lo tanto, basta con una herida para alterar la integridad de la corteza y provocar la podredumbre del corazón (de forma similar, la podredumbre del pie se produce en la base del árbol).

La podredumbre del corazón puede prolongarse durante varios años sin provocar un efecto negativo en el árbol; el duramen está muerto de todos modos y, hasta cierto punto, la resistencia de un tubo hueco es más o menos la misma que la de un tubo sólido. Por lo tanto, aunque es fácil suponer que un políporo grande que cuelga de un árbol es un parásito, pocos políporos son verdaderos parásitos del tejido vivo. En la mayoría de los casos, un árbol sano toma medidas para contener esos hongos de la podredumbre del corazón y evitar que invadan el tejido vivo.

Aunque estamos más familiarizados con los grandes basidiomicetos que pudren la madera, al observarlos de cerca también vemos muchos ascomicetos en la podredumbre blanca. Es posible que las pequeñas costras y protuberancias en ramitas y troncos caídos, que son las señales de *Daldinia* y *Xylaria*, por ejemplo, no parezcan gran cosa, y constituyen agentes potentes de la descomposición de la madera. Además, aunque no sea una regla, los hongos de la podredumbre parda se decantan más por la madera de coníferas, mientras que los de la podredumbre blanca atacan principalmente a las maderas duras.

HOJAS Y CÉSPEDES

Si bien la madera muerta y caída es una fuente indiscutible de nutrientes aprovechables, también lo son todas las demás partes del árbol. Las hojas que caen al suelo se compostan rápidamente, y en otoño es frecuente ver diversas especies de setas comestibles populares —como la pie azul (*Collybia nuda*), de un bonito color lila— en cualquier lugar donde se acumulan las hojas. Al mismo tiempo, *Lophodermium pinastri* está altamente especializado en descomponer las acículas de las coníferas, igual que el extraño hongo *Auriscalpium vulgare* (hidno de las piñas), que se alimenta descomponiendo las piñas. Ambos son comunes en los bosques boreales de todo el mundo.

Hay tanta competencia por la materia orgánica que cae de las copas de los árboles que algunos hongos crean una especie de «red» para atrapar los desechos antes de que lleguen al suelo. Los miembros de la familia *Marasmius crinis-equi* producen rizomorfos fuertes sobre el suelo

e incluso entre las copas de los árboles de la selva en las Américas tropicales y África occidental. A medida que las redes de rizomorfos ganan en extensión, atrapan la hojarasca y otros desechos que caen como fuente de alimento para los hongos saprobios.

Las aves recogen activamente esos cordones de rizomorfos para utilizarlos como material de construcción en sus nidos. Esto funciona muy bien para el hongo, ya que continúa creciendo y digiriendo el nido después de que el propietario lo abandone. Los rizomorfos que atrapan la hojarasca también benefician a las aves, ya que aumentan el soporte estructural del nido al tiempo que disminuyen su contenido en humedad. Además, los hongos de este grupo producen compuestos antibióticos, que pueden proporcionar un beneficio adaptativo a las aves y sus polluelos.

A diferencia de la madera caída o las hojas húmedas del bosque, el césped de jardín u otra extensión de hierba es mucho más propenso a los períodos de sequía. Sin embargo, los hongos que se han adaptado a este tipo de hábitat disponen de una generosa cantidad de celulosa que les sirve de alimento. Un césped puede parecer un lugar poco probable para un micófilo, pero puede ser un lugar ideal para observar la actividad de los hongos. Algunos, como los champiñones de prado o de campo (especies de *Agaricus*) y *Marasmius oreades*, forman arcos o anillos verdes visibles («corros de brujas») en las zonas cubiertas de hierba donde crecen. Más adelante conoceremos la naturaleza de estos anillos, pero como verá, estos ingenieros del ecosistema hacen mucho más que descomponer la materia vegetal muerta.

HONGOS COPRÓFILOS

La materia vegetal no digerida que pasa a través de los animales de pastoreo se compone principalmente de celulosa y, por lo tanto, resulta muy nutritiva para los hongos coprófilos («amantes del estiércol»). Dado que el animal realiza gran parte del trabajo mecánico de triturar y descomponer parcialmente ese material, ser el primero en colonizar el estiércol antes de que llegue la competencia ha dado lugar a una especialización

interesante. *Cheilymenia coprinaria* y *C. fimicola* son los primeros en aparecer, seguidos de hongos basidiomicetos como *Deconica coprophila*, *D. merdaria* y *Panaeolus semiovatus*. También son comunes varias especies de *Conocybe* y *Coprinellus*.

Desde que existe el estiércol, listo para ser explotado, existen los hongos coprófilos. Lo sabemos porque se han hallado esporas en las capas profundas del suelo, en los depósitos lacustres y en el permafrost. Las esporas de los hongos del estiércol son especialmente duras y resistentes, ya que cuentan con paredes gruesas diseñadas para ayudarles a sobrevivir al paso por el tracto intestinal de los herbívoros, y esa característica también las hace propicias para la fosilización.

Sporormiella es un ascomiceto que produce esporas oscuras con una forma única, inconfundibles en los sedimentos del suelo, incluso de hace miles de años. Estas esporas representan un indicador de los cambios en la vegetación a lo largo de la historia, ya que la acumulación de esporas de *Sporormiella* se relaciona con la abundancia o

→ Pequeños cuerpos fructíferos del ascomiceto *Cheilymenia coprinaria* en estiércol de alce, en Finlandia.

la ausencia de herbívoros. Gracias a estos hongos, los científicos pueden determinar cuándo dominaron los megamamíferos en Norteamérica y cuándo comenzaron a disminuir debido a factores como el cambio climático y la presión de la caza paleoindia al final del Pleistoceno. Tras la última Edad de Hielo, por ejemplo, podemos ver que el número de hongos de estiércol en Norteamérica se mantuvo bajo hasta el siglo XVII, cuando los colonos europeos llegaron con ganado y, por extensión, con estiércol.

Sporormiella ha sido testigo de la llegada de los humanos y la extinción de grandes herbívoros en todo el mundo, desde los moas no voladores de Nueva Zelanda hace varios siglos, hasta la megafauna de Madagascar en los años 1700-1100 a. C. y la megafauna de Australia hace 40 000 años. En todos los casos, con la desaparición de los grandes herbívoros también fue desapareciendo *Sporormiella* de las capas del suelo. Al mismo tiempo, siempre que los seres humanos han introducido ganado doméstico de pastoreo, se ha observado un aumento coincidente de esporas de *Sporormiella* en los sedimentos del suelo.

Los desechos de los animales grandes no son los únicos capaces de albergar hongos: estos también aprovechan las excreciones aparentemente insignificantes de los insectos. La melaza (savia vegetal no digerida) azucarada que recorre el cuerpo de numerosos insectos chupadores, como los pulgones, será colonizada fácilmente por mohos negros (fumagina). Estos «mohos negruzcos» sacarófilos decolorarán todo lo que se encuentre debajo de un árbol donde se alimenten pulgones y caiga melaza, ¡incluido el columpio de madera blanca de mi infancia! (para frustración de mi madre).

← El diminuto basidiomiceto saprótrofo *Marasmius crinis-equi* parece delicado, pero sus rizomorfos son bastante resistentes; en muchos casos envuelven las plantas (*véase* imagen en círculo), e incluso cubren distancias entre las plantas del bosque para atrapar los restos que caen de la cubierta forestal.

HONGOS SARCÓFILOS

Aunque muchos hongos descomponen las plantas, algunos son «sarcófilos», que significa que están muy adaptados a la descomposición de cadáveres de animales o cualquier otra materia orgánica con alto contenido en nitrógeno o amoníaco. Es posible que el cadáver apenas se haya enfriado cuando el «buscador de cadáveres» (*Hebeloma syrjense*) y el hongo demonio (*H. aminophilum*) se ponen a trabajar, y resulta muy probable que las esporas de estos hongos poco conocidos sean transportadas a los cadáveres a través de las moscas de la carne de la familia *Sarcophagidae* u otros artrópodos. Entre los hongos asociados a la materia nitrogenada figuran especies de *Mitrula*, *Laccaria*, *Rhopalomyces*, *Amblyosporium*, *Ascobolus*, *Tephrocybe*, *Peziza*, *Coprinus*, *Crucispora* y *Byssonectria*, entre otros, pero la asociación no siempre resulta evidente. Muchos de estos hongos, incluido *Hebeloma*, son micorrícicos.

Gran parte de lo que sabemos sobre este grupo de hongos se lo debemos al micólogo japonés Naohiko Sagara, que los convirtió en su especialidad. Los hongos sarcófilos se pueden estimular para que fructifiquen enterrando en el bosque urea u otros compuestos que se descomponen en amoníaco. Así, en ausencia de un cadáver fresco, sabemos que otras fuentes de amoníaco pueden formar un hábitat adecuado. Sagara descubrió que las setas de *Hebeloma radicosum* servían para localizar madrigueras de topos, donde la fuente de alimento para el micelio era la letrina de los mamíferos. *Hebeloma sarcophyllum*, *H. syrjense* y *H. radicosum* se encuentran en todo el hemisferio norte, pero son especies poco comunes, mientras que *H. aminophilum* solo se conoce en Australia. Todos crecen en asociación con restos de animales en descomposición, y en ocasiones se mencionan por su uso en la ciencia forense.

Lo que nos muestran los hongos sarcófilos es que, con independencia de la fuente de alimento y de lo difícil que sea descomponerla, en la naturaleza existe un grupo de microbios que han descubierto el modo de conseguirlo. Algunos componentes de los animales persisten mucho tiempo después de la muerte (por ejemplo, el pelaje, las plumas y los cuernos, que están formados por queratina). El material queratinizado es tan resistente que solo hay un grupo de hongos capaz de descomponerlo: el orden Onygenales. Sin duda, el género más inusual (y menos conocido) del grupo es *Onygena*, *véase* página 126.

← La diminuta *Mitrula paludosa* es poco común en el norte de Europa: ¿quién va a buscar setas en aguas estancadas? La mitra de los pantanos se encuentra en hojas en descomposición, acículas de coníferas y amentos caídos en charcos temporales, pantanos, fangales y lodazales con esfagno. *Mitrula elegans* vive en Norteamérica; es similar y también poco común.

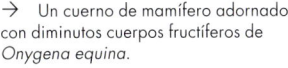

→ Un cuerno de mamífero adornado con diminutos cuerpos fructíferos de *Onygena equina*.

Parásitos de animales

Si algo aprendemos sobre los hongos en la escuela, en los libros y en las películas es que son descomponedores. Sin embargo, aunque es cierto que muchos hongos son maestros de la descomposición, la mayoría son biótrofos, es decir, viven en asociación obligatoria con otros organismos. De hecho, cuando se trata de la vida en el planeta —procariontes y eucariotas combinados—, la mayor parte es parasitaria.

Afortunadamente, no existen muchos hongos parásitos de los seres humanos y otros mamíferos, y este es un buen punto de partida para abordar esta cuestión. Los hongos que más nos afectan son los cutáneos (permanecen en la piel), donde se alimentan principalmente de piel muerta o sebo, el exudado aceitoso de los poros de la piel. Algunos hongos pueden crecer de manera subcutánea (debajo de la piel), causando una infección local, y existen algunos hongos oportunistas que pueden causar complicaciones dentro del cuerpo si se produce algún desequilibrio en la microbiota residente habitual o en caso de deterioro del sistema inmunitario. También existen algunos hongos que son patógenos graves para los seres humanos.

Los hongos cutáneos se conocen como dermatofitos debido a su propensión a vivir en la piel. En su mayoría (y es también el caso de los hongos verdaderamente patógenos) pertenecen a los Onygenales, un grupo cosmopolita de ascomicetos que figuran entre los pocos microbios capaces de descomponer la queratina. Gran parte de estos hongos se encuentran solo en humanos y se conocen como tinea en el ámbito clínico (coloquialmente, «tiña»). Las afecciones que provocan reciben diversos nombres en función de la zona del cuerpo en la que se producen: *tinea pedis* (pie de atleta), *tinea capitis* (tiña del cuero cabelludo), *tinea cruris* (tiña inguinal), etcétera.

La tiña vendría a ser algo así como un «anillo» en la piel. A medida que el hongo crece hacia afuera a través de las capas más externas de la piel (en su mayoría muerta), provoca una ligera irritación que se manifiesta como un enrojecimiento. Esta irritación provoca un aumento de la descamación de la piel, lo que proporciona más alimento para el hongo, además de producir piel muerta que se desprende y contribuye a propagar el hongo a otros huéspedes.

Los dermatofitos más comunes pertenecen a los géneros *Microsporum*, *Trichophyton* y *Epidermophyton*,

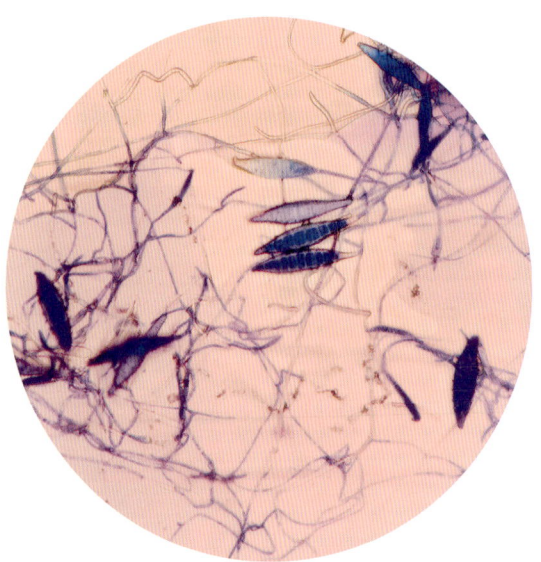

← Imagen microscópica que muestra macroconidios de *Microsporum canis*, una infección por tiña en perros.

→ Micrografía electrónica coloreada digitalmente de las células de una especie de *Malassezia*, que crece como levadura y es una de las causas de la caspa.

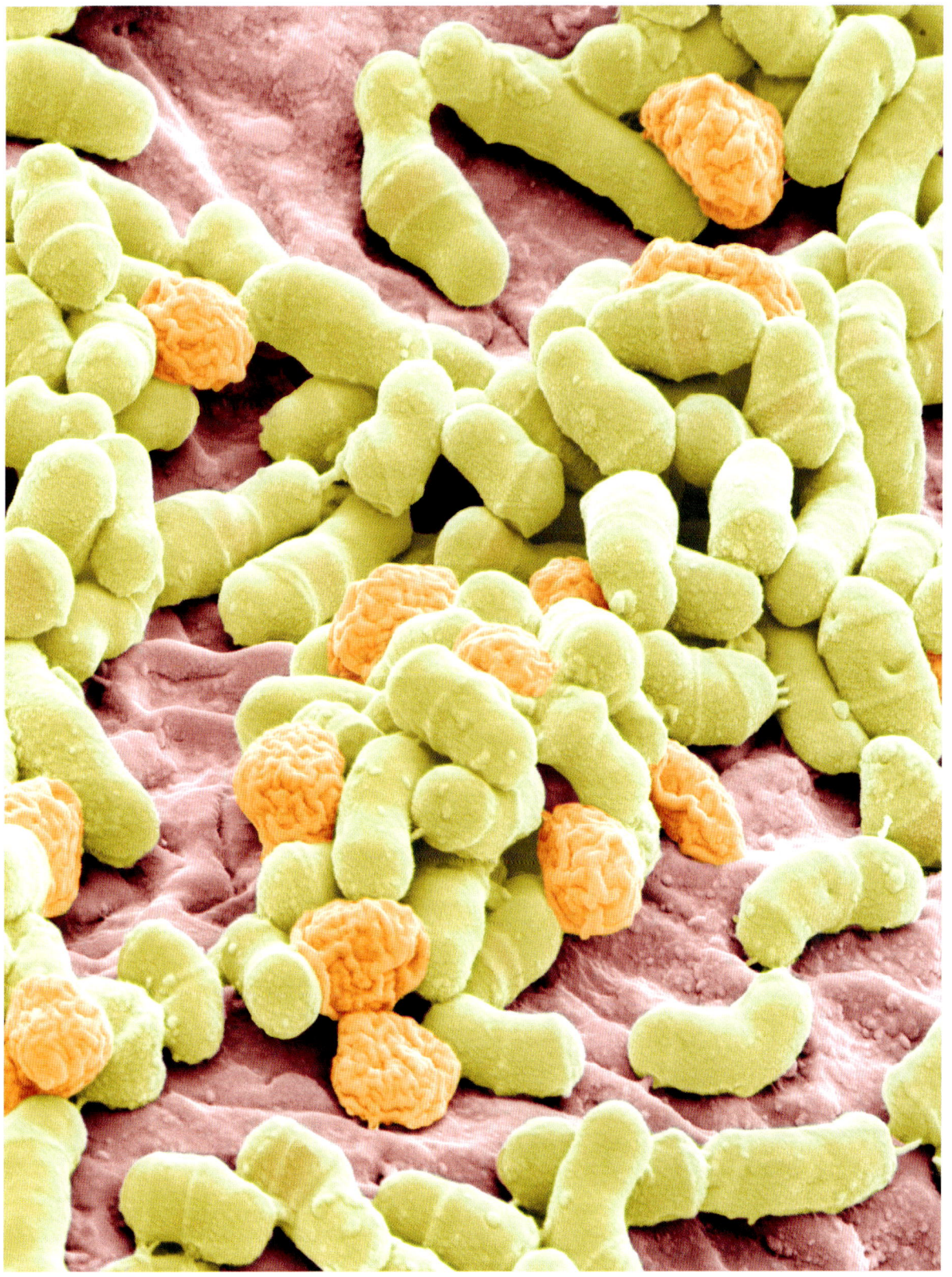

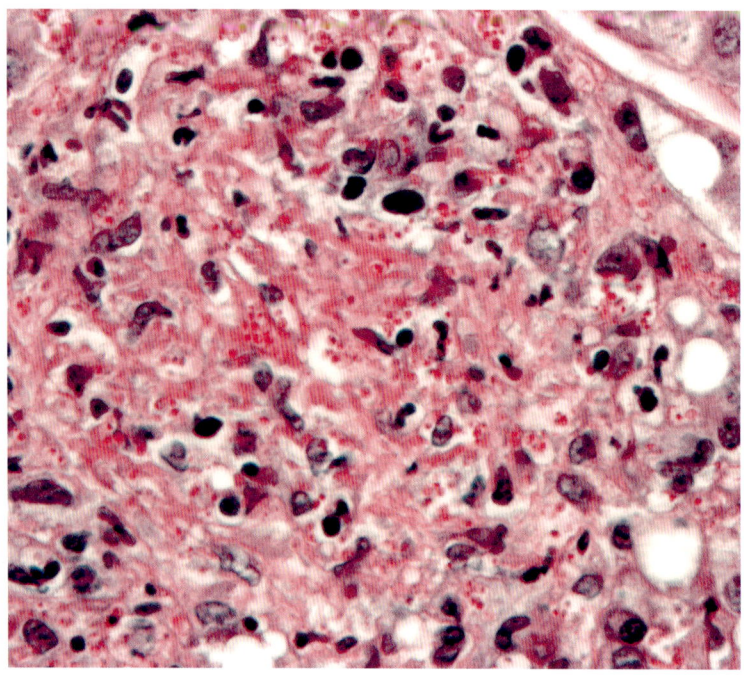

← Biopsia de un hígado humano con histoplasmosis. Las células teñidas muestran pequeños grupos de un rojo intenso, el patógeno, así como granulomas (de color oscuro).

→ Hifas y esporóforos de *Sporothrix schenckii* vistos con microscopio y coloración digital.

↘ *Candida albicans* aislada de un frotis vaginal. Las hifas y las clamidosporas del hongo, teñidas y observadas al microscopio, son claramente visibles (color negro azulado); las manchas rosadas son células epiteliales humanas sanas.

pero los patógenos verdaderos más notorios pertenecen al género *Ajellomyces.* Sin embargo, son mucho más conocidos por sus formas anamórficas o asexuales: *Histoplasma capsulatum, Blastomyces dermatitidis, Coccidioides immitis* y *Paracoccidioides brasiliensis.* Todos estos hongos viven libremente en el suelo y la materia orgánica, y pueden entrar en el cuerpo a través de la inhalación (en algunos casos pueden provocar problemas graves). *Histoplasma* se encuentra en sustratos ricos en nitrógeno, como los excrementos de aves, el guano de murciélagos y las granjas avícolas; *Coccidioides,* causante de la «fiebre del valle», se encuentra principalmente en los suelos áridos del suroeste de Estados Unidos; *Paracoccidioides* solo se ha observado en América Central y del Sur, y *Blastomyces* se encuentra en el suelo y entre restos vegetales.

Un patógeno subcutáneo que conviene mencionar es *Sporothrix schenckii,* causante de la «enfermedad del manipulador de rosas». Este hongo es bastante común en el material vegetal, incluido el musgo esfagno, que se utiliza en invernaderos y, ocasionalmente, en floristerías. Solo puede entrar en el cuerpo a través de las lesiones en la piel, pero una vez dentro se desarrolla como una levadura. Al principio provoca una simple infección local, pero en casos poco frecuentes se puede propagar a través de los ganglios linfáticos y causar lesiones graves.

Otras levaduras son comunes en nuestro cuerpo como funga residente. Probablemente, el hongo más dominante que existe es una levadura: *Malassezia.* Es la principal causa de la caspa, pero también vive en otras partes del cuerpo. Está especialmente adaptado para alimentarse del sebo que producimos. De hecho, el hongo no tiene la capacidad de almacenar grasas; es probable que la perdiese y ahora depende por completo de su huésped.

Otra levadura común es *Candida albicans,* que se encuentra en el tracto gastrointestinal (entre otras zonas). Este hongo puede crecer en casi cualquier parte del cuerpo si las condiciones se mantienen húmedas, y su estilo de vida resulta interesante. Normalmente crece como una levadura en gemación, pero en la piel o en la cavidad bucal el hongo entra en modo invasivo y crece en forma de micelio. Las toxinas producidas por el hongo le ayudan a invadir los tejidos y son irritantes, provocando así erupciones cutáneas —candidiasis—. La candidiasis en el interior de la boca puede resultar especialmente dolorosa.

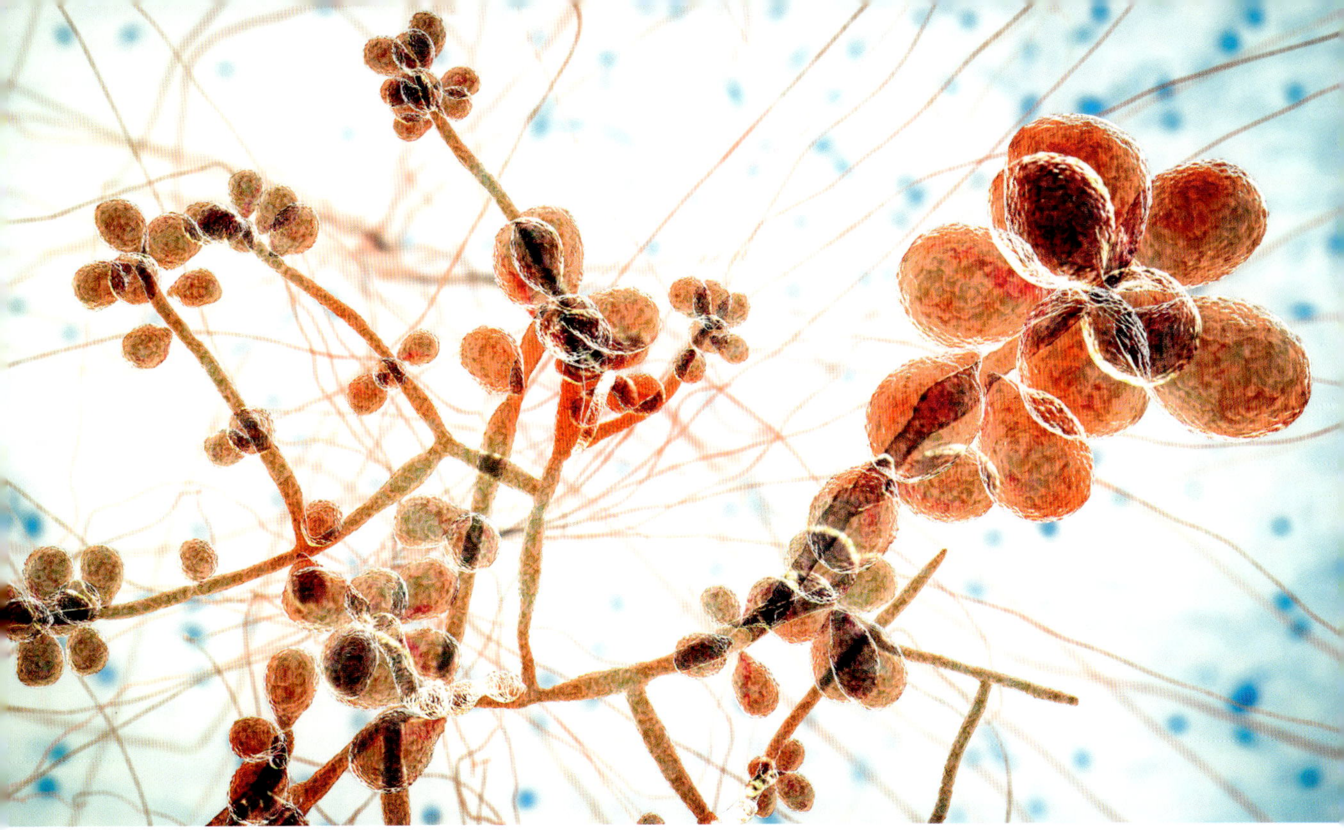

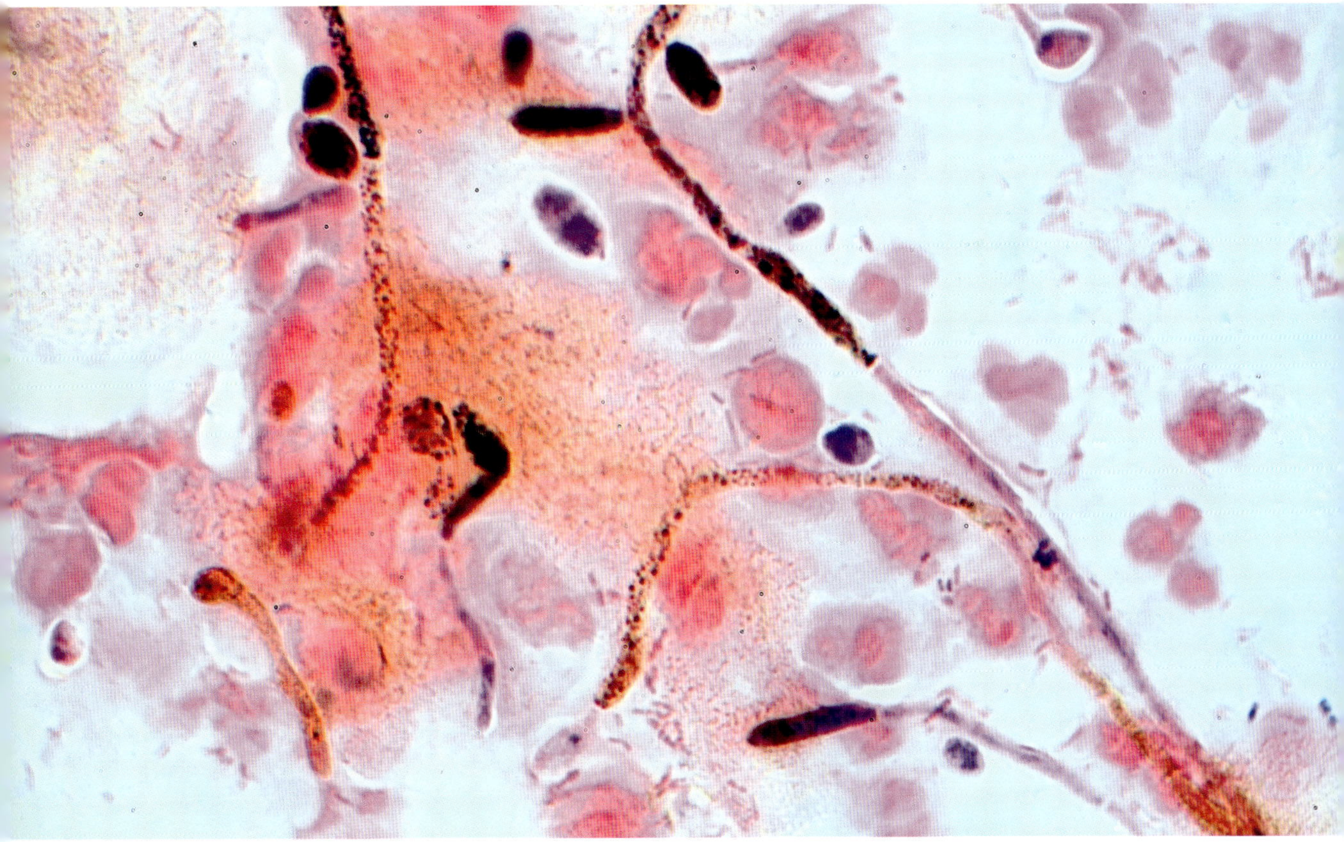

Parásitos de plantas

Los hongos son, con diferencia, los patógenos de las plantas más exitosos: alrededor del 60-70 por ciento de todos los patógenos vegetales son especies fúngicas. Los patógenos pueden comenzar como biótrofos, subsistiendo a base de los tejidos y los recursos de un huésped vivo, pero después pueden pasar a ser saprótrofos y seguir viviendo como saprobios de los tejidos muertos del huésped.

↓ *Gymnosporangium juniperi-virginianae* es un hongo de la roya muy habitual.

Una planta intacta y sana es en gran medida inmune al ataque microbiano. Está protegida del exterior por una cutícula resistente y capas impermeables de cera, mientras que los tejidos perennes (de los árboles, por ejemplo) pueden acumular capas muertas suberosas para una mayor protección. Las plantas son tan eficaces

Sinécdoque botánica

Una planta individual es un ecosistema completo. Todas las partes de una planta sustentan a animales macroscópicos (por ejemplo, artrópodos) y microscópicos (por ejemplo, nematodos), así como todo tipo de microbios, incluidos hongos, bacterias y virus. Todos son biótrofos, y algunos viven como socios mutualistas con la planta huésped (por ejemplo, los hongos arbusculares y las bacterias rizobianas).

Hongos del tizón

Begomovirus

Oídio

Mancha bacteriana

Agalla de la corona

Figivirus

Nematodo del quiste

Rizobios

Nematodo del nudo de la raíz

Micorriza arbuscular

defendiéndose de los patógenos que incluso los hongos patógenos de las plantas más exitosos solo son capaces de atacar a determinados grupos de plantas. En consecuencia, muchos hongos patógenos de las plantas están altamente especializados y atacan a una sola especie vegetal o, posiblemente, a determinadas variedades de una especie.

Para romper las capas protectoras externas de las plantas, los hongos despliegan un arsenal de sustancias químicas y armas físicas. Para que los hongos puedan penetrar en los tejidos vegetales, primero deben adherirse a la superficie de su huésped. Para lograrlo, una hifa establece contacto y forma un apresorio plano, una especie de bulbo en el extremo de la hifa que aumenta la superficie. El siguiente paso implica potentes enzimas químicas que erosionan las capas superficiales de la planta o, posiblemente, la producción de un «gancho de penetración» endurecido que ejerce presión y obliga a la hifa a entrar en las capas externas de la planta.

Una vez atravesadas las defensas de la planta, las hifas fúngicas pueden entrar en el ejemplar y crecer entre las células vegetales, o bien acabar con los tejidos directamente. En muchos casos, la planta organiza una

«respuesta inmunitaria» mediante la cual se liberan sustancias químicas que provocan la muerte de las células vegetales (una especie de suicidio localizado para contener la infección). Esta reacción hipersensible es una importante línea de defensa y está muy extendida en el reino vegetal.

Dado que los hongos patógenos biotróficos necesitan un huésped vivo, no suelen matar las células: en su lugar, se abren paso a través de la pared celular sin alterar la membrana celular. Los materiales vegetales del citoplasma pueden seguir moviéndose a través de la membrana celular hacia otras células vegetales, y el hongo parásito los robará. Para ayudarles a penetrar en las células vegetales, muchos grupos de hongos biotróficos poseen estructuras especiales para aumentar su superficie de absorción, como ramificaciones y ornamentaciones en las terminaciones de las hifas.

Los hongos patógenos biotróficos suelen producir reguladores del crecimiento vegetal (también llamados «hormonas vegetales») que imitan a los producidos por sus huéspedes. Estos compuestos pueden alterar la fisiología de la planta en beneficio del hongo patógeno. Algunos de estos reguladores del crecimiento de las plantas provocan síntomas visibles en la planta huésped: por ejemplo, retraso en el

↑ Los hongos de miel (especies de *Armillaria*) que fructifican en la base de un árbol suponen la perdición de la planta.

crecimiento, agallas, crecimiento excesivo, raíces «peludas» o un exceso de ramificación de las raíces, «escobas de bruja» o ramificación excesiva, malformaciones del tallo o de otras partes, defoliación e incluso la supresión del crecimiento de las yemas.

La formación de rosetas es una manifestación en la que se producen hojas en exceso que pueden parecerse incluso a una inflorescencia. Algunos hongos patógenos llegan a crear «pseudoflores» de rosetas para ayudar a transmitir sus esporas a otra planta huésped.

TIPOS DE HONGOS PATÓGENOS

Las especies fitopatógenas se encuentran entre la mayoría de los principales grupos de hongos, incluidos los quitridios, que figuran entre los más primitivos. Durante los períodos húmedos, las zoosporas de los quitridios pueden nadar a través del suelo con sus flagelos en forma de látigo para llegar a sus plantas hospedadoras. Los quitridios acuáticos están especializados en alimentarse del polen de las plantas; se aferran a los granos de polen y los perforan para acceder a las nutritivas reservas que contienen.

La gran mayoría de los hongos son ascomicetos y, sin duda, la mayoría de los patógenos vegetales pertenecen a este grupo. A menudo pasan desapercibidos

HONGOS GIGANTES

Algunos hongos producen rizomorfos engrosados, similares a cordones, para facilitar su movimiento entre las fuentes de sustrato. Las especies *Armillaria* son particularmente eficaces desplazándose de un tocón cortado a otro en un bosque mediante rizomorfos largos. Estos cordones son negros; sin duda, la melanización los protege de los rayos solares dañinos mientras se extienden por el suelo del bosque. Son más visibles cuando se desprende la corteza de un tronco podrido, dejando al descubierto los «cordones» de la seta. Además de ser eficaces saprótrofos, las especies de *Armillaria* también son patógenos agresivos; la defoliación provocada por la polilla lagarta peluda (*Lymantria dispar*) u otros factores de estrés debilitan los árboles y aumentan su susceptibilidad a la enfermedad de la podredumbre de la raíz causada por *Armillaria*. *Megacollybia* es otro saprótrofo que forma cordones en los tocones, así como en las ramas y otros restos caídos del bosque.

debido a su diminuto tamaño, y muchos producen pequeños cuerpos fructíferos en la superficie de la planta.

La podredumbre del pie, una infección fúngica en la base de los árboles, es bastante común en los bosques, y probablemente más en las zonas urbanas, donde los árboles resultan dañados por las personas, los vehículos u otra maquinaria, facilitando así la entrada de todo tipo de patógenos. En el bosque, las infecciones del pie provocan una pérdida directa de volumen de madera y de leña aprovechable, pero pueden desempeñar un papel positivo al crear claros y un hábitat favorable para los pájaros carpinteros. Sin embargo, en entornos urbanos, estas infecciones debilitan gravemente los cimientos del árbol, que pasa a ser más susceptible a romperse, y hay que

eliminarlos por seguridad pública. Muchos hongos causan infecciones en el pie, y casi todos son basidiomicetos. En general, estos patógenos matan y descomponen las raíces, descomponen también la madera interna del pie y, en muchos casos, acaban con la albura y el cámbium de la corona radicular. El patógeno se puede propagar desde las raíces infectadas a las raíces sanas de los árboles vecinos. Entre los hongos de podredumbre del pie más comunes se encuentran algunos políporos bastante grandes, como *Inonotus*, *Ganoderma*, *Grifola*, *Laetiporus*, *Meripilus*, *Onnia tomentosa*, *Heterobasidion annosum* y *Phaeolus schweinitzii*.

En las zonas habitadas, un hongo patógeno común es *Venturia inaequalis*, que causa la sarna del manzano. Sabemos que este hongo representa un problema para los manzanos

desde hace mucho tiempo, ya que se pueden observar los síntomas de la enfermedad en frutas pintadas en obras de los siglos XV y XVI; el registro más antiguo podría ser el del cuadro de Michelangelo da Caravaggio titulado *Los discípulos de Emaús* (o *Cena de Emaús,* h. 1600). Al principio, todas las variedades de manzanas comúnmente cultivadas eran susceptibles, y no existieron tratamientos químicos para prevenir la enfermedad hasta finales del siglo XIX. En aquella época, los fungicidas a base de cobre y azufre proporcionaban protección si se aplicaban antes de la infección, aunque los productos químicos causaban daños considerables al follaje del árbol. En la actualidad, la sarna del manzano provoca más pérdidas económicas en la producción de manzanas en América del Norte y del Sur, Europa y Asia que cualquier otra enfermedad a pesar de

↑　*Los discípulos de Emaús,* de Caravaggio, con una imagen ampliada que muestra detalles de la sarna del manzano en los frutos.

→　Frutos y hojas infectados con *Venturia inaequalis* que muestran zonas descoloridas.

la eficacia de los productos químicos y de las variedades de manzanos resistentes que existen. El hongo también ataca a otros árboles frutales de la familia de las rosáceas.

Venturia inaequalis es un hongo ascomiceto del orden Pleosporales. Como la mayoría de los ascomicetos, se reproduce asexualmente por conidios; esta etapa se conoce como *Spilocaea pomi*. Los conidios se producen poco después de la infección y se diseminan a través del viento y las salpicaduras de la lluvia. De ese modo, la infección se propaga con rapidez. Es posible que se produzcan múltiples ciclos de producción de conidios e infección en una sola temporada de cultivo, lo que puede dar lugar a brotes graves de la enfermedad denominados «epifitotias». Las hojas o los frutos gravemente infectados suelen caer del árbol de manera prematura, con lesiones en los frutos que les dan un aspecto costroso y poco atractivo. La reproducción sexual da lugar a la producción de células portadoras de esporas (ascas) dentro del tejido foliar. En primavera, cuando las hojas se humedecen, las hifas se hinchan y sobresalen de la superficie de la hoja, eyectan con fuerza las ascósporas y completan el ciclo de vida.

ROYAS Y TIZONES

Las royas y los tizones son basidiomicetos, por lo que son parientes cercanos de las setas. Todos son parásitos de las plantas, y juntos forman grupos de hongos muy numerosos y fascinantes, aunque la mayoría son físicamente bastante pequeños. Las royas resultan especialmente interesantes, ya que muchas de ellas son heteroicas (requieren huéspedes distintos para las diferentes etapas de su ciclo de vida), mientras que los tizones son monoicos (completan su ciclo de vida en un solo huésped).

Existen alrededor de 8000 especies de royas, y se estima que dentro de este grupo de organismos hay 200 géneros en todo el mundo. Con estas cifras, en ocasiones resulta difícil poner el grupo en perspectiva. La mayoría de las royas tienen hasta cinco etapas en lo que respecta a sus esporas (espermogonios, ecios, uredinios, telios y basidios, son lugares donde se forman los sucesivos tipos de esporas durante su ciclo vital), aunque otras presentan solo tres etapas. Todas son parásitos obligatorios, lo que significa que solo pueden crecer en un huésped vivo, pero la mayoría de los hongos de la roya que infectan a los árboles tienen etapas de esporas en dos huéspedes completamente diferenciados.

Las royas de los cereales suelen tener una planta hospedante de hoja plana durante parte de su ciclo de vida. En el caso de la roya del trigo, el hospedante alternativo son las plantas de agracejo (*Berberis vulgaris*), mientras que para la roya de la avena (*Puccinia coronata avenae*) son los espinos, como *Rhamnus cathartica*. En las zonas templadas de Europa y Norteamérica, el huésped alternativo de hoja plana es una fuente importante de inóculo inicial para los hongos de los cereales.

Se dedica un enorme esfuerzo al estudio de los hongos de la roya, ya que son responsables de muchas de las enfermedades con mayores consecuencias económicas entre los cultivos en todo el mundo. El hongo *Puccinia graminis* (y otras dos especies) provoca la roya de las plantas de trigo, lo que provoca pérdidas, en años de epidemias graves, de decenas o cientos de millones de toneladas de trigo.

Ciclo de vida de la roya del trigo

Puccinina graminis necesita dos plantas
hospedadoras muy diferentes para completar
su ciclo de vida. Produce varios tipos distintos
de esporas en una sola temporada.

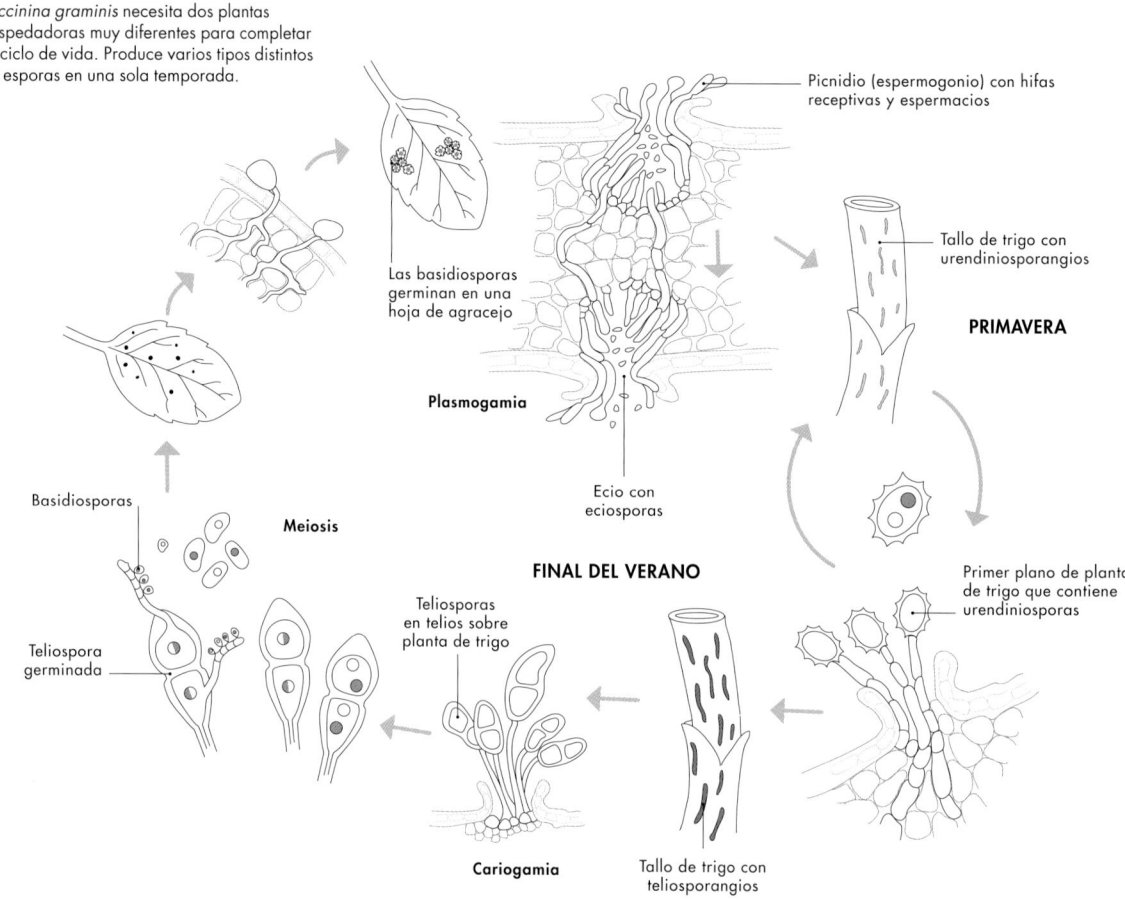

Picnidio (espermogonio) con hifas
receptivas y espermacios

Las basidiosporas
germinan en una
hoja de agracejo

Tallo de trigo con
urendiniosporangios

PRIMAVERA

Plasmogamia

Ecio con
eciosporas

Basidiosporas

Meiosis

Teliospora
germinada

Teliosporas
en telios sobre
planta de trigo

FINAL DEL VERANO

Primer plano de planta
de trigo que contiene
urendiniosporas

Cariogamia

Tallo de trigo con
teliosporangios

Con el aumento de la población mundial y, por lo tanto,
del hambre, este hongo podría ser la causa de hambrunas
masivas e incluso guerras.

Las civilizaciones humanas luchan contra esta
enfermedad desde hace siglos. Los romanos intentaban
apaciguar a los dioses de los hongos con «robigalias»,
elaboradas ceremonias en las que sacrificaban a un perro en
un intento por evitar el «fuego rojo» de color óxido que
cada año descendía sobre sus campos y consumía su trigo.
En la actualidad se intentan controlar los hongos de la roya
mediante el cultivo de plantas resistentes, pero se trata de
un proceso lento y tedioso. Además, es temporal, porque
a día de hoy toda resistencia ha sido superada por la

evolución, ya que han surgido cepas del hongo cada vez
más patógenas.

Entre las enfermedades más conocidas de los árboles
forestales encontramos otra roya: la roya vesicular del pino
blanco. El patógeno, *Cronartium ribicola*, originario de Asia,
se introdujo en Norteamérica a principios del siglo XX,
donde llegó a las plántulas de pino blanco procedentes de
Francia. El hongo tiene un ciclo de vida complejo que
requiere dos huéspedes: un pino blanco y, más comúnmente,
una planta de grosella o grosella espinosa (*Ribes* spp.). Esta
enfermedad tiene una gran importancia desde el punto de
vista económico, ya que afecta a algunas de las reservas
de madera más valiosas de Estados Unidos. Para intentar

romper el ciclo de la enfermedad, el gobierno puso en marcha un programa en la década de 1920 a fin de erradicar las plantas silvestres de grosella y grosella espinosa de los estados del este. El programa se prolongó hasta la década de 1950, momento en el que la población de *Ribes* se había reducido considerablemente. La prohibición federal de la venta y el cultivo de especies de *Ribes* se levantó en la década de 1960, aunque el valor del pino blanco es tal que aún existen leyes de cuarentena y erradicación.

Una enfermedad más común es la roya del enebro y el manzano, causada por el hongo *Gymnosporangium juniperi-virginianae*, que da lugar a las extrañas formas de vida de aspecto alienígena que aparecen en las plantas.

Este hongo, muy extendido en Norteamérica y Europa, adopta la forma de protuberancias gelatinosas en el tallo o las ramas de los árboles vivos que lo albergan. La roya del manzano requiere dos huéspedes y se extiende por toda Europa donde coexisten manzanos (o manzanos silvestres) y enebros. En el este de Norteamérica, el hongo es muy común en el cedro de Virginia (*Juniperus virginiana*), y puede ser una enfermedad destructiva para ambas especies. El membrillo y el espino también son hospedadores.

↑ Pústulas rojizas de la roya del trigo (*Puccinia graminis*) en una planta de trigo.

CYTTARIA GUNNII

Naranja de haya

Formas reproductivas de otro mundo

NOMBRE CIENTÍFICO	*Cyttaria gunnii*
FILO	Ascomycota
ORDEN	Cyttariales
FAMILIA	Cyttariaceae
HÁBITAT	Bosques

El extraño ascomiceto *Cyttaria* es un biótrofo obligatorio de las hayas australes del género *Nothofagus*. Las especies de *Cyttaria* se limitan al hemisferio sur: viven en Argentina y Chile, en Sudamérica, y en el sureste de Australia, Tasmania y Nueva Zelanda. La relación de este hongo con su huésped sigue sin estar clara; si es verdaderamente parásito, lo es muy ligeramente, e incluso podría resultar beneficioso en cierto modo. Pero ese no es el único aspecto extraño de este hongo.

Fue Charles Darwin quien llamó por primera vez la atención del mundo micológico sobre este peculiar hongo. En 1839, hizo escala en Tierra del Fuego, en el extremo sur de Sudamérica, durante su travesía en el Beagle. Allí recogió cuerpos fructíferos de grandes cancros en árboles *Nothofagus* y los envió al prestigioso micólogo Reverendo Miles Berkeley, que describió el nuevo género *Cyttaria* en 1842. Las notas de campo sobre los cuerpos fructíferos del ascocarpo indicaban que los indígenas los recolectaban como alimento e incluso elaboraban vino con ellos. Aunque parezcan algún tipo de forma de vida extraterrestre, los cuerpos fructíferos de colores vivos son parientes de las colmenillas. De hecho, ambos son apotecios, una especie de ascocarpo en forma de copa, con crestas estériles que separan las zonas fértiles.

Desde su descubrimiento, casi todo lo relacionado con este hongo es un enigma: su fisiología, su ciclo de vida, su actividad en el interior del árbol huésped y cómo se propagó a través de los inmensos océanos del hemisferio sur. Para responder

a esta última pregunta debemos recurrir a un campo de estudio conocido como filogeografía. En 2010, los investigadores de Harvard Kristin Peterson y Don Pfister determinaron que las especies de *Cyttaria* coevolucionaron —y estuvieron geográficamente aisladas en masas continentales— con sus respectivas especies hospedadoras de *Nothofagus*. Por lo tanto, las especies de *Cyttaria* y *Nothofagus* en realidad no se desplazaron: están unidas desde la ruptura de Gondwana, hace más de 200 millones de años.

→ Durante la mayor parte del año, el hongo permanece oculto dentro de su árbol hospedador. En el transcurso de la reproducción, grandes cuerpos fructíferos de colores emergen de protuberancias nudosas en el tronco y las ramas.

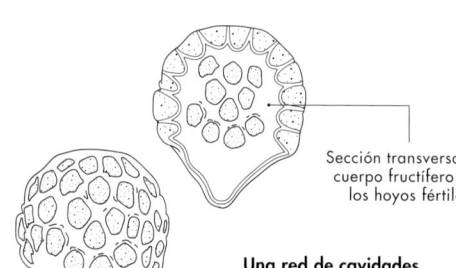

Sección transversal del cuerpo fructífero con los hoyos fértiles

Una red de cavidades

Los cuerpos fructíferos jóvenes son lisos y firmes, y más tarde desarrollan numerosos hoyos fértiles cuando la membrana se rompe. Estos hoyos son inicialmente visibles como zonas claras en la superficie del estroma, pero se abren en la madurez y pueden quedar expuestos si se retira la capa superficial.

USTILAGO MAYDIS

Tizón del maíz

Patógeno muy apreciado

NOMBRE CIENTÍFICO	*Ustilago maydis*
FILO	Basidiomycota
ORDEN	Ustilaginales
FAMILIA	Ustilaginaceae
HÁBITAT	Tierras de cultivo

Con un aspecto más parecido a un excremento que a un hongo, y con un nombre tan desagradable como él, el tizón del maíz es un hongo llamativo con un ciclo de vida sorprendente. Conocido con el nombre científico de *Ustilago maydis*, este basidiomiceto parásito de las plantas de maíz se puede encontrar en la totalidad de las regiones cálidas de Norteamérica y Europa. Históricamente, el hongo era común en el maíz de campo y el maíz dulce, pero las variedades modernas son resistentes; sin embargo, el maíz tradicional sigue siendo susceptible, igual que el maíz para palomitas y el maíz indio.

Todas las partes de la planta pueden sufrir la infección, pero las agallas se observan principalmente en las mazorcas porque el estigma (una extensión de la parte femenina de la planta) es receptiva a la polinización y a la invasión fúngica. El ciclo de vida de los hongos del tizón presenta dos etapas de esporas. La primera consiste en grandes agallas, una masa de teliosporas ennegrecidas encerradas en una cubierta lisa de tejido vegetal. Las teliosporas hibernan y su germinación se sincroniza con el ciclo reproductivo de la planta del maíz. Las teliosporas germinan en el suelo, donde dan lugar a hifas con basidios en forma de maza; cada uno de ellos transporta basidiosporas («esporidios») diminutas. Los esporidios haploides se posan en las plantas de maíz, pero todavía no tienen la capacidad de infectar al huésped. Primero deben germinar, creciendo de forma similar a la levadura en busca de un compañero.

El cruce exitoso entre dos células complementarias restablece la condición dicariótica. Armado con un complemento de genes completo, el hongo del tizón ya es infeccioso (aunque todavía necesita algo de suerte). Si se encuentra en el estigma, el hongo debe llegar al ovario antes de que se produzca la polinización. Si el hongo aterriza en cualquier otro lugar de la planta de maíz, no puede penetrar en la cutícula dura de la planta a menos que esté dañada (por ejemplo, por el granizo, los insectos, etcétera). Los daños (naturales o mecánicos) en los tejidos vegetales pueden facilitar la infección a través de hifas esporidiales o teliales. Por lo tanto, los brotes de tizón del maíz se asocian con frecuencia con episodios de daños por granizo.

Aunque resulta perjudicial para el maíz, el tizón es comestible. En México se considera un manjar y se prepara de todas las formas posibles, incluso en helados (su sabor es mucho mejor de lo que parece, con matices de seta, maíz, chocolate y vainilla). El hongo se conoce también como «trufa del maíz mexicana», y los aztecas lo llamaban *huitlacoche* (o *cuitlacoche*), que se traduce más o menos como «excremento de cuervo». Sin embargo, mi apodo favorito es el que le dio el micólogo David Arora: «porno en mazorca».

→ Con un aspecto que abarca desde lo extraño hasta lo obsceno, las agallas del tizón del maíz perfectamente visibles en su huésped.

ONYGENA EQUINA

Onigena del caballo

Compostador de cadáveres

NOMBRE CIENTÍFICO	*Onygena equina*
FILO	Ascomycota
ORDEN	Onygenales
FAMILIA	Onygenaceae
HÁBITAT	Bosques y tierras de cultivo

Cuando un cuerpo muere, los microbios lo atacan desde dentro y desde fuera. Dependiendo del entorno y las condiciones, gran parte de las proteínas, las grasas y otros componentes se reciclan en la materia de otros organismos, pero no en su totalidad. Algunas partes de todos los cuerpos (incluso el suyo) persistirán mucho después de la muerte: los dientes, los tejidos óseos duros (como los cráneos) y todo lo que se componga de queratina, como las uñas y las pezuñas, el pelo, las plumas y los cuernos.

Cuerno de la abundancia

Con aspecto de setas diminutas, los esporóforos de *Onygena* pueden cubrir completamente un cuerno de mamífero que yace en el suelo del bosque o entre pastos.

Un examen detallado de los esporóforos de *Onygena* revela que lo que parecen pequeñas setas con pie son masas de esporas en los extremos de los conjuntos de hifas.

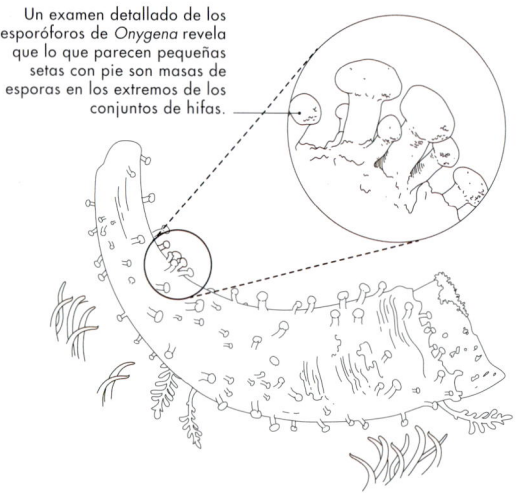

La queratina es una proteína estructural resistente, muy insoluble en agua y prácticamente imposible de descomponer. A los animales les cuesta mucho digerirla, por eso los gatos vomitan bolas de su propio pelo y muchas aves regurgitan una bolita no digerida de pelo, huesos, uñas y plumas.

El género *Onygena* consta de cuatro especies que se hallan repartidas por todo el mundo. *Onygena corvina* se asocia con las plumas y el pelaje de los animales, mientras que *O. equina* es un descomponedor de las pezuñas y los cuernos de los herbívoros. Estos hongos están tan bien adaptados para digerir la queratina que pueden utilizarla como su única fuente de carbono y nitrógeno.

Resulta sorprendente que estos hongos puedan encontrar una fuente de alimento tan poco común como pezuñas o un cuerno en el suelo del bosque, pero también han aprendido a hacerlo. Como todos los hongos degradadores de proteínas, las especies de *Onygena* despiden un horrible olor a cadáver (incluso cuando crecen en cultivo) que procede de la liberación de aminas primarias, igual que la carne que se pudre o los cadáveres que se descomponen. Este olor atrae a las moscas de la carroña, que el hongo utiliza para desplazarse hasta su siguiente comida. Los «cuerpos fructíferos» con pie de este hongo son en realidad conjuntos de gimnotecios (una estructura abierta de hifas que forma una red similar a una jaula) que quedan atrapados en los pelos y los apéndices de las moscas y, se depositan en otros lugares.

→ Primer plano extremo de *Onygena*. Las diminutas masas globosas de esporas son apenas unas pocas veces más grandes que el punto impreso al final de esta frase.

MARASMIUS OREADES

Senderuela

Seta marcescente

NOMBRE CIENTÍFICO	*Marasmius oreades*
FILO	Basidiomycota
ORDEN	Agaricales
FAMILIA	Marasmiaceae
HÁBITAT	Praderas y zonas abiertas

Los misteriosos círculos verdes que forman son habituales en grandes superficies de césped, campos de golf e incluso en extensas llanuras de todo el mundo. Estos «corros de brujas» representan una fuente de fascinación y un mito desde hace siglos; ya aparecieron en la literatura y la poesía de la Edad Media. De hecho, algunos de esos primeros corros podrían seguir vivos a día de hoy, ya que hay círculos centenarios suficientemente grandes para ser vistos desde el aire.

Todavía más extrañas son las setas que aparecen en los círculos. Algunas pueden alcanzar su tamaño completo de la noche a la mañana, como si hubiesen sido convocadas por alguna fuerza sobrenatural. Hadas, duendes, elfos, brujas y dragones han sido

El misterio del corro de brujas desvelado

Una inspección detallada revela que el corro está compuesto por tres anillos o zonas concéntricas: la zona exterior exuberante (A), donde el micelio está activo y donde fructifican las setas (B); una zona intermedia donde puede producirse el marchitamiento de la hierba (C), y una zona más interna de crecimiento estimulado (D) que a menudo está ocupada por plantas que han colonizado el suelo previamente desnudo.

sospechosos de crear esa «magia»; los indios Pies Negros de Alberta creían que eran el resultado de la danza de los bisontes.

Numerosos tipos de hongos fructifican en forma de círculo, pero el más popular de todos es la senderuela, *Marasmius oreades*. El hecho de que aparezca de la noche a la mañana se debe a su hábito marcescente: se seca y se marchita, pero puede rehidratarse cuando vuelve la humedad, mientras que la mayoría de las setas son putrescentes y se pudren cuando maduran en exceso. De hecho, el nombre *Marasmius* procede del término griego que significa «marchitar», mientras que el epíteto específico significa «ninfa».

El crecimiento de las hifas fúngicas progresa de manera radial hacia afuera mientras digieren la materia orgánica del suelo (incluido el césped muerto). A medida que se agotan los nutrientes, el micelio rastrero muere, mientras que el círculo de micelio activo da lugar a una hierba más verde y alta, ya que las plantas utilizan el nitrógeno liberado por la acción enzimática de los hongos.

Aunque antes se pensaba que era un simple saprótrofo, pruebas recientes sugieren que *Marasmius oreades* también es parásito de las raíces de las hierbas. Además de celulasas y otras enzimas, el hongo libera toxinas, como el cianuro de hidrógeno, que daña las puntas de las raíces y dificulta la filtración del agua a través del suelo.

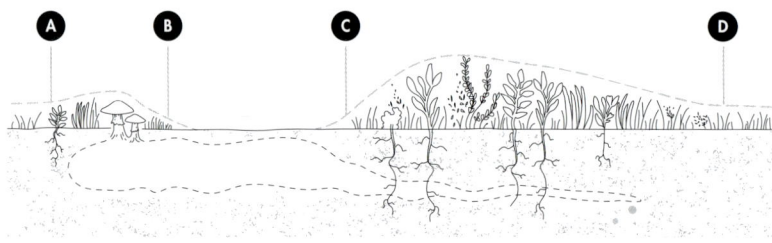

→ Senderuelas, *Marasmius oreades*, con vista de las láminas.

HYPOMYCES LACTIFLUORUM

Seta langosta

Parásito de setas

NOMBRE CIENTÍFICO	Hypomyces lactifluorum
FILO	Ascomycota
ORDEN	Hypocreales
FAMILIA	Hypocreaceae
HÁBITAT	Bosques

La seta langosta es un extraño hongo muy apreciado como un manjar selecto. Esta «seta» es en realidad dos especies de hongos envueltos en un mismo envoltorio: el primero es una especie de *Russula*, y el segundo es *Hypomyces lactifluorum*, que es un parásito del micelio de *Lactarius* o *Russula* que crece bajo tierra. Cuando se forman las setas, el parásito toma el control. La monstruosidad resultante no produce esporas de *Lactarius* o de *Russula*: *Hypomyces* lo utiliza como plataforma de lanzamiento para producir sus esporas.

Semillas de destrucción

Las especies de *Hypomyces* no producen setas por sí mismas, sino que parasitan los cuerpos fructíferos de otros hongos y los convierten en su propio esporóforo. Bajo el microscopio, las esporas presentan los extremos afilados y son fácilmente reconocibles.

La transformación de una seta «langostizada» es espectacular, ya que afecta al color, el olor y el sabor. Una vez madura, el tejido del cuerpo fructífero está compuesto casi en su totalidad por el hongo parásito, y se convierte en un manjar delicioso. Hasta entonces, *Russula* puede ser insípido o tener un sabor picante y desagradable, dependiendo del lugar donde se recolecte.

Aunque la seta langosta es conocida en Norteamérica, Europa y Asia, se trata de una especie de un género de micoparásitos muy amplio. Todas las especies de *Hypomyces* son patógenos de otros hongos, y atacan a numerosos grupos importantes de setas: entre otras, amanitas, setas coral y *Auricularia* (orejas de Judas). Uno de los más extendidos es *Hypomyces chrysospermus* (que infecta a boletos), en Australia, Eurasia y Norteamérica, mientras que *Hypomyces luteovirens* produce hermosas «langostas» verdes de *Russula* y *Lactarius*. Algunos *Hypomyces* parasitan políporos. Dado que son incapaces de producir setas por sí mismos, *Hypomyces* se apropian del mecanismo de producción de su huésped. Al examinar de cerca la hermosa piel de color rojo anaranjado (de ahí su nombre) de la seta langosta, se pueden observar unas protuberancias: son la parte superior de los peritecios, cámaras en forma de pera enterradas en el tejido del cuerpo fructífero. Los peritecios lanzan ascósporas al aire e incluso pueden cubrir la seta con esporas pulverulentas blancas.

→ Con un aspecto que parece de otro planeta, las setas langosta tienen el color (y el aroma a marisco) de su homónimo.

CHLOROCIBORIA AERUGINASCENS

Copa verde-azul

Apreciada por los artesanos

NOMBRE CIENTÍFICO	*Chlorociboria aeruginascens*
FILO	Ascomycota
ORDEN	Heliotiales
FAMILIA	Chlorociboriaceae
HÁBITAT	Bosques

Mucho antes de que se desarrollaran los materiales modernos y los tintes para madera, los artesanos de la madera eran expertos en incrustar pequeñas piezas de diferentes maderas para crear mosaicos y trampantojos en muebles y otras obras de arte (una técnica conocida como intarsia). Los artesanos de la intarsia del Renacimiento italiano, en los siglos XIV y XV, eran maestros en la selección de especies de árboles para su paleta de maderas de diferentes colores, incluida una madera de color verdín muy apreciada, pero poco utilizada, que se empleaba para representar un paisaje natural con colinas y árboles.

El arte de la marquetería da como resultado una pieza acabada de aspecto similar, pero se produce pegando pequeñas piezas de chapa de madera a una caja, un mueble u otra superficie. Entre los ejemplos más conocidos de marquetería figuran los artículos de Tunbridge, fabricados en Royal Tunbridge Wells (en Kent, Inglaterra) entre 1830 y 1900, aproximadamente. Como los artesanos de la intarsia, los artesanos de la marquetería utilizaban la misma madera peculiar de color azul verdoso, y los historiadores y botánicos se preguntaron durante mucho tiempo cuál era el origen de ese «roble verde», como lo llamaban los artesanos de Tunbridge.

Sin embargo, los análisis químicos modernos, la microscopía y la microscopía electrónica nos han dado la respuesta: el color no proviene del tipo de árbol, sino de un hongo que lo descompone. El crecimiento de hongos en la madera a menudo provoca decoloración debido a la presencia de hifas pigmentadas y esporas, y a los cambios asociados con la descomposición de la madera, o sustancias químicas producidas durante el crecimiento. En general, la madera manchada es una señal de debilitamiento por la actividad de los hongos y, por lo tanto, se devalúa para la manufactura, el mobiliario o el papel, pero el «roble verde» es una excepción a esta regla: el cambio de color *aumenta* el valor de la madera.

El origen del roble verde es el hongo copa verde-azul, *Chlorociboria aeruginascens*, que es común en todo el hemisferio norte y Oceanía durante todo el año. Sin embargo, los hermosos cuerpos fructíferos no son muy habituales. Si se encuentra con madera podrida que presenta una coloración turquesa, examínela de cerca. Las diminutas copas con pie (también conocidas como copas de elfo verde) pueden encontrarse en la parte inferior de la madera o entre las fisuras de las piezas muy descompuestas.

→ Primer plano de los hermosos y pequeños cuerpos fructíferos del hongo copa verde-azul, *Chlorociboria aeruginascens*.

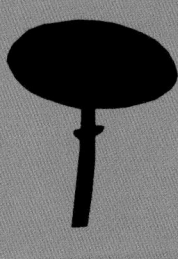

PATÓGENOS, PANDEMIAS ɣ PLAGAS

Hongos que cambian el mundo

Cuando pensamos en epidemias y pandemias microbianas graves, casi siempre nos vienen a la mente patógenos humanos, bacterias y virus. Sin embargo, muchas de las pandemias más devastadoras son aquellas que acaban con las fuentes de alimento. Los avances científicos nos han dado ventaja, pero es solo cuestión de tiempo que aparezca el próximo microbio.

A nivel mundial, los hongos están en marcha y, a pesar de los esfuerzos de la ciencia, los destructivos apenas han sido contenidos. En la primera mitad del siglo XX, un hongo hasta entonces desconocido llamado *Cryphonectria parasitica* fue importado a Norteamérica con castaños asiáticos. Mató a más del 80 por ciento de los 4000 millones de castaños americanos. Entre los ejemplos recientes de árboles víctimas de hongos se encuentran los pinos en Canadá, los alerces en el Reino Unido y los robles en California.

PAISAJES ALTERADOS

Las amenazas fúngicas para el suministro de alimentos parecen estar aumentando. Ya se pierden más cultivos por enfermedades fúngicas que por virus, bacterias y nematodos juntos. A mediados del siglo XIX, el mildiu de la patata provocó la Gran Hambruna, mientras que el tizón del arroz, la roya del trigo, la roya de la soja y el tizón del maíz también amenazan a algunos de los cultivos más importantes del mundo. En conjunto, estos hongos destruyen alimentos suficientes para 600 millones de personas cada año, lo que demuestra la amenaza que suponen para la seguridad alimentaria mundial.

Para empeorar las cosas, la actividad humana está intensificando la dispersión de las enfermedades fúngicas, ya que modificamos los entornos naturales y creamos nuevas oportunidades evolutivas. Desde el año 2000 se ha producido un aumento del número de enfermedades infecciosas virulentas tanto en las poblaciones de animales salvajes como en los paisajes gestionados. En plantas y en animales, un número sin precedentes de enfermedades fúngicas y similares han causado algunos de los descensos (y extinciones) más recientes y graves que se han observado en especies silvestres. Muchos expertos coinciden ahora en que las infecciones fúngicas provocarán una pérdida creciente de biodiversidad, con implicaciones más amplias para la salud humana y de los ecosistemas.

Este problema no es exclusivo de los hábitats terrestres. Los efectos de los hongos patógenos se observan también en los entornos marinos, donde es más probable que se vean agravados por el cambio climático. Los corales marinos y las gorgonias de todo el mundo se encuentran en peligro, y la ciencia está esclareciendo poco a poco las causas del «blanqueamiento» generalizado y la posterior mortandad. Aunque durante mucho tiempo se pensó que era consecuencia del aumento de la luz ultravioleta o del calentamiento de los mares, o de ambos, resulta que las enfermedades infecciosas también pueden influir.

En el caso de las gorgonias, el responsable es *Aspergillus sydowii*, un saprótrofo terrestre común que parece estar implicado también en la desaparición de las gorgonias del Caribe. Sabemos que, en las condiciones adecuadas, el hongo puede convertirse en un patógeno de plantas y animales vertebrados, pero no se sabe que esporule en el agua marina, por lo que el origen de la aspergilosis en las gorgonias es un misterio. Se pensó en la posibilidad de que los suelos cargados de esporas que se transportaban por el océano desde el norte de África llevasen el hongo, pero esa idea ha perdido aceptación y los científicos continúan buscando.

↖ Gorgonia sana.

↑ Las especies de *Aspergillus* observadas al microscopio muestran conidióforos característicos del género. Esta estructura recuerda a un aspersorio, el rociador de agua bendita utilizado por los sacerdotes cristianos.

← Gorgonia con necrosis tisular a consecuencia de la infección por *Aspergillus sydowii*.

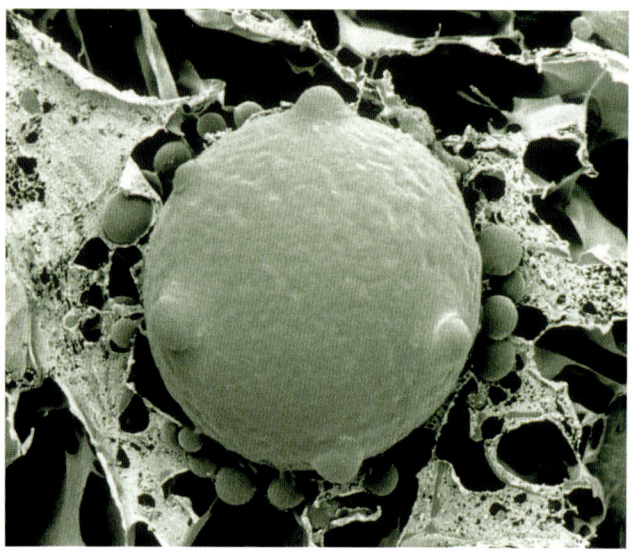

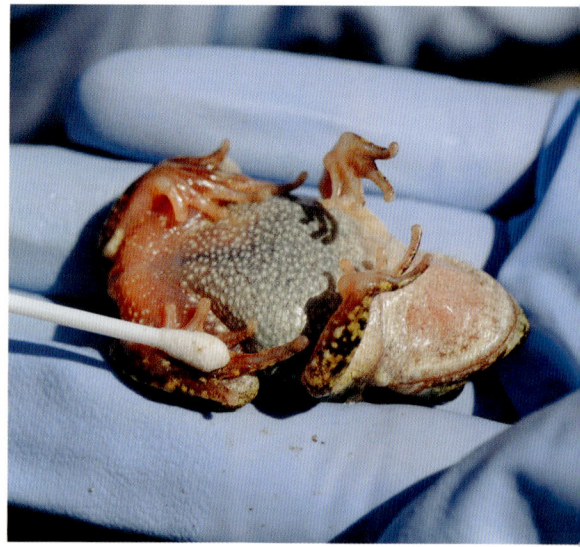

ASESINO DE ANFIBIOS

El reino de los hongos sigue siendo en gran parte un territorio inexplorado: conocemos los nombres de más de 155 000 hongos, pero los estudios de secuenciación del ADN apuntan a que existen entre 1,5 y 5 millones de especies. Por ejemplo, el número de especies conocidas de *Phytophthora* (parientes similares a hongos que incluyen la causa del mildiu de la patata) se ha *duplicado* desde el año 2000. Teniendo en cuenta que esta fue la causa de la Gran Hambruna, que mató a un millón de personas solo en Irlanda a mediados del siglo XIX, resulta increíble que aún no se conozcan *todas* las especies de este grupo.

Los hongos aparecen habitualmente en los titulares, y casi nunca para bien. En este momento nos enfrentamos a dos crisis animales importantes: una disminución masiva de las especies de anfibios y un brote explosivo de una enfermedad entre los murciélagos de Norteamérica.

↑ Pequeño zoosporangio del hongo quitridio (*Batrachochytrium dendrobatidis*) visualizado con microscopio electrónico de barrido.

↗ Sapo (*Alytes muletensis*) examinado para detectar la enfermedad de la quitridiomicosis.

Durante muchos años, los herpetólogos de todo el mundo han observado el descenso de las poblaciones de anfibios, pero las pruebas no dejaban de ser anecdóticas en gran medida. Todo cambió a finales de la década de 1990, cuando una evaluación cuantitativa confirmó las tendencias negativas de la población. Esto coincidió prácticamente con la identificación de una enfermedad hasta entonces desconocida, la quitridiomicosis, que provocó una mortalidad generalizada de anfibios en Australia y en todo el continente americano. Así, un hongo patógeno, miembro del filo Chytridiomycota (quitridios), pasó a ocupar un lugar central en los estudios sobre la desaparición de los anfibios.

El agente causante de la quitridiomicosis de los anfibios es *Batrachochytrium dendrobatidis* (*Bd*). El ciclo de vida de *Bd* implica una espora móvil y nadadora que encuentra un animal huésped y se adhiere a su piel; a continuación, en la piel del animal crecen unas hifas llamadas rizoides y, en cuestión de días, se forma un zoosporangio que desarrolla nuevas zoosporas. Estas se liberan finalmente para nadar y continuar infectando al mismo huésped o, si encuentran otro anfibio, iniciar una nueva infección. Cuando la mayoría de las especies de anfibios alcanzan un umbral de *Bd* de 10 000 zoosporas cubriendo su piel, son incapaces de respirar, hidratarse, osmorregularse (controlar los electrolitos) o termorregularse correctamente.

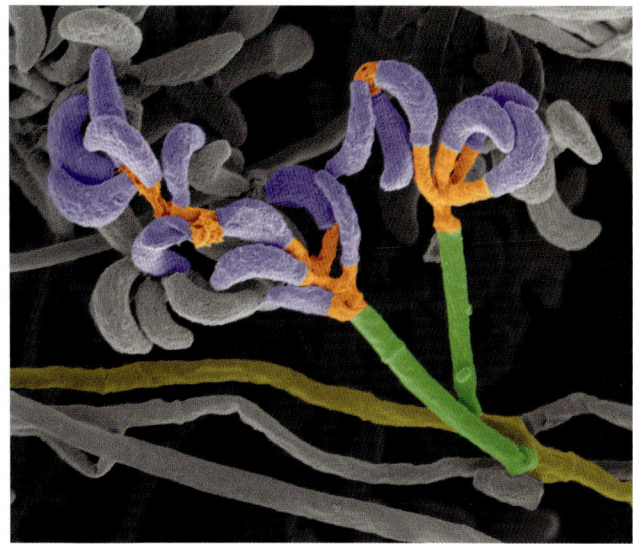

Los datos que rodean a esta pandemia no se conocen del todo. Es posible que estos hongos quitridios primitivos hayan estado asociados durante mucho tiempo con la piel de los anfibios y que hayan vivido en armonía hasta hace poco. Si fuese el caso, cabría pensar que el cambio climático global y el aumento de los niveles de radiación ultravioleta están presionando a los anfibios y permitiendo que estos hongos se conviertan en invasivos y más patógenos. Por otra parte, podría tratarse de un patógeno totalmente nuevo que se está propagando por todo el mundo. Existen algunas pruebas que respaldan esta posibilidad, ya que en el examen de la piel de anfibios conservados en colecciones de museos no se ha encontrado *Bd* antes de 1938, lo que coincide con el inicio del comercio de unas ranas africanas utilizadas en laboratorios de investigación y acuarios domésticos.

Lo que se sabe es que los anfibios están en peligro a escala mundial: muchas especies ya se han extinguido y, sin duda, otras lo harán. *Batrachochytrium dendrobatidis* es responsable de lo que tal vez sea la mayor panzootia (pandemia animal) de la historia debido a su amplísima gama de huéspedes: ha infectado al 50 por ciento de las especies de ranas (orden Anura), al 55 por ciento de las especies de salamandras y tritones (clado Caudata) y al 29 por ciento de las especies de cecilias

(Gymnophiona). No obstante, hay motivos para el optimismo. Aunque seguirán desapareciendo más anfibios, los investigadores están observando la aparición de inmunidad en algunos lugares, y hay anfibios que están empezando a recuperarse. El capítulo final de esta historia todavía está por escribir.

EL SÍNDROME DE LA NARIZ BLANCA DE LOS MURCIÉLAGOS

Otro hongo que parece surgido de la nada afecta a un gran grupo de animales. A finales del invierno de 2007, un grupo de investigadores encontró a miles de murciélagos café muertos con una capa blanca en el hocico y las orejas en cinco cuevas del norte del estado de Nueva York. El invierno siguiente, la enfermedad apareció en 33 cuevas, a principios de 2012, se había extendido hacia el norte (hasta Canadá), el sur (Alabama) y el oeste (Missouri). Actualmente se encuentra en 38 estados de Estados Unidos y en siete provincias canadienses.

↖ Signos visibles del síndrome de la nariz blanca en un murciélago café (*Myotis lucifugus*).

↑ Micrografía electrónica de barrido en falso color del hongo *Pseudogymnoascus destructans*.

La enfermedad, el síndrome de la nariz blanca del murciélago (SNB), está causada por el hongo *Pseudogymnoascus destructans* (*Pd*), anteriormente conocido como *Geomyces destructans*. Se sabe que este hongo patógeno infecta al menos a trece especies de murciélagos, incluidas varias que ya estaban en peligro de extinción. Millones de murciélagos han muerto y algunos lugares de hibernación («hibernáculos») han perdido toda su población. Según un estudio, el murciélago café, uno de los murciélagos más comunes de Norteamérica, tiene más del 99 por ciento de probabilidades de extinguirse en la región este en una década. Dado que los murciélagos polinizan algunas plantas y se alimentan de insectos que provocan plagas, su valor para la agricultura estadounidense se estima en al menos 3700 millones de dólares al año.

Pseudogymnoascus destructans es un saprótrofo capaz de descomponer materiales queratinizados, así como restos quitinosos y celulósicos. Parece desarrollarse mejor a temperaturas frescas, lo que explica por qué la materia orgánica presente en las cuevas es su hábitat ideal. Sin embargo, su propensión a crecer en murciélagos vivos sigue siendo un misterio y parece oportunista. Al parecer, el desarrollo en la piel de los murciélagos les provoca irritación y los saca de la hibernación, lo que hace que salgan a volar antes de lo habitual. Esta actividad excesiva consume las reservas invernales que los murciélagos no pueden permitirse perder, y si abandonan la cueva antes de la primavera, desperdiciarán más energía en la búsqueda inútil de alimento. Así, la principal causa de muerte de los murciélagos que sucumben al SNB es la inanición.

El origen de la enfermedad parece estar en Europa, donde el hongo se halla presente en cuevas de todo el continente. Sin embargo, no parece causar ningún problema a los murciélagos que viven allí. Esto sugiere que los murciélagos europeos conviven con el hongo desde hace millones de años y han tenido tiempo de

desarrollar resistencia. En el caso de los murciélagos de Norteamérica, es posible que no hayan tenido tiempo suficiente para que esto ocurra.

CHANCRO DEL CASTAÑO

Sin salir de Norteamérica, es probable que ningún hongo haya alterado más las tierras de cultivo y los bosques que *Cryphonectria parasitica*. Hasta aproximadamente 1900, los bosques del este de Norteamérica estuvieron dominados por el castaño americano (*Castanea dentata*). El árbol era tan común que constituía casi la mitad de los árboles de los bosques de madera dura del este, y gran parte del ecosistema estaba vinculado a los árboles de alguna manera. Las nueces comestibles alimentaban a la fauna silvestre y a los nativos americanos de la región, que dependían en gran medida de los frutos como alimento durante el invierno. La madera de castaño americano era ligera, pero resistente, recta y pocos nudos; el duramen también era resistente a la descomposición, lo que la convertía en una favorita entre silvicultores y carpinteros. El árbol crecía rápidamente y se regeneraba con facilidad a partir de los brotes que surgían de los tocones cortados. Como afirmó el fitopatólogo Alan Biggs, «El árbol servía a la humanidad desde la cuna hasta la tumba; proporcionaba la madera tanto para la cuna como para el ataúd».

Todo eso cambió en 1904, el año en que llegó el chancro del castaño a Norteamérica. *Cryphonectria* (*Endothia*) *parasitica* se introdujo en la zona de la ciudad de Nueva York, oculto entre un cargamento de castaños japoneses. No se quedó ahí. La enfermedad se extendió unos 80 kilómetros por año, y en 1913 había acabado con tantos árboles que se justificó una investigación por parte del Departamento de Agricultura de Estados Unidos

(USDA). A diferencia de las variedades japonesas y chinas, el castaño americano no era resistente a la enfermedad, y en 1940 habían muerto más de *3500 millones* de ejemplares a causa del hongo.

En menos de 50 años tras su introducción en Norteamérica, *C. parasitica* eliminó prácticamente el castaño americano como especie arbórea y cambió para siempre la composición de los bosques. A pesar de todo, el castaño americano continúa sobreviviendo a través de brotes de raíz, ya que el hongo no penetra por debajo de la línea del suelo. Esos brotes suelen sobrevivir varios años en el sotobosque hasta que alcanzan unos pocos centímetros de diámetro, aunque el hongo mata a la mayoría antes de que alcancen la madurez suficiente para producir frutos.

Sin embargo, esta historia todavía podría tener un final feliz. Tras 30 años de esfuerzos por recuperar el castaño americano, ahora hay señales de éxito. Los investigadores están llevando a cabo un ataque triple utilizando hipovirulencia, retrocruzamiento tradicional e hibridación, e ingeniería genética. La hipovirulencia es un tipo de control biológico que aprovecha un virus parásito natural de *Cryphonectria*. Una vez infectado el hongo, resulta menos virulento como patógeno de los árboles; la hipovirulencia ralentiza la expansión del chancro, lo que permite al árbol aislar la infección. Los investigadores pueden cultivar el virus

← Castaño americano (*Castanea dentata*) en flor.

↗ Signos visibles de chancro del castaño en la corteza de un ejemplar, en el condado de Adams, Ohio, Estados Unidos.

parásito en el laboratorio y rociarlo sobre los árboles; se trata de hacer enfermar al hongo para mantener los árboles sanos.

Además, los investigadores han probado a cruzar castaños americanos susceptibles con variedades resistentes de árboles japoneses y chinos, y también han recurrido a la biología molecular para insertar genes de resistencia en las líneas susceptibles. Ya se han desarrollado variedades resistentes de castaño americano, y están a la espera de ser aprobadas para su liberación al público y a los bosques después de estar ausentes durante más de un siglo.

↑ Daños graves causados por escarabajos de la corteza; estos insectos son los vectores de la grafiosis del olmo.

GRAFIOSIS DEL OLMO

Aunque hay motivos para ser optimistas con respecto al castaño americano, este no es el único árbol que ha sufrido en el último siglo. Cada primavera se celebra un rito micológico en el que los micófilos se adentran en los bosques en una búsqueda muy esperada de colmenillas silvestres. En todo el este de Norteamérica, la búsqueda se centra en los hábitats con olmos: aunque todavía no se conoce del todo su ciclo de vida, parece que algunas especies de colmenillas (*Morchella* spp.) tienen una asociación micorrícica con estos árboles. Tras la muerte del árbol huésped, el hongo entra en modo de reproducción sexual; produce cuerpos fructíferos (¡muchos, muchos cuerpos fructíferos con suerte!) y comienza de nuevo el ciclo de la vida, presumiblemente con plántulas de olmo en las inmediaciones. Si las condiciones son favorables, la fructificación será más abundante en el primer año tras la muerte del árbol; puede producirse un segundo año y

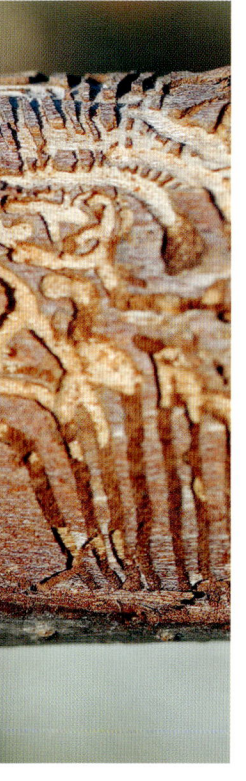

MUJERES PIONERAS DE LA MICOLOGÍA

En la actualidad se sabe con bastante certeza que la enfermedad se originó en Asia, pero hace un siglo nadie sabía qué era ni de dónde venía. Se culpó a todo tipo de agentes infecciosos, desde una bacteria hasta los gases venenosos utilizados en la Primera Guerra Mundial. En 1921, el misterio de la muerte de los olmos se resolvió en el laboratorio de la fitopatóloga holandesa Johanna Westerdijk. El hongo, un ascomiceto, fue identificado por una de las alumnas de posgrado de Westerdijk, Marie Beatrice «Bea» Schwarz, que cultivó un moho a partir de madera infectada, lo inoculó en un árbol sano y descubrió que provocaba los síntomas de la enfermedad en ese árbol, seguida de una muerte rápida. El hongo reaislado era un moho asexual que Schwarz denominó *Graphium ulmi* en 1922; la fase sexual fue descubierta más tarde y bautizada como *Ceratostomella ulmi* por Christine Buisman, también del laboratorio de Westerdijk. Posteriormente, se denominaría *Ceratocystis ulmi*, y en la actualidad se conoce como *Ophiostoma ulmi*.

los siguientes, pero siempre disminuye notablemente y termina por completo poco después.

Aprendí sobre la conexión entre el olmo y la colmenilla durante mi infancia en el Medio Oeste de Estados Unidos: a mi familia le apasionaba recoger colmenillas, como a casi todos nuestros conocidos. Aunque siempre me han gustado los olmos por su vínculo con las colmenillas, mi afecto es todavía mayor por su belleza. Y sobre todo en el caso del olmo americano (*Ulmus americana*). No soy el único. Durante mucho tiempo, este árbol fue el elegido por los urbanistas y los silvicultores urbanos; su forma perfecta, su follaje denso y la sombra que proporciona, su copa muy alta y extendida y la ausencia de suciedad (no pierden frutos grandes ni ramas) lo convirtieron en el árbol ideal para las calles. Así, las ciudades se llenaron de olmos americanos, que flanqueaban las calles y poblaban parques urbanos y campus universitarios.

Sin embargo, a principios del siglo XX, una extraña enfermedad empezó a matar a especies de olmos en Europa, y no tardó en aparecer en Norteamérica. La muerte del olmo se observó por primera vez en Cleveland, Ohio, y poco después en Cincinnati. La enfermedad se propagó con rapidez, y la muerte de los olmos era segura allí donde aparecía. La mayoría de las especies de *Ulmus* y de *Zelkova*, que guarda una estrecha relación, son sensibles a la enfermedad. En Norteamérica, el maravilloso *Ulmus americana* podría ser el más sensible de todos.

La grafiosis del olmo es muy común en Norteamérica, donde se considera la enfermedad más destructiva de los árboles de sombra. Sin embargo, la reproducción sexual es poco frecuente, por lo que se cree que la mayoría de las infecciones están provocadas por la forma asexual del hongo, que posee un ciclo de vida fascinante que involucra a un insecto como socio obligatorio. Existen varias especies de escarabajos de la corteza que transmiten *Ophiostoma* a los olmos, y estos escarabajos solo se sienten atraídos por los árboles en edad reproductora y con un floema grueso (el tejido vascular que transporta los nutrientes). Los árboles debilitados por el hongo u otros factores de estrés pueden mostrar signos de «decaimiento», como que una o más ramas presenten hojas amarillentas. Un árbol debilitado se convierte en el foco de nuevos ataques de otros escarabajos, lo que hace que su destino esté sellado.

Sin embargo, los cultivadores de olmos se han esforzado para cruzar ejemplares silvestres que muestran cierta resistencia con la esperanza de crear una progenie resistente. Están teniendo cierto éxito: se ha puesto a disposición del público una variedad de olmo cultivado (*Ulmus minor* 'Christine Buisman') resistente a la grafiosis del olmo y, con ella, la esperanza de que algún día los grandes olmos vuelvan a adornar los bosques y los paisajes urbanos.

AMENAZAS EMERGENTES

Aunque se están logrando avances en la lucha contra el chancro del castaño y la grafiosis del olmo, dos enfermedades emergentes están provocando nuevas alarmas. La muerte repentina del roble (MRR) provoca una infección mortal en los troncos de varias especies de roble. Ha matado a cientos de miles de árboles desde que apareció en California, en 1995. Los primeros casos se observaron en ejemplares de tanoak; a continuación, empezaron a morir encinas de California. El patógeno también es un problema en Europa, y afecta a otras especies no relacionadas como azaleas, rododendros, viburnos, alerces y arces.

La causa de la MRR es un oomiceto, *Phytophthora ramorum*. A pesar de una cuarentena en 2001, la MRR se propagó por la costa oeste y llegó a la Columbia Británica. En Estados Unidos se impusieron prohibiciones sobre todo el material de viveros procedente de California, pero cada dos o tres años se escapa material infectado de la cuarentena; la fuga más grave afectó a un importante proveedor nacional de viveros y provocó que se enviara material contaminado a cientos de viveros de 39 estados. Muchos temen que el patógeno pueda propagarse a los bosques del sureste y a otros lugares, provocando una destrucción incalculable.

↖ Uno de los olmos más antiguos que se conocen, un ejemplar de 400 años de antigüedad en Preston Park, Brighton (Reino Unido), talado a causa de la grafiosis.

→ Los hongos saprótrofos colonizan enseguida los árboles muertos por la MRR; estos cuerpos fructíferos son de *Annulohypoxylon thouarsianum* en un tanoak (*Lithocarpus densiflorus*).

← Pino de Wollemi (*Wollemia nobilis*) en el Real Jardín Botánico de Kew, Londres.

↓ Alerce (*Larix decidua*) cerca de Hawkshead, Distrito de los Lagos (Reino Unido), infectado por la MRR; los tallos cortados muestran un «sangrado» que revela la enfermedad.

Casi al mismo tiempo que se descubrió la MRR en la costa oeste de Norteamérica, otro descubrimiento tuvo lugar en el otro extremo del planeta. En 1994, David Noble, funcionario del Servicio de Parques Nacionales y Vida Silvestre de Nueva Gales del Sur, descendió en rapel por un pequeño y estrecho cañón del Parque Nacional Wollemi, Australia. Allí se topó con un bosquecillo de árboles grandes que no reconoció.

Noble recogió unas cuantas ramitas y se las mostró a biólogos y botánicos, que se quedaron perplejos. Los investigadores se percataron de que esos ejemplares pertenecían a una especie desconocida, y que se trataba de un árbol ajeno a cualquier género existente de la antigua familia de coníferas Araucariaceae. Es difícil creer que algo tan grande pudiera pasar desapercibido, ya que algunos de los árboles miden entre 27 y 40 metros de altura. Se creó un nuevo género, *Wollemia*, para darles nombre.

Los pinos de Wollemi podrían ser los árboles más raros del planeta, ya que hasta la fecha solo se ha encontrado un único bosquecillo de 200 ejemplares situado en un estrecho cañón

Ocultos a plena vista

Mapa de Nueva Gales del Sur.
El pino de Wollemi había pasado
desapercibido desde el inicio de
los tiempos a pesar de encontrarse
a solo unas horas en coche de los
principales centros urbanos.

Australia

Nueva Gales del Sur

Parque Nacional
Wollemi

Sídney

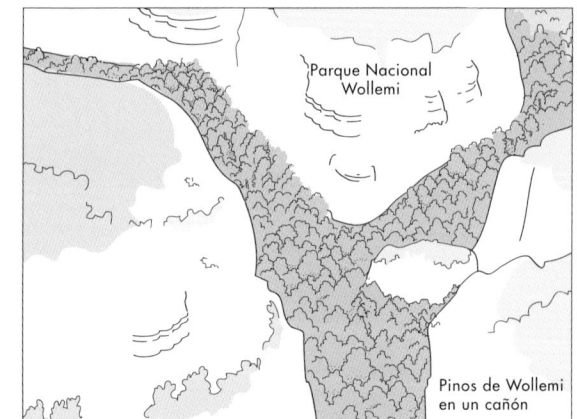

Parque Nacional
Wollemi

Pinos de Wollemi
en un cañón

SALVADOS *IN EXTREMIS*

El 16 de enero de 2020, los bomberos salvaron
del incendio de Gospers Mountain a los últimos
pinos de Wollemi en estado silvestre. Descrito
como un «megaincendio», el fuego destruyó
una zona de Australia siete veces mayor
que Singapur.

El pino de Wollemi también se conoce como
«taxón Lázaro». Al igual que Lázaro, a quien
Jesús resucitó de entre los muertos en la Biblia,
se creía que estos árboles se habían extinguido,
pero después se descubrieron algunos
ejemplares supervivientes.

Uno de los parientes vivos del pino de Wollemi
es la araucaria (*Araucaria araucana*).

El duque de Edimburgo plantó en 2009 uno de
los dos pinos de Wollemi cerca del invernadero
del Real Jardín Botánico de Kew, en Inglaterra,
con motivo de su 250 aniversario.

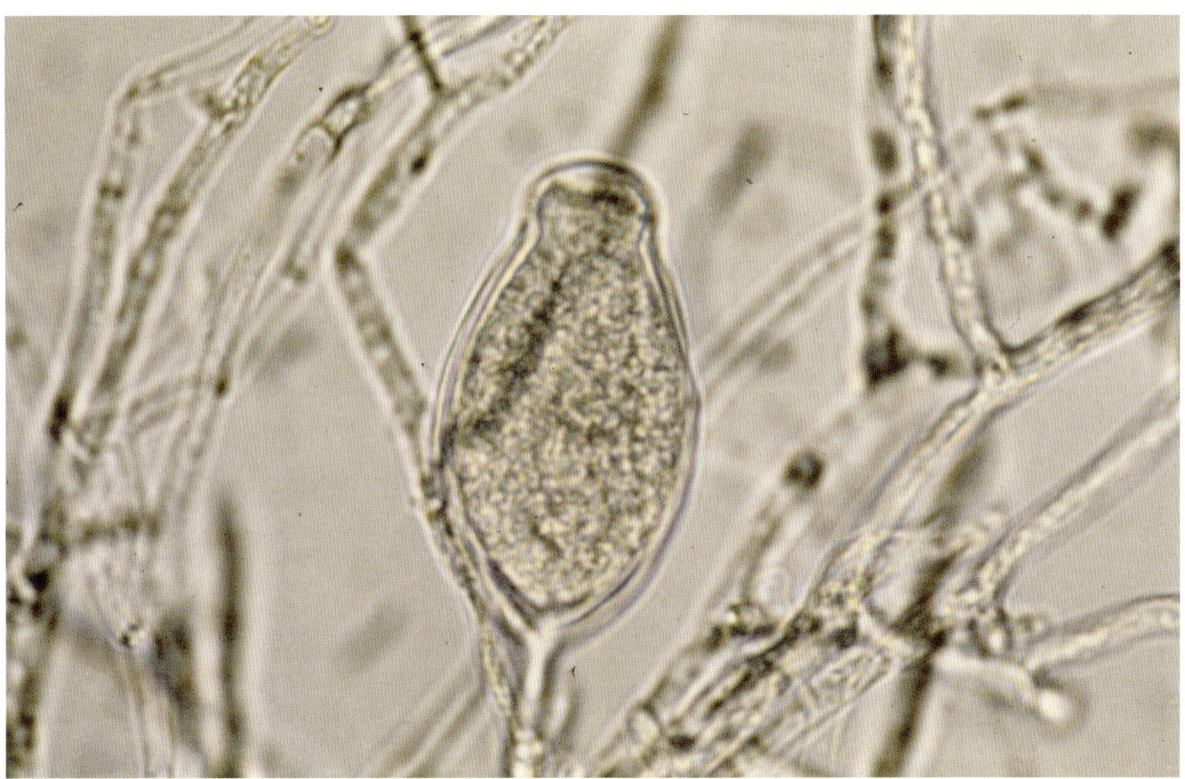

a menos de 195 km al oeste de Sídney. Al parecer, las características especiales del hábitat del árbol han desempeñado un papel importante en su supervivencia. Oculto en estrechos barrancos de arenisca, el pino de Wollemi disfruta de una humedad constante y de suelos húmedos, unas condiciones adecuadas tanto para la planta como para los hongos micorrícicos que viven asociados a sus raíces. Como casi todas las plantas australianas, *Wollemia nobilis* depende en gran medida de un hongo simbiótico para penetrar en el suelo duro y absorber los nutrientes de los suelos infértiles del continente. Sin embargo, a diferencia de otros hongos, los que coexisten con el pino de Wollemi no suelen salir adelante en los suelos finos y más secos de las mesetas circundantes. Por lo tanto, ambos organismos podrían depender por completo el uno del otro para sobrevivir.

Sin embargo, en cuanto se descubrió, *Wollemia* se vio amenazado de extinción. Los cuidadores observaron que algunos de los árboles estaban empezando a morir, y los investigadores determinaron rápidamente que el culpable era *Phytophthora cinnamomi*, un pariente cercano del hongo causante de la MRR en Norteamérica. Afortunadamente, el brote de la enfermedad se trató con éxito. En la actualidad, cualquier persona autorizada a visitar el bosque de pinos de Wollemi debe someterse a estrictos procedimientos de control de infecciones que incluyen la esterilización de su calzado y su equipo. También se ha logrado cultivar *Wollemia* con éxito, y ahora se encuentra en varios jardines botánicos de todo el mundo, además de venderse ocasionalmente como plántulas a particulares. Junto a la metasecuoya y a *Gynkgo biloba*, es uno de los «fósiles vivientes» de la horticultura.

↑   *Phytophthora cinnamomi* visto al microscopio.

Los hongos a lo largo de la historia

Aunque resulta evidente que los hongos han alterado el paisaje, también han cambiado el curso de la historia. Posiblemente, el asesinato más famoso con hongos (o al menos el más contado) fue el de Claudio César, pero otros líderes mundiales también fueron derribados.

El mandato del papa Clemente VII (1478-1534) destaca en los anales de la historia, y no tanto por su duración como por la agitación mundial que se produjo durante ese período, que incluyó la Reforma y el saqueo de Roma. El papado (y la vida) de Clemente VII terminó en 1534, y se atribuyó a la ingesta de oronjas mortales (*Amanita phalloides*). Sin embargo, la mayoría de los historiadores descartan ahora esta hipótesis, ya que Clemente estuvo enfermo varios meses antes de sucumbir, y las oronjas matan mucho más rápido. De todos modos, aunque puede que no fuese un hongo lo que mató a Clemente VII, sí parece probable que el emperador del Sacro Imperio Romano Germánico, Carlos VI (1685-1740), muriese después de una comida con oronjas mortales en un viaje de caza en las montañas austríacas. Carlos VI llevaba un estilo de vida lujoso, y ni la familia real, ni sus asesores financieros ni sus leales súbditos pudieron detenerlo. Al final, la poderosa seta lo consiguió.

Aunque la oronja mortal pudo estar implicada en la muerte de un papa y un rey, podría decirse que el ascomiceto más tristemente célebre es el hongo del cornezuelo del centeno, *Claviceps purpurea*. Extendido por toda Norteamérica y Europa, contiene un compuesto alcaloide tóxico muy relacionado con el LSD, y es capaz de provocar fuertes alucinaciones. Tal es su potencia que algunos historiadores creen que los juicios de las brujas de Salem, a finales del siglo XVII (en los que más de 200 personas fueron acusadas de brujería y 19 ejecutadas), fueron el resultado del ergotismo, y que el Gran Miedo al comienzo de la Revolución francesa también pudo haber sido consecuencia de la intoxicación por cornezuelo.

↓ ¿Los hongos a juicio? *La bruja, n.° 1*, obra de Joseph E. Baker (h. 1837-1914).

→ La causa del ergotismo, *Claviceps purpurea*, creciendo en cereales.

EL GUSTO POR EL CAFÉ

¿Por qué los británicos beben té? Es una parte tan importante de su cultura que se podría pensar que siempre ha sido así. Y sería un error. Los británicos eran amantes del café y, como gran parte del mundo, lo obtenían de las enormes plantaciones situadas en la India y Sri Lanka (antes Ceilán). Al menos fue así hasta que apareció la roya del café. Diagnosticada por primera vez en Ceilán, no tardó mucho en impedir que el cultivo de las plantas de café fuese rentable en la región, de modo que los británicos decidieron que el té era un sustituto adecuado.

En aquella época, el Nuevo Mundo nunca había visto plantas de café (ni la roya del café), por lo que América Central y del Sur se convirtieron en el centro del cultivo del café. Sin embargo, a pesar de los esfuerzos, la roya del café pasó a otros países de Asia y África antes de cruzar el Atlántico y llegar a Brasil en la década de 1950 y a Nicaragua en 1976. En 1981, la roya se había extendido hacia el norte hasta México y hacia el sur a través de los grandes productores de café de Sudamérica.

En la actualidad, la mayor parte de los granos de café del mundo proceden de América del Sur y Central, con Brasil como el mayor productor mundial con diferencia. La producción de café es tan importante para la economía de la región que este pequeño hongo podría ser devastador para algunas naciones y poner en peligro el sustento de millones de personas. Sin embargo, a pesar de que hay tanto en juego, gran parte del estilo de vida del hongo de la roya del café (*Hemileia vastatrix*) sigue siendo totalmente desconocido. Lo que sí sabemos es que el hongo está tan extendido que es probable que no se pueda erradicar nunca. Lo mejor que podemos esperar es que una combinación de técnicas modernas de investigación y prácticas de cultivo tradicionales puedan mantenerlo bajo control.

↖ Granos de café madurando en un árbol de *Coffea arabica*.

← Plantación de café cerca de Manizales, en el Triángulo del Café de Colombia.

↑ ↑ Arbustos de café fumigados para evitar la infección por la roya del café en Guatemala.

↑ Hoja de café con síntomas de infección por *Hemileia vastatrix* (círculo).

Impacto humano

Nuestra historia cuenta con episodios en los que se han perdido millones de vidas humanas debido a hongos y patógenos similares a hongos que han acabado con cosechas enteras y han provocado hambrunas masivas. El más infame probablemente sea la Gran Hambruna que azotó Europa a mediados del siglo XIX.

La causa de la enfermedad del mildiu de la patata es un «hongo» oomiceto. Aunque durante mucho tiempo se consideró que eran hongos debido a su apariencia similar, los oomicetos (o mohos acuáticos) se tratan ahora como un linaje distinto de eucariotas similares a hongos que están relacionados con organismos como las algas pardas y las diatomeas. El patógeno más destructivo de la papa o patata es *Phytophthora infestans*, que forma parte del género «destructor de plantas» *Phytophthora*, uno de los grupos de patógenos vegetales más importantes.

La enfermedad del mildiu continúa existiendo a día de hoy; de hecho, está reapareciendo con renovado vigor y afecta también a las tomateras. Basta con que quede una sola espora o hifa en los residuos vegetales, o un solo tubérculo diminuto de la cosecha anterior, para que la enfermedad se propague por toda la cosecha a una velocidad asombrosa. Si las condiciones son frescas y húmedas, el patógeno puede destruir un campo entero en solo una semana. Incluso si las pérdidas en el campo son mínimas, los tubérculos pueden infectarse durante la cosecha y pudrirse durante el almacenamiento.

Las hifas emergen de las plantas infectadas y producen esporas que se propagan por el viento, o bien zoosporas (dependiendo de la temperatura) que pueden nadar a través

PESTE MICROBIANA

La Gran Hambruna afectó con mayor dureza a Irlanda (de ahí su otro nombre, la hambruna irlandesa de la patata), con un millón de personas muriendo de hambre en tan solo unos años y otros dos millones o más huyendo del país. La población nunca se ha recuperado del todo de esas pérdidas, y sigue siendo muy inferior a la que existía antes de la hambruna; la población actual de la isla de Irlanda es de 6,7 millones de personas, aproximadamente, en comparación con la cifra previa a la hambruna, que rondaba los 8,5 millones.

Ciclo de la enfermedad del mildiu

La infección se propaga rápidamente
a través de zoosporas móviles. Todas las
partes de la planta de la patata pueden
infectarse. Si hay dos tipos de apareamiento
presentes, es posible que se produzca
una reproducción sexual; las estructuras
oogonios (femeninas) y anteridios (masculinas)
se fusionan para crear oosporas.

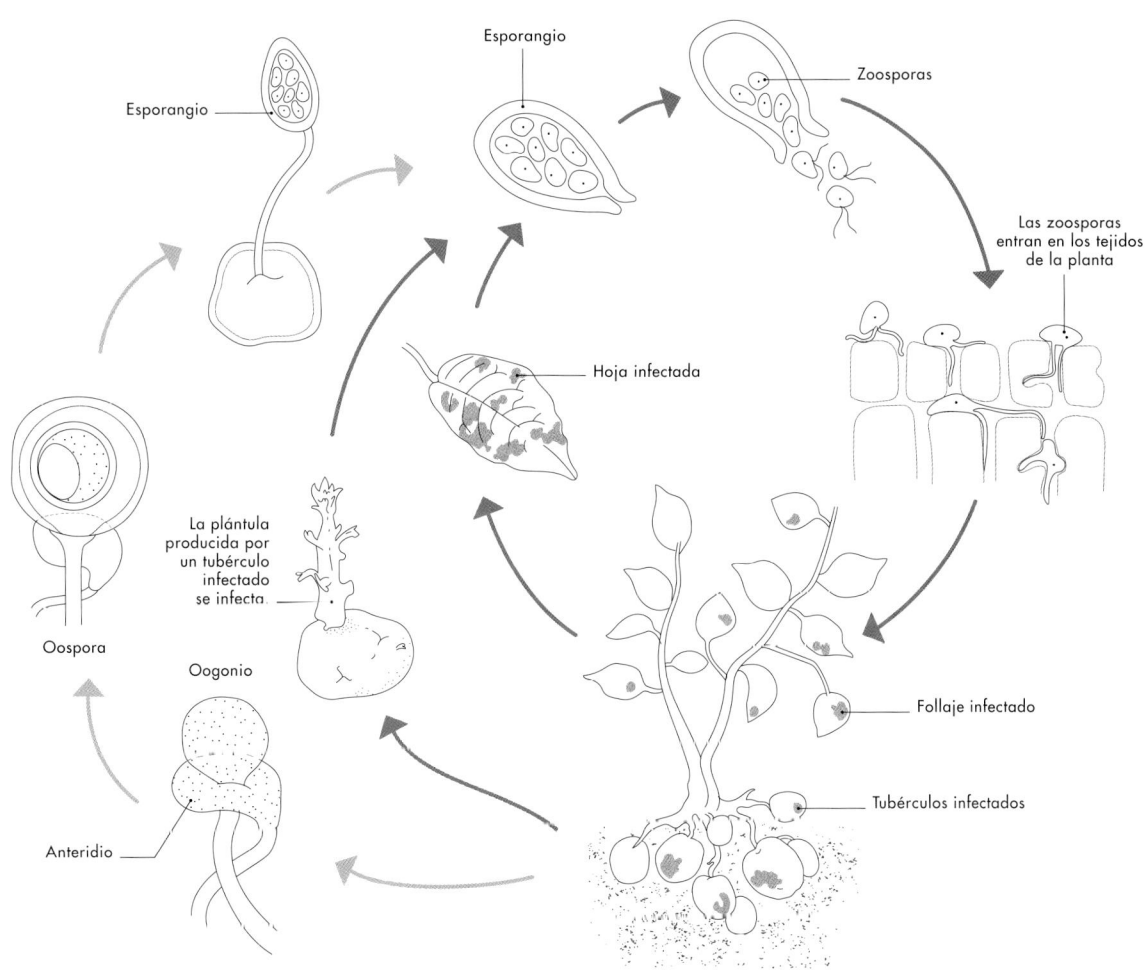

Esporangio

Esporangio

Esporangio

Zoosporas

Las zoosporas
entran en los tejidos
de la planta

Hoja infectada

La plántula
producida por
un tubérculo
infectado
se infecta

Oospora

Oogonio

Anteridio

Follaje infectado

Tubérculos infectados

CLAVE

Fase sexual

Fase asexual

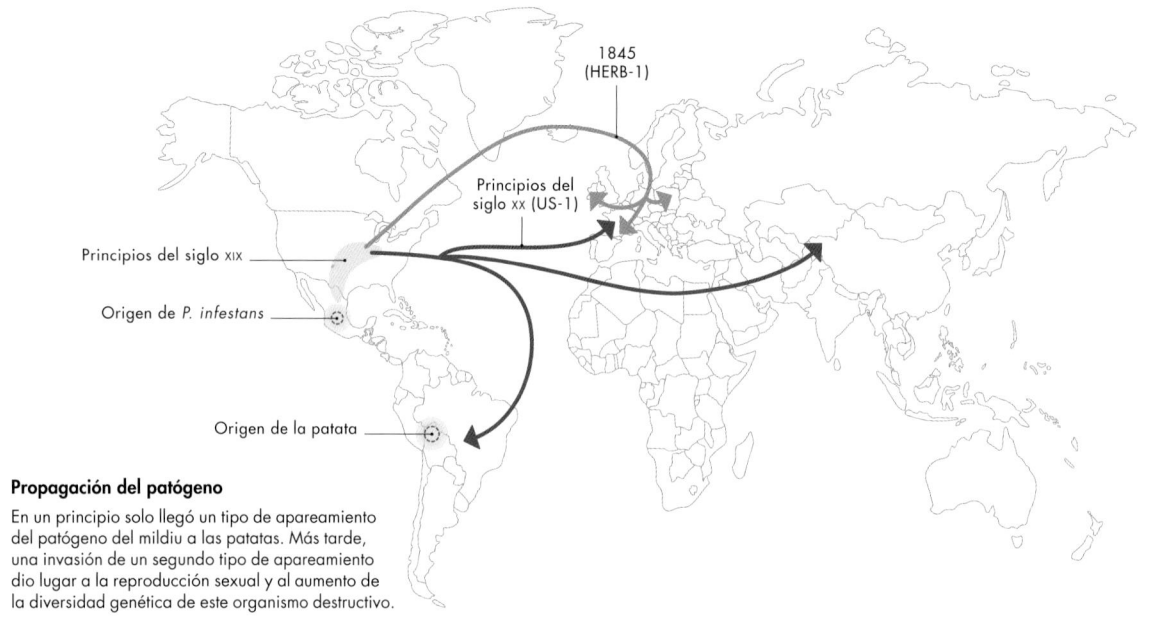

1845
(HERB-1)

Principios del
siglo xx (US-1)

Principios del siglo xix

Origen de *P. infestans*

Origen de la patata

Propagación del patógeno

En un principio solo llegó un tipo de apareamiento
del patógeno del mildiu a las patatas. Más tarde,
una invasión de un segundo tipo de apareamiento
dio lugar a la reproducción sexual y al aumento de
la diversidad genética de este organismo destructivo.

del suelo húmedo e infectar los tubérculos. Esas esporas
germinarán e infectarán la planta, creciendo a través del
tejido del huésped y emergiendo de los estomas para
producir más esporangióforos. Las plantas infectadas serán
una fuente de esporas infecciosas al cabo de unos cuatro
días, lo que garantiza una enorme cantidad de generaciones
asexuales en una sola temporada de cultivo.

Afortunadamente para el mundo, no se sabía que este
organismo se reprodujera sexualmente. Así, los científicos
empezaron a tomar la delantera mediante el desarrollo
de fungicidas y con técnicas clásicas de reproducción de
plantas que produjeron varios cultivares de patata resistentes
al mildiu. Sin embargo, todo eso llegó a su fin en la
década de 1980, cuando el patógeno se volvió inmune
(de repente y con rapidez) a los fungicidas y llegó a las
variedades resistentes. Un segundo tipo de apareamiento
había llegado a los campos de patatas de todo el mundo.

Resulta que el ciclo de vida de *Phytophthora infestans*
sí implica la reproducción sexual, pero hasta la década de
1980 apenas se había observado y era prácticamente
desconocida. Para aprender sobre aquella nueva amenaza
en evolución, los científicos tuvieron que dar un paso atrás
y examinar la historia evolutiva del patógeno. Basándose

en la diversidad genética dentro de la especie en el centro
de México, así como en otras especies estrechamente
relacionadas, esa zona se considera el centro de origen
del patógeno, mientras que el centro de origen de la patata
se encuentra en la cordillera de los Andes.

Los pueblos indígenas de los Andes cultivan esta planta
desde hace siglos, probablemente sin que se viera afectada
por enfermedades. Allí fue donde los europeos descubrieron
las patatas y las llevaron al Viejo Mundo, donde se
convirtieron rápidamente en un alimento muy popular.
En aquella época, las patatas no tenían mildiu, ya que
el patógeno no estaba presente en Europa. Sin embargo,
eso cambió cuando los europeos empezaron a emigrar a
Norteamérica. En el Nuevo Mundo, *Phytophthora infestans*
era un patógeno de las plantas solanáceas autóctonas
(pimientos, tomates y berenjenas), y también podía infectar
las patatas que se compraban en Europa. A medida que
aumentó el comercio entre los europeos del Nuevo Mundo
y los habitantes del Viejo Mundo, el patógeno del mildiu dio
el salto entre los dos continentes en forma de la cepa A1.

Esta cepa estuvo activa durante décadas, pero a pesar
de ser destructiva, solo se reproducía de manera asexual.
Sin embargo, en la década de 1980, un segundo tipo

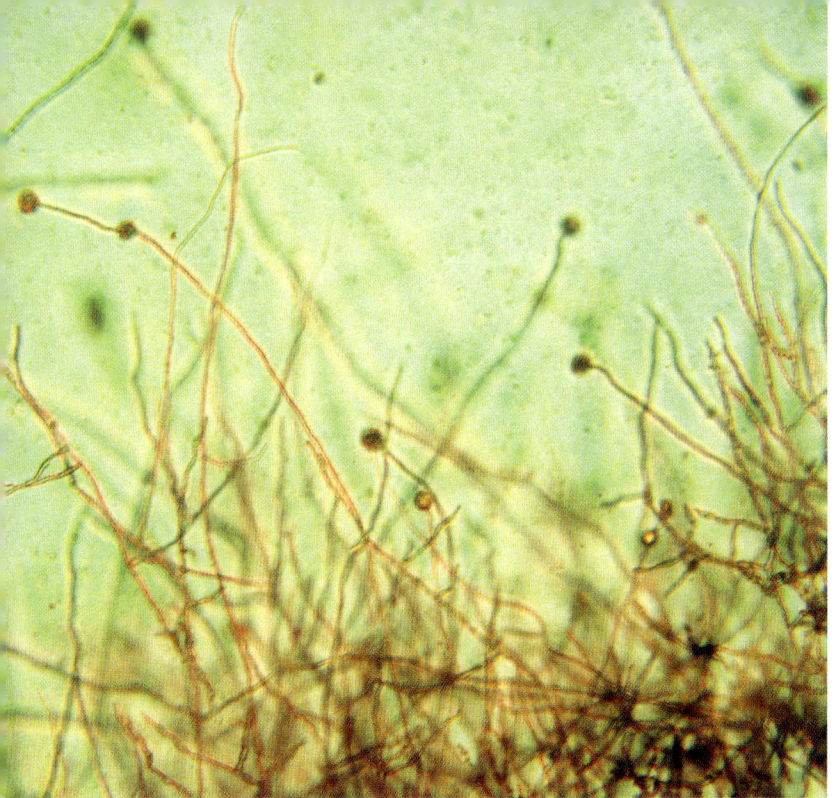

← Durante mucho tiempo se pensó que *Phytophthora infestans* era un hongo verdadero porque crece en forma de hifas.

↓ Ilustración antigua del mildiu de la patata (1888).

de apareamiento (A2) llegó a Europa y, poco después, a Norteamérica. Esto permitió la reproducción sexual y, con ella, la recombinación genética, lo que podría suponer de nuevo la destrucción total de los cultivos de patata.

Todo esto convierte a las patatas en una especie de enigma. A nivel mundial, las patatas son el cuarto cultivo alimenticio más importante y una alternativa fundamental a los principales cereales para alimentar a la población mundial. Se trata de uno de los alimentos más baratos que se pueden comprar; sin embargo, paradójicamente, es uno de los cultivos más caros, ya que requiere una enorme cantidad de aplicaciones químicas para mantener a raya a numerosos patógenos. Entre ellos se encuentra *Phytophthora infestans*, un patógeno virulento a la espera de un huésped. Cada año, las condiciones meteorológicas dictan la gravedad del siguiente brote de mildiu, pero en la actualidad se estima que el coste anual mundial de las pérdidas de cosechas de patata a causa del mildiu ronda los 6000 millones de euros. Esto explica por qué los cultivadores de patatas vigilan el tiempo meteorológico, consultan minuto a minuto la información sobre las condiciones propicias para un brote, y tratan de aplicar fungicidas de manera profiláctica ante las primeras señales de infección.

AMANITA CAESAREA

Oronja, «seta de los Césares»

Haciendo historia

NOMBRE CIENTÍFICO	Amanita caesarea
FILO	Basidiomycota
ORDEN	Agaricales
FAMILIA	Amanitaceae
HÁBITAT	Bosques

Posiblemente, la más infame de todas las muertes atribuidas a setas venenosas (y que pudo haber cambiado el curso de la historia mundial) es la del emperador romano Claudio César en el año 54 d. C. Al parecer, fue su afición por los *ovuli* lo que llevó a bautizar a la apreciada amanita comestible como la seta de César. La misma afición que le llevó a la muerte.

Claudio César ascendió al trono tras el asesinato de su sobrino, Calígula. Por aquel entonces, Calígula permitía que el anciano Claudio ejerciese una especie de gobierno conjunto, pero su principal intención era tener cerca a Claudio y utilizarlo como chivo expiatorio cuando las cosas iban mal, o para humillarlo públicamente en beneficio propio. Con Calígula fuera de juego, Claudio se convirtió en emperador único. La mayoría de los historiadores lo recuerdan de manera favorable. Si tenía algún defecto, es que era un mujeriego: durante su reinado, Claudio tuvo cuatro esposas, o seis si contamos la que murió misteriosamente en su noche de bodas y otro compromiso que llegó a su punto final en el altar, cuando los miembros de la familia intercedieron.

La cuarta esposa de Claudio fue Agripina, pariente de Augusto y, de hecho, sobrina de Claudio. Este adoptó a Nerón, el hijo de Agripina, como si fuese su propio hijo. La mayoría de los estudiosos aseguran que el matrimonio fue de conveniencia y motivado por razones políticas, pero eso no impidió que durase muchos años hasta la prematura muerte de Claudio. Según todas las fuentes, Claudio fue envenenado con su plato favorito, setas, pero nunca sabremos si se mezclaron amanitas venenosas con setas comestibles. Lo que está claro es que Agripina había discutido en repetidas ocasiones con Claudio para que nombrara a su hijo, Nerón, su sucesor al trono. Sin embargo, Claudio prefería a su propio hijo biológico, Británico. También está claro que, tras el asesinato, Nerón se convirtió en el gobernante romano, y ya sabemos cómo acabó todo.

Se ha escrito mucho sobre la muerte de Claudio, y los estudiosos discrepan sobre la naturaleza exacta del veneno, cómo se le administró y quién lo puso en su comida. Supongo que se podría decir que Claudio murió de una *uxore nimia*, o «¡de una esposa de más!». También cabe señalar que, a día de hoy, existen muchos platos populares italianos que llevan el nombre de César, pero ninguno el de Agripina.

→ Las oronjas se encuentran en todo el hemisferio norte. Aquí vemos la hermosa especie europea *Amanita caesarea*.

SPOROPHAGOMYCES CHRYSOSTOMUS

Comedor de esporas

Estilo de vida inusual

NOMBRE CIENTÍFICO	*Sporophagomyces chrysostomus*
FILO	Ascomycota
ORDEN	Hypocreales
FAMILIA	Hypocreaceae
HÁBITAT	Bosques

Los hongos de repisa no suelen tener un aspecto muy llamativo, pero sí presentan fisiologías interesantes. Muchos son perennes y persisten en sus huéspedes leñosos durante todo el año, por lo que se pueden observar en pleno invierno. Así, la próxima vez que detecte un hongo de repisa, mírelo de cerca: en ocasiones, lo que parece un viejo políporo mohoso no es ni viejo ni mohoso.

Para el observador casual, *Sporophagomyces chrysostomus* parece un moho sucio de color entre blanquecino y marrón que crece en la parte inferior del yesquero aplanado u otros políporos leñosos. Sin embargo, este hongo probablemente no es ni saprótrofo ni parásito: como su nombre indica, *Sporophagomyces* se alimenta de esporas. Cabría pensar que se trata de un estilo de vida poco habitual para un hongo, y fue precisamente este extraño hábito (junto con otras características únicas) lo que llevó a la micóloga finlandesa Kadri Põldmaa a sospechar que tres especies de comedores de esporas no deberían compartir clasificación taxonómica con las demás especies de *Hypomyces* (un gran grupo de hongos micoparásitos). El análisis de la secuencia del ADN confirmó su conclusión de que era necesario crear un nuevo género para incluir las tres especies. Así, en 1999, se bautizó a *Sporophagomyces*.

Sporophagomyces chrysostomus se encuentra en todo el mundo y se asocia principalmente con especies de hongos de repisa del género *Ganoderma*. Las hifas de *S. chrysostomus* crecen justo debajo de la parte inferior de los políporos, donde capturan las numerosas esporas que caen; a continuación, este extraño hongo perfora las paredes celulares de las esporas y se alimenta de su contenido. Aparte de eso, no se sabe mucho más sobre su biología. Es probable que *Sporophagomyces* se considere un residuo o contaminante y se elimine antes de la fase de conservación cuando se recogen especímenes de *Ganoderma*. En los casos especialmente raros en que se recoge *Sporophagomyces* a propósito, casi nunca se conserva su huésped, lo que hace que la recolección quede incompleta y resulte menos informativa.

Dieta ligera

El hongo *Sporophagomyces* tiene la curiosa costumbre de alimentarse de las esporas de otros hongos. Las esporas son muy pequeñas; las que se muestran aquí miden menos de 20 µm (1 µm es 1/1000000 de un metro).

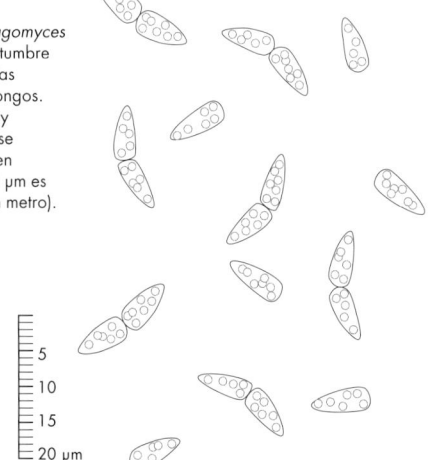

5
10
15
20 µm

→ *Sporophagomyces chrysostomus* creciendo sobre la superficie himenal (parte inferior) de un políporo.

Mildiu de la vid

Serendipia científica

NOMBRE CIENTÍFICO	*Plasmopara viticola*
FILO	Oomycota
ORDEN	Peronosporales
FAMILIA	Peronosporaceae
HÁBITAT	Viñedos

Algunos de los mayores descubrimientos científicos pueden atribuirse a la serendipia (es decir, a estar en el lugar adecuado en el momento preciso), pero lo más habitual es que el descubrimiento se produzca gracias a una mente aguda y una observación astuta. Tal fue el caso que condujo a un descubrimiento que salvó a la industria vinícola francesa a finales del siglo XIX. En aquella época, una enfermedad llamada mildiu de la vid azotaba los viñedos de Francia.

La enfermedad estaba causada por un «hongo» oomiceto llamado *Plasmopara viticola*, que tiene un ciclo de vida típico de los oomicetos. Las oosporas (esporas sexuales) pasan el invierno dentro de las hojas caídas del año anterior y en primavera germinan para producir esporangios (receptáculos que forman esporas asexuales) y zoosporas móviles. Ambos son transportados al tejido vegetal vivo por el viento o en las salpicaduras de la lluvia. Las zoosporas, móviles gracias a sus flagelos, son capaces de nadar sobre la superficie de las hojas para encontrar un punto de infección, y esta se propaga rápidamente dentro del tejido vegetal. En pocos días surgen nuevos esporangióforos, que producen más esporas capaces de propagar todavía más la enfermedad. Al final de la temporada de crecimiento, lo único que queda son plantas desnudas y abundantes oosporas latentes.

En 1876, un brillante botánico francés, Pierre Marie Alexis Millardet, aceptó un puesto de profesor en la Universidad de Burdeos. Millardet estaba estudiando un brote reciente de una enfermedad causada por un insecto, *Phylloxera*, que afectaba a las raíces de las vides, pero el brote coincidió con el mildiu

de la vid, que estaba diezmando los viñedos. Un día, al pasar junto a los viñedos locales de regreso a casa, Millardet observó que las vides más cercanas a la carretera presentaban salpicaduras azules verdosas: observó que las hojas estaban completamente libres de mildiu en los puntos donde se había aplicado aquella sustancia. El viticultor le reveló que había aplicado una mezcla de sulfato de cobre y cal a las plantas para disuadir a los ladrones. Millardet descubrió que aquel «caldo bordelés» funcionaba bien contra todo tipo de hongos y, un siglo y medio más tarde, continúa siendo uno de los fungicidas más utilizados.

Ladrón de vino

Las esporas de *Plasmopara viticola*, causantes de la enfermedad, se producen en cantidades enormes a partir de esporangios diminutos que se agrupan sobre los esporangióforos en forma de árbol. Se muestran las medidas (1 μm es 1/1 000 000 de un metro).

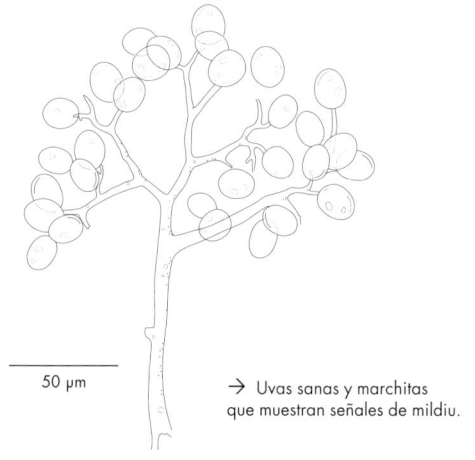

50 μm

→ Uvas sanas y marchitas que muestran señales de mildiu.

CRYPTOCOCCUS GATTII

Amenaza emergente

Patógeno humano

NOMBRE CIENTÍFICO	Cryptococcus gattii
FILO	Basidiomycota
ORDEN	Tremellales
FAMILIA	Cryptococcaceae
HÁBITAT	Bosques

Los patógenos exóticos pueden aparecer de la nada para atacar. Desde la década de 1990, un misterioso hongo patógeno se propaga lentamente por el noroeste del Pacífico, donde ha enfermado o matado a cientos de personas; la mayoría de las víctimas contraen el hongo durante un paseo por el bosque. Los investigadores determinaron que el culpable era *Cryptococcus gattii*, un hongo conocido por provocar infecciones cerebrales y pulmonares raras, pero potencialmente graves, e incluso la muerte.

Aunque *Cryptococcus gattii* se distribuye por todo el mundo, normalmente se limita a las regiones tropicales. Por eso, su llegada al noroeste del Pacífico era desconcertante. Sin embargo, los investigadores creen tener la respuesta, que implica una de las series de acontecimientos más improbables en los anales de la micología. Basándose en el análisis genético de todas las muestras tomadas de los pacientes, así como de muestras ambientales, ahora se sabe que las formas virulentas de *C. gattii* llegaron en tres episodios distintos a lo largo de un período de 88 años. Las tres cepas parecen tener su origen en el este de Sudamérica, y la llegada de la primera cepa se relaciona con la apertura del Canal de Panamá en 1914. Se cree que el hongo, que puede vivir en el agua de mar hasta un año, fue transportado en el lastre de los buques oceánicos, y que ese mismo proceso se repitió en otras dos ocasiones.

Dado que las tres cepas del hongo se encuentran en entornos marinos, algo ha debido ocurrir en las últimas décadas para que este hongo se adentre más en el interior. Los investigadores han identificado un acontecimiento increíblemente aleatorio: el gran terremoto de Alaska de 1964. Fue el mayor terremoto jamás registrado en el hemisferio norte, y el tsunami que provocó inundó toda la costa oeste, llevando consigo *Cryptococcus* hacia el interior.

Los expertos estiman que este hongo ha tardado alrededor de tres décadas en adaptarse a la vida fuera de su hábitat tropical. Durante ese tiempo, se ha convertido en un patógeno más virulento. La criptococosis, la enfermedad que provoca, se contrae al inhalar formas virulentas de *C. gattii*. El hongo es engullido por el sistema inmune humano, pero resiste la destrucción y utiliza las células del cuerpo que combaten las infecciones (macrófagos) como una especie de caballo de Troya para propagarse a través del torrente sanguíneo. Se cree que el hongo desarrolló este truco para evitar ser digerido por las amebas presentes en la tierra.

→ Imagen microscópica del hongo unicelular *Cryptococcus gattii* tomada de una biopsia; las células fúngicas están teñidas de rosa.

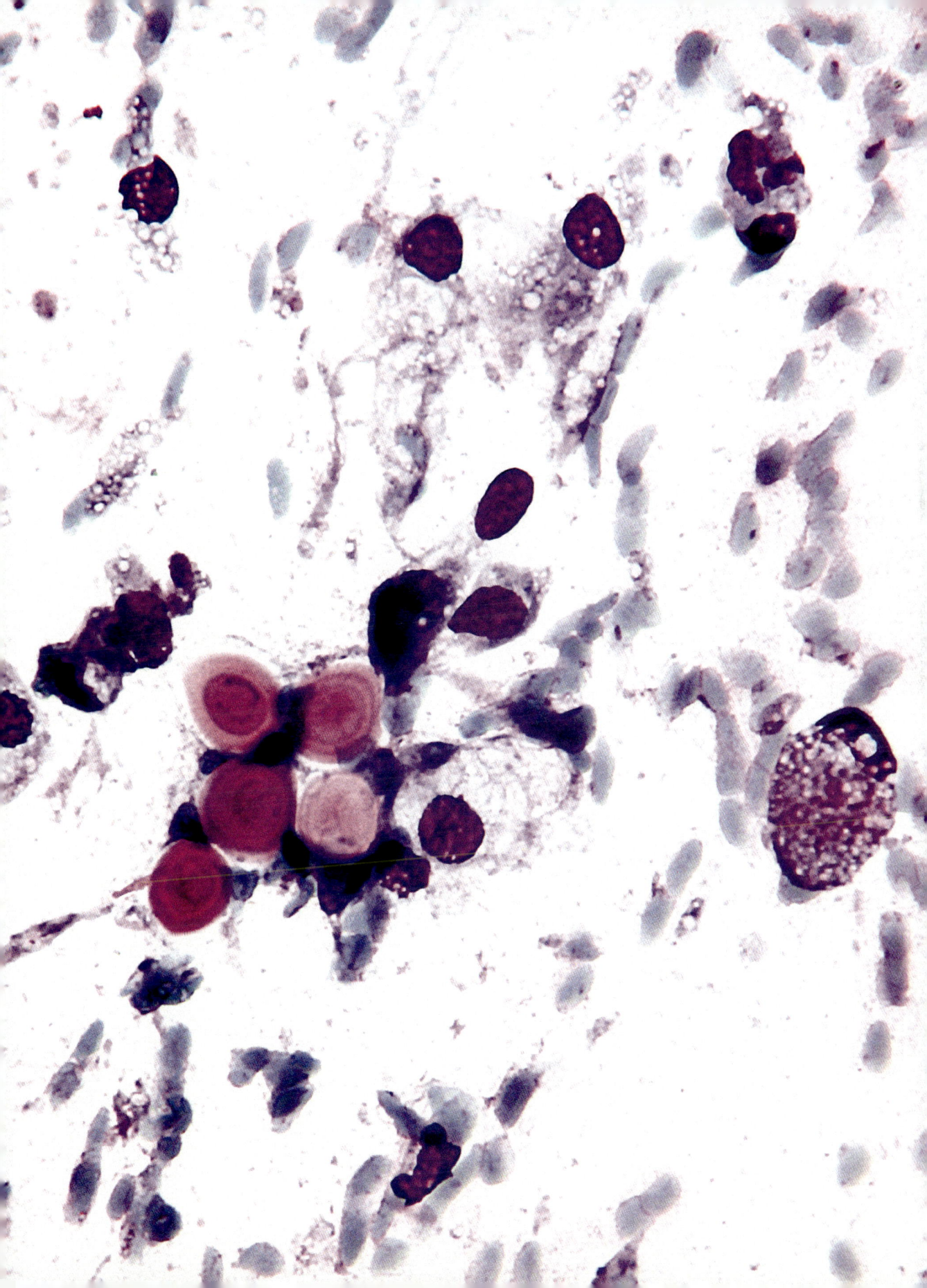

Seta de san Jorge

Seta famosa

NOMBRE CIENTÍFICO	*Calocybe gambosa*
FILO	Basidiomycota
ORDEN	Agaricales
FAMILIA	Lyophyllaceae
HÁBITAT	Pastos de montaña y praderas

Calocybe gambosa (también conocida como *Tricholoma gambosa*) debe su nombre común al hecho de que fructifica en torno a la festividad de san Jorge, el 23 de abril. Sin embargo, las setas fructifican antes debido al cambio climático global, por lo que pronto podrían desarrollarse mucho antes de esta fecha. Las generaciones futuras se preguntarán por qué se le dio ese nombre.

Por lo que se sabe, esta seta no se halla presente en toda Norteamérica, pero debido a su enorme popularidad en Europa, mucha gente del Nuevo Mundo ha oído hablar de ella. Este popular fruto comestible crece en zonas herbáceas y parques, donde forma grandes corros de brujas muy visibles (se cree que algunos tienen varios siglos de antigüedad).

En cuanto al santo que le da nombre, san Jorge se conmemora como el héroe que mató al dragón. Los historiadores creen que existió un personaje llamado Jorge, que fue un cristiano importante durante el reinado de Diocleciano, el emperador romano pagano. Una versión sobre su vida cuenta que era un oficial que se proclamó públicamente cristiano en una época en la que el emperador era ateo, por lo que fue torturado y decapitado en el año 303. Numerosas imágenes del mártir san Jorge lo representan matando a un dragón; podemos suponer que mató al último, ya que no se han vuelto a ver desde entonces, o bien (lo más probable) que el dragón sea una representación metafórica del mal o del ateísmo. En cualquier caso, si se encuentra en Europa cuando se celebre la fiesta de san Jorge, esté atento a las banderas de san Jorge ondeando y a las setas de san Jorge brotando.

→ Seta de san Jorge,
Calocybe gambosa.

NECTRIOPSIS VIOLACEA

Comedor de moho mucilaginoso

Hongo enigmático

NOMBRE CIENTÍFICO	*Nectriopsis violacea*
FILO	Ascomycota
ORDEN	Hypocreales
FAMILIA	Bionectriaceae
HÁBITAT	Bosques y zonas urbanas

Los mohos mucilaginosos (mixomicetos) conforman un interesante grupo de organismos ameboides que desconciertan a los científicos desde hace siglos. Lo más seguro es que los haya visto, pero tal vez no sabía qué eran, ya que se mueven por su entorno, rezumando sobre las superficies y devorando bacterias y otros microbios. Dada la morfología y los hábitos de crecimiento de muchos de ellos, durante mucho tiempo se pensó que eran hongos, pero con la ayuda de las herramientas moleculares modernas se han podido clasificar como protozoos (ni hongos, ni animales).

Posiblemente el más conocido de todos los mohos mucilaginosos sea *Fuligo septica*, conocido con el maravilloso nombre de moho mucilaginoso vómito de perro. Este robusto plasmodio es conocido en todo el mundo, y resulta tan común en hábitats urbanos como en áreas naturales, si no más. Ponga un poco de mantillo de madera fresca, rocíe con agua y, en un día o dos, observará cómo aparecen grandes masas amorfas que parecen pilas de huevos revueltos de color amarillo intenso (el amarillo puede desvanecerse hasta convertirse en un color melocotón, pero casi siempre adquiere tonos grises o incluso violáceos). El gran micólogo Christian Hendrik Persoon denominó la especie y varias «variedades» en función de sus variantes de color, pero ahora se cree que pudo equivocarse al pensar que los colores distintos indicaban variedades diferentes.

De hecho, ahora sabemos que *Fuligo septica* var. *violacea* no es un moho mucilaginoso propiamente dicho: el color violeta (que puede ser bastante vivo o más tenue, hasta un gris) es en realidad un hongo parásito. El hongo en cuestión es *Nectriopsis violacea*, que tiene la curiosa costumbre de alimentarse de los esporangios de los mohos mucilaginosos. *Nectriopsis violacea* (y especies estrechamente relacionadas) se encuentran ampliamente distribuidos en Norteamérica y Europa, así como en los trópicos. Son especialmente comunes en *Fuligo septica* en los pantanos, donde la especie crece sobre la parte superior de los gametofitos de *Sphagnum*. Aunque rara vez se observa, en realidad es bastante común si se sabe detectar. Por tanto, la próxima vez que se encuentre con un moho mucilaginoso, fíjese bien: es posible que haya más de lo que parece a simple vista.

→ Un hermoso hongo *Nectriopsis violacea* púrpura consumiendo un gran moho mucilaginoso.

SIMBIONTES
MUTUALISTAS

Todo depende de todo

La simbiosis tiene que ver con las relaciones entre diferentes organismos. No obstante, como comprobará en este capítulo, esas relaciones no son precisamente sencillas y, desde luego, no siempre resultan armoniosas.

El término «simbiosis» se acuñó por primera vez en el siglo XIX para describir los líquenes, que son organismos compuestos por hongos y unos socios fotosintéticos (normalmente una cianobacteria o un alga, o ambos) que mantienen una estrecha convivencia. Por ello, muchas veces se confunde la simbiosis con el «mutualismo». Esto no significa que una relación simbiótica no pueda implicar a dos (o más) socios que viven en armonía, pero su relación puede ser fácilmente antagónica o comensal. Una relación simbiótica también puede pertenecer a más de una de estas categorías y variar con el entorno u otras circunstancias. Por ejemplo, las asociaciones mutualistas pueden convertirse en parasitarias bajo estrés, en cuyo caso los socios dejarían de llevarse bien.

Las simbiosis pueden ser obligatorias (lo que significa que la relación es esencial para la supervivencia de uno o ambos socios) o no obligatorias. En el caso de los virus, la simbiosis siempre es obligatoria, ya que no se pueden replicar fuera de su huésped. Sin embargo, aunque a menudo se consideran puramente antagónicos, durante décadas se han descrito ejemplos de virus mutualistas. Existen virus que reducen el efecto de las enfermedades causadas por otros virus u otros patógenos, o que benefician a sus huéspedes porque matan a sus competidores.

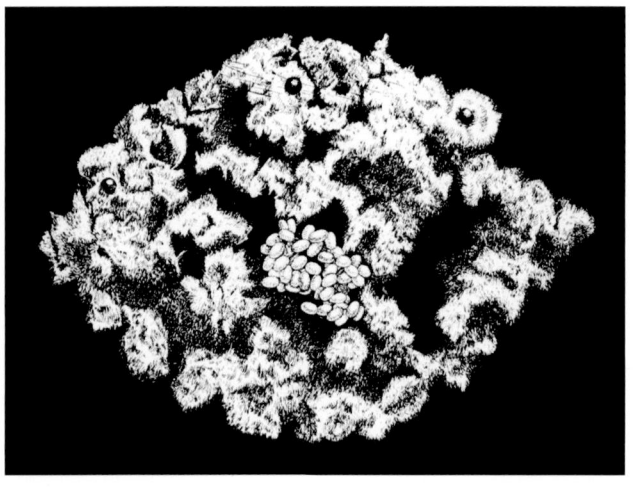

← La simbiosis entre las hormigas y los hongos nos fascina desde siempre. Esta imagen corresponde a un huerto de hongos con huevos, tomada de una edición de 1906 de la revista *Popular Science*.

→ Los atinos (hormigas cortadoras de hojas) en realidad no viven de la materia vegetal que recolectan, sino que cultivan exuberantes huertos de hongos subterráneos de los que se alimentan.

Mutualismos entre hongos y animales

Existen innumerables ejemplos de hongos e insectos que se benefician mutuamente a través de actos aleatorios, como un insecto que transporta esporas a un sustrato hospedador de manera involuntaria. No obstante, también existen relaciones mucho más profundas y deliberadas que han evolucionado con el tiempo.

El gran ecólogo evolutivo Dan Janzen consideraba la coevolución como «un cambio evolutivo en uno o varios rasgos de un organismo, como respuesta a los rasgos de otro organismo de una especie distinta». Por ejemplo, las simbiosis que podrían haber comenzado como parasitismo o depredación pueden dar lugar a una coevolución de los organismos hacia una relación más benigna. De hecho, resulta ventajoso para el parásito causar menos daño a su huésped; si además puede ser de algún beneficio para su huésped, podrá incrementar todavía más su propia aptitud. De esta manera (y tras largos períodos de coevolución), algunas especies pueden llegar a depender unas de otras por completo para sobrevivir.

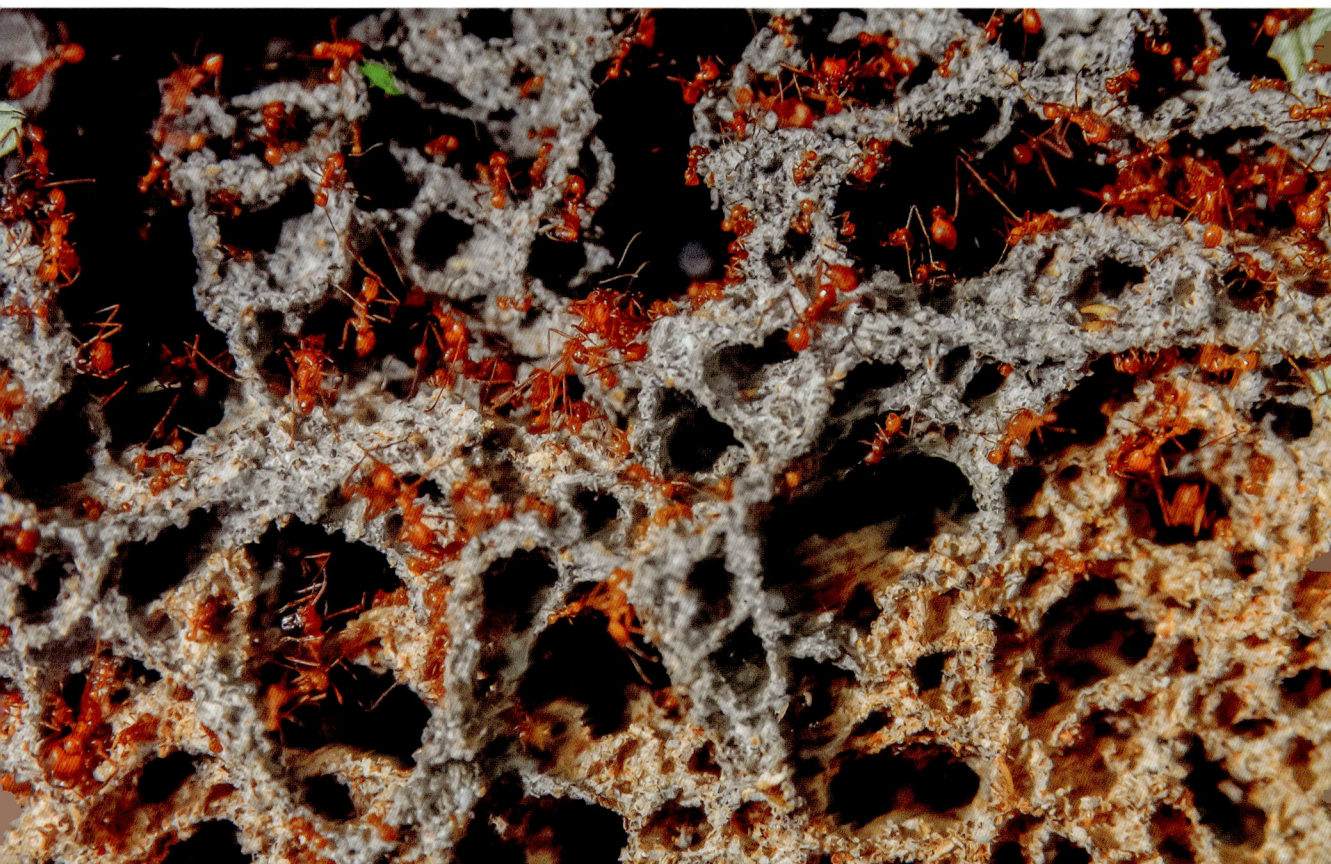

EN LA GRANJA

Provengo de una familia de agricultores, y he cultivado más tipos de plantas de los que puedo recordar y algunos tipos de setas comestibles. Sin embargo, no somos los únicos organismos que cultivamos otros organismos. Existen mutualismos ampliamente estudiados, como las hormigas y las termitas que cultivan hongos, así como los escarabajos de la ambrosía, y se están descubriendo más.

Entre las características que definen la agricultura humana figuran la plantación habitual (el laboreo del suelo y la siembra, o «inoculación»); el cultivo («deshierbe» y eliminación de plagas y enfermedades); la cosecha y la dependencia nutricional. Sorprendentemente, los insectos agricultores muestran las mismas características. Sus estrategias agrícolas incluyen mecanismos evolucionados para la preparación del sustrato, la inoculación con propágulos de cultivos, la optimización del crecimiento fúngico a través de actividades regulares, la protección de los cultivos frente a parásitos o enfermedades, la cosecha y el consumo de hongos. Existen más paralelismos entre algunos insectos agricultores y nuestras propias prácticas agrícolas comerciales. A escala comercial, a menudo encontramos una división del trabajo, con personas dedicadas a tareas únicas como el cultivo, la plantación o la cosecha. En las granjas de hormigas y termitas ocurre algo similar: las diferentes castas se especializan en una tarea principal, mientras que en el mutualismo del escarabajo de la ambrosía (*Xyleborinus saxesenii*) se observa una división del trabajo entre los miembros larvarios y los adultos de la colonia.

Varias especies de hormigas del Nuevo Mundo recogen material vegetal y lo utilizan para cultivar especies de la tribu de hongos basidiomicetos Leucocoprineae (familia Agaricaceae). Los atinos constituyen un grupo de hormigas cultivadoras de hongos originarias de Sudamérica. Estos insectos agricultores sociales cultivan hongos en huertos subterráneos mediante un proceso de descomposición, en lugar de la fotosíntesis, para producir y recolectar los nutrientes necesarios para su supervivencia.

Ingenieras medioambientales

A primera vista, las hormigas parecen ir y venir ajetreadas de un gran montón de tierra. Una inspección más detallada revela una sofisticada estructura con zonas para cuidar de las crías y cultivar alimentos.

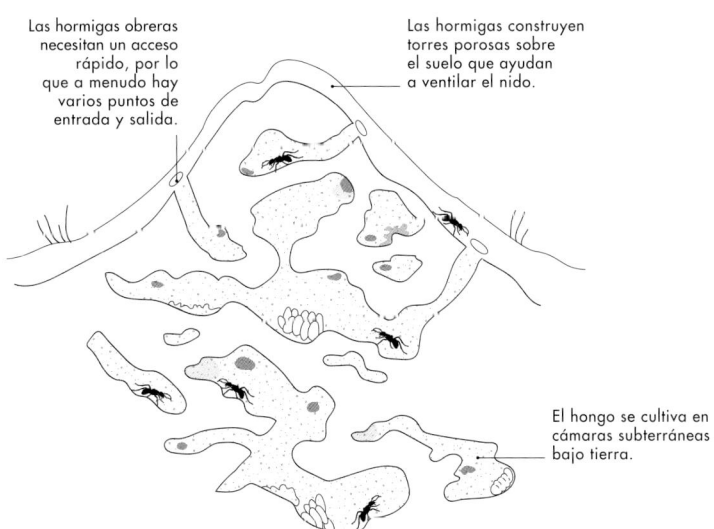

Las hormigas obreras necesitan un acceso rápido, por lo que a menudo hay varios puntos de entrada y salida.

Las hormigas construyen torres porosas sobre el suelo que ayudan a ventilar el nido.

El hongo se cultiva en cámaras subterráneas bajo tierra.

← Hormigas cortadoras de hojas (*Atta* sp.) cuidando de su huerto de hongos.

La forma sigue a la función

Los hongos *Termitomyces* se cultivan en nidos
de termitas enterrados profundamente en el suelo.
A medida que el pie se alarga, el sombrero empuja
hacia la superficie. El sombrero de la seta no
se expandirá por completo ni comenzará la
esporulación hasta que haya emergido del suelo.

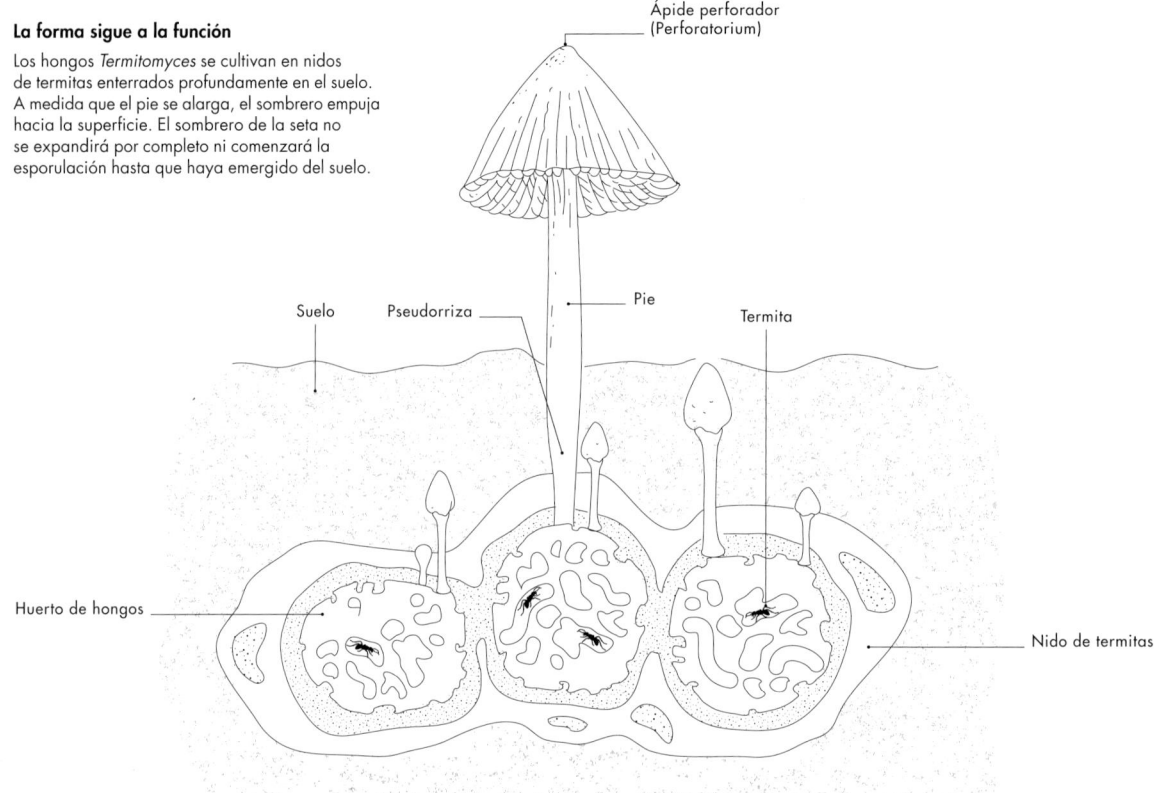

Ápide perforador
(Perforatorium)

Suelo   Pseudorriza   Pie   Termita

Huerto de hongos   Nido de termitas

VUELO EN SOLITARIO

En general, las termitas comienzan sus huertos fúngicos desde cero cuando crean una
nueva colonia. Recogen esporas de los cuerpos fructíferos para comenzar su nueva
cosecha, pero solo unas pocas especies de termitas se llevan sus hongos consigo
cuando salen para empezar una nueva vida. Madagascar despertó el interés de
los naturalistas debido a su flora y su fauna ricas y únicas. La isla permaneció aislada
durante millones de años, y la gran pregunta es: ¿cómo llegaron los organismos
hasta allí? Una posibilidad es que llegasen balsas llenas de animales y plantas
procedentes de África; otra es que los animales más ligeros, las semillas y las esporas
de hongos podrían haber viajado con las corrientes de aire en la atmósfera. Las
termitas que cultivan *Termitomyces* son originarias de África, y colonizaron Asia en
algunas dispersiones directas (por tierra) desde África. Entonces, ¿cómo llegaron a
Madagascar? Resulta que las especies que llevan sus propios hongos para crear un
nuevo nido se hallan únicamente en Madagascar. Todas las termitas que se encuentran
allí se originaron en un evento fundador y se diversificaron en varias especies nuevas
después de su llegada. Esto significa que hasta la isla llegó un solo individuo y que
todas las especies de termitas de la isla proceden de ese individuo. La situación
de los hongos es distinta: hay tres grupos separados, todos con representantes en el
continente africano. El desarrollo de estos acontecimientos continúa siendo un misterio.

→ Este huerto de termitas excavado
muestra todas las superficies cubiertas
con hifas fúngicas.

El análisis del ADN de las secuencias genómicas de siete especies de hormigas y sus correspondientes hongos asociados sugiere que las hormigas comenzaron a cultivar hace entre 55 y 60 millones de años. Por tanto, el mutualismo agrícola se encuentra en evolución desde hace millones de años. Este largo proceso de coevolución ha llevado a las hormigas y los hongos a desarrollar una relación de dependencia irreversible; las hormigas han perdido la capacidad de producir el aminoácido arginina, y los hongos han perdido la capacidad de digerir la madera o la corteza, y dependen de la materia vegetal foliar que les proporcionan las hormigas.

Un increíble ejemplo de evolución convergente es el de las termitas del Viejo Mundo que cultivan huertos de hongos de manera similar a las hormigas del Nuevo Mundo. Las termitas cultivan el hongo basidiomiceto *Termitomyces*, que les beneficia de dos maneras: les sirve directamente como alimento y descompone la madera (en particular la celulosa), de la que también se alimentan las termitas. En su forma original, las termitas no pueden digerir la madera, de modo que tienen que emplear diversos protozoos y otros microorganismos presentes en sus intestinos o, en el caso de las cultivadoras de *Termitomyces*, recurrir a la ayuda de hongos externos.

Como podemos ver en nuestra propia historia, la agricultura es una buena estrategia. La población humana se disparó con la aparición de la agricultura, hace unos 10 000 años; las termitas agrícolas y las hormigas cortadoras de hojas parecen haber tenido un éxito similar con la construcción de enormes nidos capaces de albergar a millones de trabajadores. Gracias a la secuenciación del ADN y los registros fósiles sabemos que el mutualismo entre hormigas y hongos y entre termitas y hongos evolucionó de forma independiente, tal vez varias veces.

También sabemos que, a pesar de su similitud en cuanto a morfología, las termitas aparecieron mucho antes que las hormigas, igual que su relación mutualista con los hongos: la simbiosis entre termitas y hongos es entre 30 y 50 millones de años más antigua que la relación entre hormigas y hongos.

AGRICULTORES FÚNGICOS MENOS CONOCIDOS

Los escarabajos de la corteza, las termitas y las hormigas no son los únicos insectos que han coevolucionado con los hongos. Existen innumerables especies de insectos xilófagos en el planeta, y ninguno produce enzimas para digerir la celulosa de la madera. En su lugar, tienen que vivir en una relación simbiótica con microbios que producen celulasas para ellos. Un ejemplo es el de la avispa de la madera (*Tremex columba*), un insecto de la familia Siricidae de gran tamaño (de unos 5 cm de largo) que perfora la madera. Como todos los sirícidos, la avispa de la madera depende de hongos basidiomicetos de

podredumbre blanca como socios productores de enzimas, e incluso transporta esos hongos a la fuente de madera. Estas simbiosis son mutualistas, ya que ambos socios se benefician: las avispas pueden utilizar un gran recurso energético del bosque, en forma de celulosa, mientras que los hongos se benefician no solo del transporte hasta un árbol huésped específico, sino también de pasar la primera línea de defensa del árbol (la corteza suberificada) y llegar al interior de la madera.

Posiblemente, los insectos más extraños que cultivan hongos son los asociados al boleto negro (*Phlebopus portentosus*), un boleto comestible popular, aunque extraño, procedente de Asia. Se cree que los boletos son micorrícicos porque crecen en simbiosis con árboles u otras plantas, pero el estilo de vida de *Phlebopus portentosus* es mucho más complicado que eso. Si localizase un boleto negro en la naturaleza y examinara con atención la base de su tallo, observaría hifas que se adentran en el suelo, como ocurre con cualquier seta. Sin embargo, en lugar de conducir

al extremo de la raíz de una planta viva (como en el caso de los hongos micorrícicos) o a materia en descomposición (como con los hongos saprótrofos), las hifas conducen a un tercer organismo: un insecto formador de agallas.

Las agallas de insectos son bastante comunes en diversos tipos de plantas, donde suelen aparecer como excrecencias de tejido vegetal (más o menos como un tumor). La agalla sirve de microhábitat para la larva de un insecto formador de agallas, que se encuentra en su interior, felizmente protegida de los depredadores mientras se nutre de su planta huésped. Sin embargo, este no es el caso de las agallas asociadas al boleto negro. Aunque crecen en las raíces de la planta huésped, las agallas se forman a partir de las hifas del hongo, no del tejido vegetal, lo que las convierte en «agallas de hongo-insecto».

Hasta la fecha se han identificado seis especies de cochinillas de la familia Pseudococcidae que se asocian con *Phlebopus portentosus*, y juntas utilizan más de 21 especies de plantas. La relación entre el hongo y el insecto es muy estrecha: la cochinilla de la raíz no puede sobrevivir sin su protector fúngico, mientras que el hongo obtiene nutrientes adicionales del insecto en forma de melaza. La presencia de estos dos biótrofos que parasitan las raíces no parece afectar mucho a las plantas hospedadoras; las infecciones parecen asintomáticas.

↑ Primer plano de una cochinilla de vida libre. Se trata de una plaga común de las plantas.

← El extraño boleto negro, *Phlebopus portentosus*, un hongo cultivado muy popular en Asia.

Mutualismos entre hongos y plantas

La gran mayoría de las especies de plantas tienen una relación mutuamente beneficiosa con los hongos. Los hongos micorrícicos, y no las raíces, son los principales órganos de absorción de nutrientes de las plantas terrestres.

⬋ Las hifas de los hongos micorrícicos crecen hacia el exterior en la tierra y aumentan de manera drástica la superficie de absorción de las raíces de las plantas.

Es probable que los hongos simbióticos hayan colonizado las raíces del 90 por ciento o más de las especies vegetales del mundo, y prácticamente todos los árboles. Las asociaciones micorrícicas (literalmente, «hongo-raíz») implican hifas fúngicas que crecen desde el interior y alrededor de las raíces de la planta huésped, y hacia el exterior en el suelo circundante, aumentando así la superficie del sistema radicular entre varios cientos y miles de veces. Las micorrizas son tan comunes y fundamentales para la nutrición de las plantas que la mayoría de las especies vegetales no podrían sobrevivir sin sus socios fúngicos a menos que se produjese algún tipo de aporte artificial para sustituirlos (en situaciones en las que se añade agua y fertilizantes en abundancia, la planta puede deshacerse de sus socios fúngicos; posiblemente por eso, la diversidad de hongos es mucho menor entre los árboles en entornos urbanos).

Los hongos micorrícicos son esencialmente parásitos benévolos que se benefician de los lípidos y los carbohidratos de las plantas. A cambio, recompensan a la planta por su hospitalidad suministrándole agua y nutrientes esenciales como nitrógeno, fosfato y potasio. Curiosamente, se están encontrando hongos micorrícicos que tienen celulasas, lo que sugiere la posibilidad de que obtengan nutrientes de forma saprobia a partir de la materia orgánica en descomposición en el entorno, así como de forma biotrófica a partir de su planta huésped.

Los registros fósiles nos indican que las asociaciones micorrícicas se remontan a unos 460 millones de años, lo que significa que existen desde hace casi tanto tiempo como las plantas terrestres. Probablemente, desempeñaron un papel fundamental en la invasión de los hábitats terrestres por parte de las plantas acuáticas, que no habrían podido sobrevivir a las duras condiciones en tierra seca hasta que se unieron en simbiosis con los hongos. Las plantas terrestres proliferaron, igual que los hongos micorrícicos, a partir de esos humildes comienzos. De hecho, las asociaciones micorrícicas han surgido varias veces, y aunque todas las micorrizas involucran a las raíces de las plantas, la fisiología puede ser muy diferente a lo largo del espectro.

Red micorrícica

Gran parte de la química y la fisiología que tienen lugar en un bosque ocurre bajo tierra, ocultas a nuestra vista. Las plantas dependen de hongos micorrícicos simbióticos para obtener agua y nutrientes del suelo. Esos mismos hongos obtienen los carbohidratos y otros componentes básicos de la vida de sus socios fotosintéticos. Todos los habitantes del suelo, tanto plantas como microbios, están «conectados» mediante señales químicas.

CLAVE

Comunicación interespecífica

Agua y nutrientes

Productos de la fotosíntesis (carbohidratos, lípidos, etc.)

Microbiota presente en el suelo (bacterias, hongos y virus)

Suelo

Hongos suprotróficos de la hojarasca

Planta mixotrófica

Hongos micorrícicos saprotróficos

Planta autotrófica

Hongos saprotróficos de la madera

Musgo

HONGOS ECTOMICORRÍCICOS Y ENDOMICORRÍCICOS

Los hongos ectomicorrícicos crecen en el tejido radicular de las plantas, pero no penetran en las células de las raíces. En su lugar, las hifas crecen alrededor de las células corticales externas de la raíz formando lo que se conoce como «red de Hartig». Los ectomicorrícicos (EcM, o «ectos») existen con mayor frecuencia como un manto o cubierta de hifas fúngicas entrelazadas en la superficie de las raíces finas de los árboles; el manto hace que las puntas de las raíces parezcan hinchadas y se pueden detectar a simple vista. Los hongos EcM se asocian con la mayoría de las coníferas y muchas maderas duras, incluyendo robles, hayas, *Nothofagus* y eucaliptos. Existen más de 4000 especies de hongos EcM en los bosques de todo el mundo, incluidos muchos de nuestros hongos comestibles más apreciados, como los boletos, los rebozuelos, las amanitas y las trufas.

Por el contrario, los hongos endomicorrícicos no solo crecen en el tejido de la raíz de la planta, sino que también penetran en las células de la raíz. A diferencia de los EcM, no producen un manto grueso sobre la superficie de la raíz, ni tampoco grandes cuerpos fructíferos vistosos. De hecho, la mayoría de las especies endomicorrícicas no producen un cuerpo fructífero real; algunas producen bolas o grupos de esporas en el suelo, pero muchas no se reproducen sexualmente, al parecer, y es posible que ni siquiera tengan los genes para ello. Dada su naturaleza misteriosa y la imposibilidad (para la mayoría de las especies) de cultivarlas en el laboratorio, gran parte de los hongos endomicorrícicos son poco conocidos. Irónicamente, lo que *sí* se sabe es que dominan el planeta y que, probablemente son los que mueven los hilos de toda la vida en la Tierra.

El grupo más numeroso de hongos endomicorrícicos es, con diferencia, el de los micorrícicos arbusculares, o «AM», del filo Glomeromycota. Las micorrizas arbusculares toman su nombre de los arbúsculos (estructuras muy

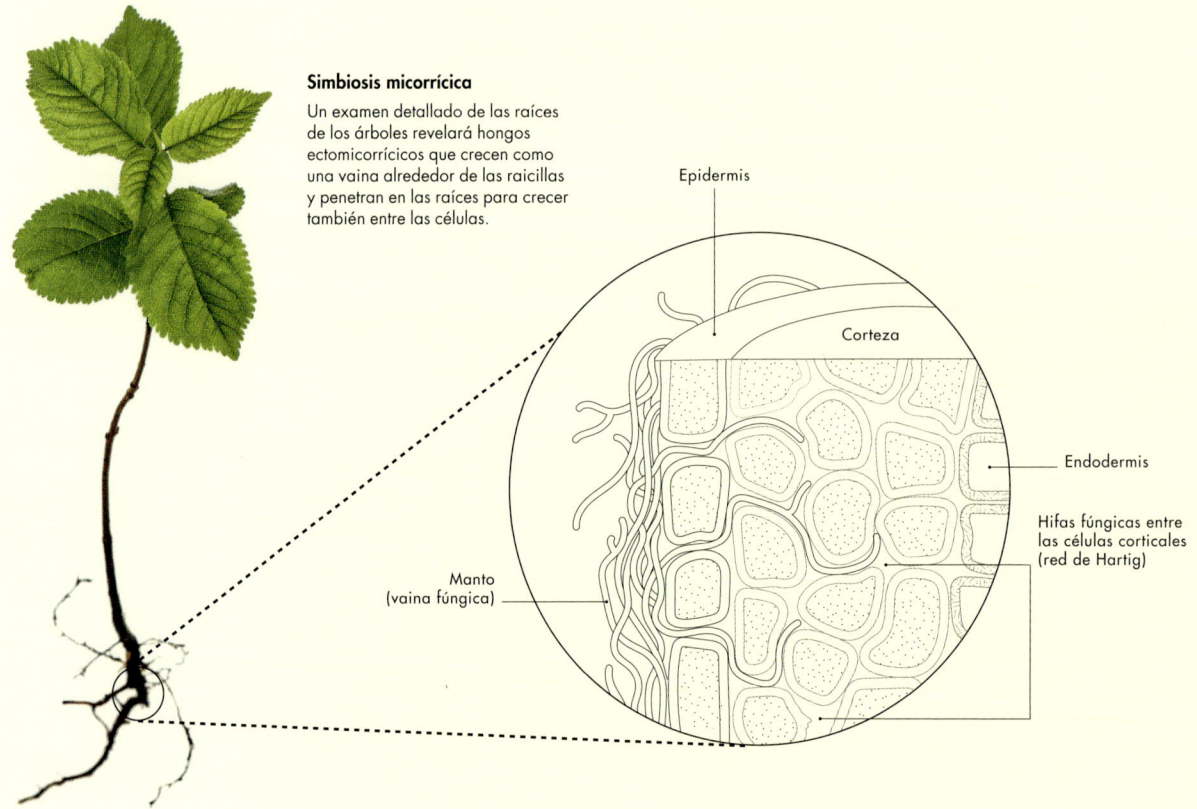

Simbiosis micorrícica

Un examen detallado de las raíces de los árboles revelará hongos ectomicorrícicos que crecen como una vaina alrededor de las raicillas y penetran en las raíces para crecer también entre las células.

Epidermis

Corteza

Endodermis

Hifas fúngicas entre las células corticales (red de Hartig)

Manto (vaina fúngica)

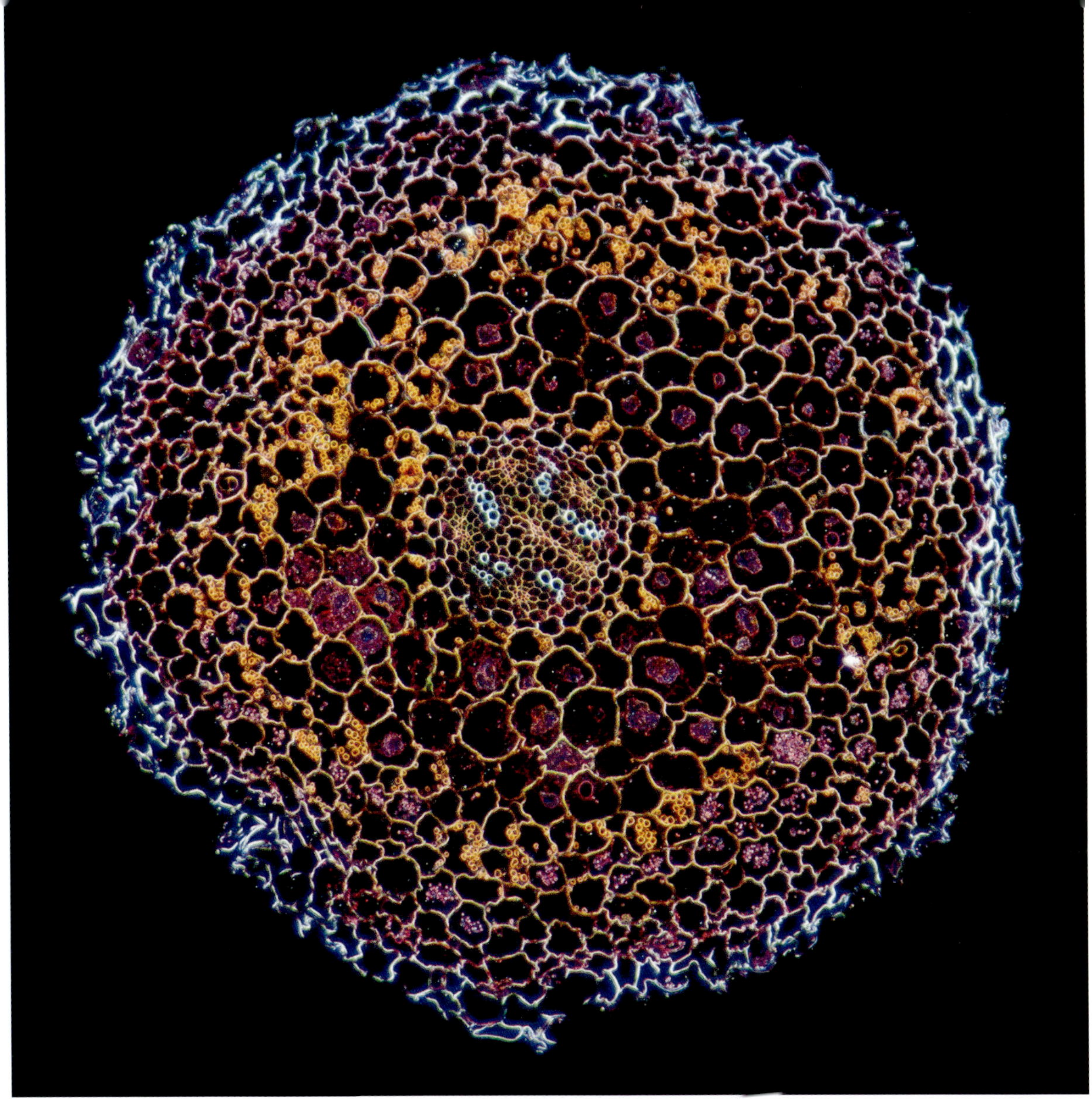

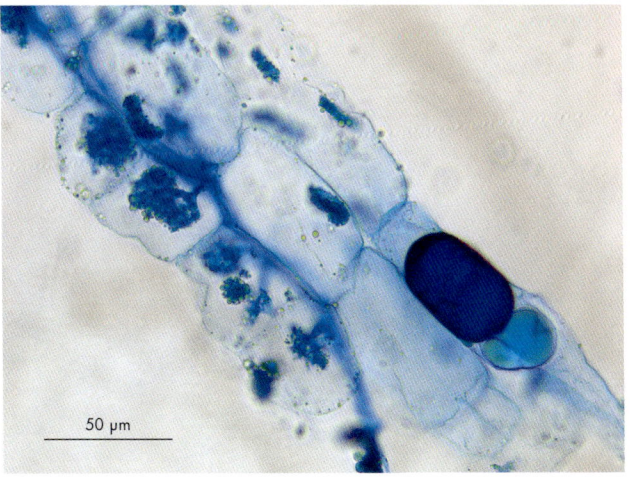

↑ Las «raíces» de las orquídeas se parecen más a tallos, y su función principal consiste en mantener a la planta en su lugar. Los hongos micorrícicos endotróficos crecen desde el interior de las células de la planta hacia el sustrato y van absorbiendo humedad y nutrientes. Una sección transversal de una raíz de orquídea muestra los hongos micorrícicos (teñidos de rosa) visibles en el interior de las células de la planta.

→ Imagen de los arbúsculos, con aspecto de pequeños árboles invertidos, en el interior de las células de las raíces del gramo de caballo (*Macrotyloma uniflorum*), una leguminosa común en Asia.

50 μm

ramificadas que forman dentro de cada célula de la raíz) donde se produce el intercambio de agua y nutrientes. Las asociaciones endomicorrícicas implican una gama mucho más amplia de plantas que las EcM, con algunas asociaciones que son exclusivas de grupos específicos de plantas, como los alisos, las orquídeas y las ericáceas (rododendros, azaleas, arándanos azules y rojos, etcétera). No es casualidad que muchas de estas especies vegetales crezcan en suelos pantanosos o pobres en nutrientes, ya que los hongos AM pueden extraer nutrientes de los suelos más pobres, incluidos los rocosos y áridos.

Además de proporcionar a su huésped tolerancia a la sequía y la capacidad para sobrevivir en suelos pobres en nutrientes, los hongos AM también son cruciales para la formación y el mantenimiento de los suelos. Por lo tanto, no es de extrañar que la mayoría de las plantas, incluyendo las gramíneas, los cereales, las hortalizas, las vides y los arbustos, se asocien con hongos AM, mientras que bastantes forman asociaciones micorrícicas con hongos AM y EcM.

HONGOS ENDÓFITOS Y EPÍFITOS

Los hongos endófitos (los que viven dentro de las plantas) y los epífitos (los que viven en la superficie de las mismas) se han convertido en un tema candente para los micólogos investigadores en los últimos años. Estos grupos de hongos continúan siendo grandes desconocidos, pero casi todos los grupos de plantas que se han investigado parecen tener especies endófitas viviendo en su interior. Se cree que estos hongos desempeñan funciones simbióticas fundamentales en la vida de sus plantas hospedadoras: por ejemplo, proporcionándoles tolerancia a la sequía a través de hormonas similares a las de las plantas o produciendo

compuestos tóxicos que las protegen de los mamíferos y los artrópodos herbívoros. Los hongos endófitos y epífitos también brindan protección contra las enfermedades de las plantas, incluidas las causadas por otros hongos.

Para los científicos, las empresas biotecnológicas, los agricultores, los criadores de plantas y los silvicultores, el estudio de las relaciones entre los hongos endófitos/epífitos y sus huéspedes podría conducir a desarrollar nuevos métodos de lucha contra las enfermedades de los cultivos y nuevos compuestos químicos, y a dar pistas sobre el impacto de estos hongos en la biodiversidad. Por ejemplo, el «medicamento milagroso» contra el cáncer, el paclitaxel (PTX), fue descubierto en unos árboles poco comunes llamados tejos del Pacífico (*Taxus* spp.). Se pensó que este descubrimiento supondría el fin de esa especie de árbol de crecimiento lento, ya que

la recolección del compuesto de la corteza del árbol provocaba directamente la muerte de este. Sin embargo, se descubrió que la fuente del compuesto en realidad no era el tejo del Pacífico en sí, sino un hongo endófito que vive en su interior. Descubrimientos posteriores revelaron que varios hongos de diferentes géneros producen el mismo compuesto y que esos hongos se pueden cultivar, de modo que no era necesario sacrificar los árboles.

↓ El bosque que vemos es solo una parte de la imagen. Bajo tierra hay una red interconectada de raíces de plantas y micelios fúngicos (la «Wood Wide Web») que transporta agua, nutrientes y señales químicas en relación con el entorno.

REDES MICELIALES

Una planta individual no se limita a un solo hongo micorrícico, sino que puede tener muchas especies diferentes conectadas a sus raíces en un momento dado. De forma similar, un hongo individual puede estar conectado a múltiples plantas, también de diferentes especies. El resultado es una red micelial subterránea común que se conoce como «Wood Wide Web» (algo así como «red de los bosques»). Como cabría suponer, esta red no solo transporta agua y nutrientes, sino que también funciona como una especie de «internet micelial», un sistema de comunicación en el que se comparte información química entre las plantas y cuyas señales pueden estimular una defensa común contra los patógenos del suelo, inhibir el crecimiento de las plantas vecinas y avisar de los ataques de insectos. La nutrición también se comparte entre las plantas a través de esta red micelial común, lo que permite que las plantas del sotobosque y las plántulas privadas de luz en el suelo del bosque se puedan beneficiar de ella. Los tocones de los abetos de Douglas del noroeste del Pacífico talados por los leñadores pueden continuar viviendo durante décadas porque sus raíces se hallan conectadas a esta red.

CAMBIO DE ROLES

Los hongos micorrícicos evolucionaron, sin duda, a partir de ancestros parásitos, pero con el tiempo han llegado a ser mucho más benévolos. Es de esperar que un simbionte pueda pasar de una relación parasitaria a una mutualista con su huésped a lo largo de la evolución; en ocasiones, un simbionte puede ser incluso mutualista o parasitario en diferentes fases de su ciclo de vida o del ciclo de vida de su huésped. En la mayoría de estas relaciones, el hospedador es un organismo fotosintético (fotobionte), pero no siempre es así: algunas plantas micorrícicas cambian de rol y se convierten en parásitas de sus simbiontes fúngicos.

← Las plantas de la pipa fantasma o de indio (*Monotropa uniflora*) son aclorófilas y no pueden realizar la fotosíntesis. En la imagen se observan flores y unas hojas muy reducidas que no sirven para captar la luz.

Las plantas como las pipas fantasma o pipas de indio (*Monotropa* spp.) carecen de clorofila y no pueden realizar la fotosíntesis; así, durante mucho tiempo se asumió que eran saprófitas, que obtenían su alimento de la materia orgánica en descomposición, o bien que eran parásitos de plantas verdes cercanas. En la década de 1960, los experimentos con radioisótopos demostraron el movimiento del carbono de los abetos a *Monotropa*, pero también revelaron que los hongos estaban implicados en ese flujo de carbono, lo que convertía a la pipa fantasma en un parásito secundario (epiparásito).

El epiparasitismo constituye una adaptación inteligente, ya que significa que la planta parásita extrae carbono del resto de la comunidad vegetal. Se supone que los micoheterótrofos como *Monotropa* deben dar algo a cambio a sus socios fúngicos (aunque no lo sabemos con certeza), pero parece poco probable que ofrezcan algo a los simbiontes vegetales fotosintéticos. Entonces, ¿por qué estos «tramposos» no son descubiertos? El problema radica en que las plantas están adaptadas para permitir la infección por parte de un gran número de hongos micorrícicos, y parecen perfectamente dispuestas a permitir el flujo neto de carbono a otras plantas a través de la «Wood Wide Web». Al mismo tiempo, parece que no están preparadas para detectar a los tramposos que extraen carbono y dan poco o nada a cambio. Por lo tanto, siempre que la planta epiparásita no ponga en peligro la aptitud del hongo, la estabilidad de su fuente de alimento a largo plazo está asegurada.

Las orquídeas funcionan de un modo muy similar: obtienen su sustento de hongos micorrícicos. A diferencia de otras plantas con flores, las orquídeas no producen semillas verdaderas con una fuente de nutrientes (endospermo). Las semillas de las orquídeas son diminutos embriones desnudos del tamaño de una mota de polvo. Para comenzar la germinación, esas «semillas» necesitan ser parasitadas por su hongo micorrícico específico. Ese hongo es la única «raíz» de la planta joven y, por tanto, su única fuente de nutrición. Sin embargo, existen pruebas de que en esa relación particular las orquídeas podrían colaborar con su socio fúngico; al parecer, los hongos micorrícicos de las orquídeas obtienen proteínas de las células de las orquídeas a medida que mueren y desprenden materiales.

Líquenes

Los líquenes se parecen más a pequeñas plantas que a hongos; de hecho, hasta la segunda mitad del siglo XIX se pensó que eran plantas. Sin embargo, representan el tercer principio del estilo de vida mutualista de los hongos y poseen una interesante historia que contar.

En la segunda mitad del siglo XIX, Heinrich Anton de Bary, Simon Schwendener y Albert Bernhard Frank propusieron que los líquenes eran de naturaleza simbiótica. Ahora sabemos que están compuestos por un micobionte (hongo) y un fotobionte (un alga o una cianobacteria, o ambos). El hecho de que los hongos están involucrados en los líquenes resulta evidente cuando consideramos que sus minúsculas estructuras reproductoras sexuales se parecen mucho a las de sus primos no liquenizados; la mayoría parecen hongos de copa, pero algunos tienen aspecto de seta.

Lo interesante de los líquenes es su cuerpo vegetativo, o talo, que resulta muy distinto al de los hongos no liquenizados. En lugar de un micelio de hifas que crece por fuera o penetra en el sustrato, el talo del liquen es complejo y compartimentado. Gran parte de su estructura es fúngica, y su función consiste en adquirir nutrientes y albergar al fotobionte, que desempeña un papel crucial produciendo carbohidratos mediante la fotosíntesis.

Gracias a su naturaleza simbiótica, muchos líquenes pueden desarrollarse en condiciones ambientales extremas en las que ningún otro fotobionte puede sobrevivir; comunidades específicas de líquenes dominan ecosistemas como la tundra, la Antártida y los desiertos de niebla costeros. Por consiguiente, la mayoría de las personas desconocen que los líquenes son la forma de vida dominante en gran parte del planeta terrestre, y que algunos incluso crecen sumergidos en agua dulce o salada. Sin embargo, como muchos otros grupos, la mayor riqueza de especies se encuentra en las selvas tropicales. No sabemos con exactitud cuántos líquenes coexisten en los bosques tropicales, pero no es raro encontrar 600 o más especies diferentes en una hectárea. Ningún ecosistema de la Tierra alberga más especies de líquenes en un área comparable, y colonizan prácticamente cualquier superficie: hay comunidades en hojas y en el pelaje de mamíferos, y algunas mantis más longevas albergan pequeñas colonias de líquenes que les ayudan a perfeccionar su mimetismo con las hojas.

Se necesita un pueblo

Un liquen es una comunidad de organismos fotosintéticos (normalmente células de algas) protegidos dentro de una estructura formada por células fúngicas. Los fotobiontes realizan la fotosíntesis cuando las condiciones son favorables y sustentan a todos los simbiontes con carbohidratos. Los tejidos fúngicos resisten la desecación y se adhieren a las superficies mediante estructuras llamadas rizinas.

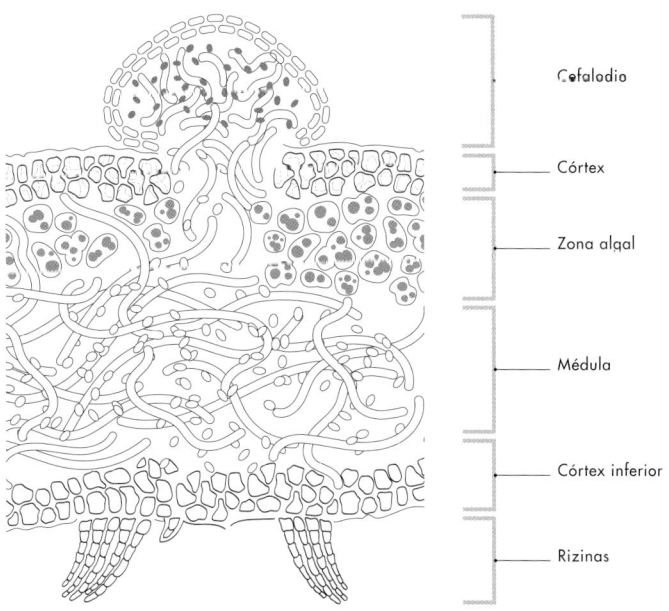

Cefalodio

Córtex

Zona algal

Médula

Córtex inferior

Rizinas

← Algunos líquenes del grupo de los ascomicetos tienen un talo compuesto.

Los líquenes aparecieron por primera vez en la Tierra hace unos 250-300 millones de años, en el Pérmico. Los dinosaurios llegaron un poco más tarde, durante el Triásico (hace unos 230 millones de años), pero si los dinosaurios aparecieron y desaparecieron, los líquenes siguen existiendo. Lo que podemos reconstruir sobre los líquenes primitivos sugiere que no han cambiado mucho en su aspecto general. Cabe destacar que los primeros linajes divergentes de hongos formadores de líquenes todavía crecen principalmente en rocas desnudas, por lo general en condiciones secas que probablemente se asemejan a las que se encontraron los líquenes cuando aparecieron por primera vez. Algunos de estos líquenes, como las enigmáticas tripas de roca de los géneros *Umbilicaria* y *Lasallia*, realmente dan la impresión de ser formas de vida antiguas o «fósiles vivientes».

Actualmente existen alrededor de 18 000 especies de líquenes, pero muchos grupos son poco conocidos, y se calcula que en realidad esa cifra debe ser más del doble. La inmensa mayoría de los hongos liquenizados se asignan al filo Ascomycota, y casi un tercio de los Ascomycota conocidos en la actualidad forman líquenes. Históricamente, se creía que el grupo Basidiomycota (el otro gran filo) contenía muy pocos formadores de líquenes, pero esta imagen ha cambiado en los últimos años. Ahora sabemos que algunos grupos de basidiomicetos liquenizados son tan diversos como los ascomicetos formadores de líquenes. Un grupo en particular, el género *Cora* (familia Hygrophoraceae), contenía una sola especie hasta hace poco, pero ahora se cree que comprende más de 400 especies.

Con las herramientas modernas de la biología molecular, los conocimientos sobre la naturaleza y la composición de los líquenes han aumentado, y la enorme

↗ *Umbilicaria torrefacta*, un liquen con un aspecto muy similar al de los despojos.

← El naturalista alemán Ernst Haeckel ilustró todo tipo de formas de vida, incluidos los líquenes, a mediados del siglo XIX.

diversidad genética presente en los fotobiontes de los líquenes está empezando a ser apreciada. Entre los fotobiontes de líquenes más comunes figuran el género de cianobacterias *Nostoc* y los géneros de algas verdes *Trebouxia* y *Trentepohlia*, pero también se encuentran en los líquenes otras cianobacterias y algas verdes, e incluso algunas algas pardas.

Las investigaciones en curso descubren continuamente nuevos linajes de fotobiontes, así como un número cada vez mayor de hongos liquenizados que se pueden asociar tanto con algas verdes como con cianobacterias al mismo tiempo. En tales situaciones, el fotobionte primario es el alga verde, y el secundario es la cianobacteria, que se encuentra en partes del talo llamadas cefalodios (del griego *kephalos*, o «cabeza», ya que se parecen a cabezas diminutas). La ventaja de esta disposición es que las algas verdes y las cianobacterias realizan la fotosíntesis en condiciones distintas y proporcionan diferentes tipos de carbohidratos. Es muy importante destacar que las cianobacterias son capaces de fijar el nitrógeno atmosférico, que es un elemento crucial en los aminoácidos y otras moléculas orgánicas, y permite que los líquenes crezcan en entornos pobres en nutrientes.

Podría decirse que los líquenes llevan a cabo una química bastante sorprendente. Aunque se comportan como plantas en muchos aspectos, su relación con los hongos se revela a través de sus diferentes colores, que se deben principalmente a los pigmentos depositados en las partes superiores del talo del liquen. Ya en 1866, el liquenólogo finlandés William Nylander utilizó las características químicas para distinguir especies morfológicamente similares, y continúa siendo una herramienta valiosa para su identificación.

Por supuesto, la química está presente en todos los organismos vivos. Sin embargo, aunque los organismos comparten ciertos aspectos químicos de su metabolismo primario, como la respiración y la fotosíntesis, cada organismo tiene también un metabolismo secundario específico que a menudo es único de un linaje concreto o se encuentra repartido en diferentes grupos. En los líquenes, las sustancias químicas producidas por este metabolismo secundario (los compuestos secundarios) desempeñan un papel importante en la biología de estos sistemas simbióticos. Por ejemplo, los pigmentos que producen la variedad de colores de los líquenes sirven como filtros solares que protegen al organismo del daño causado por la alta radiación ultravioleta, y permiten que el liquen crezca en condiciones en las que el fotobionte o el micobionte no podría existir por sí solo. Otras sustancias, que suelen encontrarse en la parte interna del liquen o médula, participan en el intercambio interno de agua y gases del talo, y también pueden actuar como antialimentarios.

Los líquenes desempeñan diversas funciones en el ecosistema, desde ser pioneros en la formación del suelo hasta reguladores del ciclo del agua y la humedad atmosférica, pasando por ser fertilizantes biológicos al fijar el nitrógeno atmosférico. Algunos animales incluyen los líquenes en su dieta, mientras que una gran diversidad de microorganismos y pequeños animales los consideran su «hogar» y los transforman en ecosistemas en miniatura.

Los seres humanos hallamos numerosos usos para los líquenes, entre ellos como medicamentos, en la medicina tradicional, en la producción de tintes y en alimentación. Los líquenes también han demostrado ser muy eficaces como indicadores biológicos de la salud ambiental, ya que la disminución de la diversidad de líquenes en las zonas urbanas se relaciona con el aumento de la mortalidad por cáncer de pulmón. Esto se debe a que los líquenes responden a la contaminación de manera similar a los seres humanos.

↑   En algunos hábitats resulta habitual ver superficies cubiertas de numerosos líquenes distintos. En la imagen se observa una pulmonaria (*Lobaria pulmonaria*, de color marrón verdoso) y una especie de *Hypogymnia* (gris) sobre una ramita.

CERRENA UNICOLOR

Políporo laberíntico

Extraño triángulo amoroso

NOMBRE CIENTÍFICO	*Cerrena unicolor*
FILO	Basidiomycota
ORDEN	Polyporales
FAMILIA	Cerrenaceae
HÁBITAT	Bosque

A primera vista podría confundir los grupos en forma de abanicos superpuestos (*flabelae*) de *Cerrena unicolor* con el yesquero multicolor (*Trametes versicolor*); ambos se encuentran en madera en descomposición. Sin embargo, una clara diferencia es la presencia de algas que crecen en la parte superior de este hongo velloso que le aportan el color verdoso.

El ciclo de vida de *Cerrena unicolor* también es mucho más complejo y fascinante que el de *Trametes versicolor*, ya que forma parte de una simbiosis con dos especies de insectos: la avispa de la madera (*Tremex columba*), que es una mutualista del hongo, y la avispa icneumónida gigante negra (*Megarhyssa atrata*), que es un parasitoide de la avispa de la madera.

Megarhyssa atrata es un miembro de Ichneumonidae, que es la familia más grande de insectos (¡existen 3000 especies solo en Norteamérica!). Los icneumónidos son parasitoides que viven dentro de su huésped y acaban matándolo. Como la mayoría de sus presas insectos son diminutos, los icneumónidos necesitan ser todavía más pequeños, pero el género *Megarhyssa* es una excepción: se trata de las avispas icneumónidas gigantes. *M. atrata* es la especie más grande, con hembras que alcanzan casi los 19 cm de longitud incluyendo sus antenas y el ovipositor.

La hembra de *Megarhyssa atrata* localiza la madriguera leñosa de la avispa de la madera detectando señales químicas emitidas por su socio fúngico, *Cerrena unicolor*. Se posa sobre la madera en descomposición y comienza una vigorosa «detección con las antenas»; es posible que pueda detectar el movimiento de las larvas en el interior de la madera. A continuación,

la avispa despliega su ovipositor increíblemente largo para perforar la madera y acceder al túnel de la larva de la otra avispa. El siguiente paso consiste en inyectar un huevo directamente en su hospedador larvario o depositarlo en el túnel de la presa (la ciencia todavía no ha aclarado esta parte). Una vez eclosionado, la larva icneumónida se alimenta de la larva de la avispa de la madera, consumiéndola por completo en un par de semanas. La pupación tiene lugar dentro del túnel del huésped y la *Megarhyssa atrata* adulta emerge la primavera siguiente.

→ *Cerrena unicolor* a menudo parece viejo y descompuesto debido a su color verde.

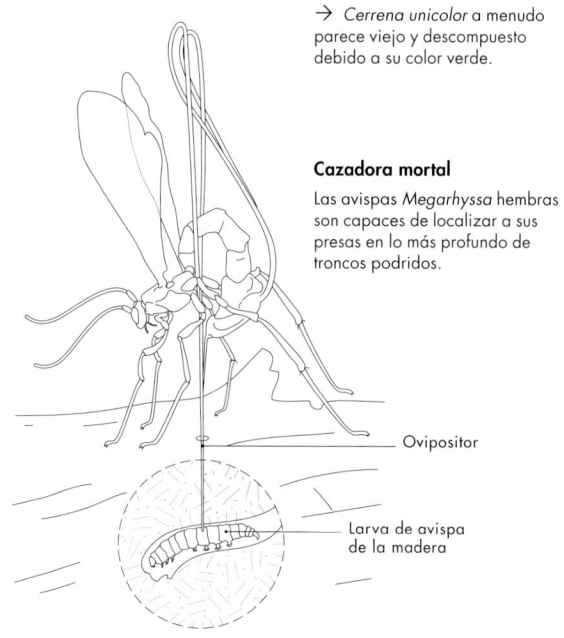

Cazadora mortal

Las avispas *Megarhyssa* hembras son capaces de localizar a sus presas en lo más profundo de troncos podridos.

Ovipositor

Larva de avispa de la madera

LABOULBENIALES

Polizontes de cascarudos

Simbiontes animales

NOMBRE CIENTÍFICO	*Hesperomyces virescens*
FILO	Ascomycota
ORDEN	Laboulbeniales
FAMILIA	Laboulbeniaceae
HÁBITAT	Bosques y zonas urbanas

Uno de los grupos de hongos más extraños de los que probablemente nunca haya oído hablar es el orden Laboulbeniales. Todo lo relacionado con estos diminutos hongos ascomicetos es inusual, pero constituyen el mayor grupo de hongos parásitos de artrópodos, con más de 2200 especies descritas de 142 géneros. Normalmente forman simbiosis específicas de cada especie; la mayoría de los Laboulbeniales parasitan a escarabajos depredadores (familias Carabidae y Staphylinidae), pero sabemos que utilizan a otros insectos como huéspedes, además de grupos como los ácaros y los milpiés.

En todos los casos, la asociación es en gran medida ectoparásita y el hongo penetra en el exoesqueleto de su huésped con un haustorio muy fino, apenas perceptible, de modo que el daño causado es mínimo o nulo.

Fíjese bien

Al examinarlo de cerca, lo que parecen pequeños pelos o apéndices en el exoesqueleto del insecto son los talos de los hongos. Cada talo produce esporas que se disparan hacia un insecto hospedador, por lo general durante la cópula.

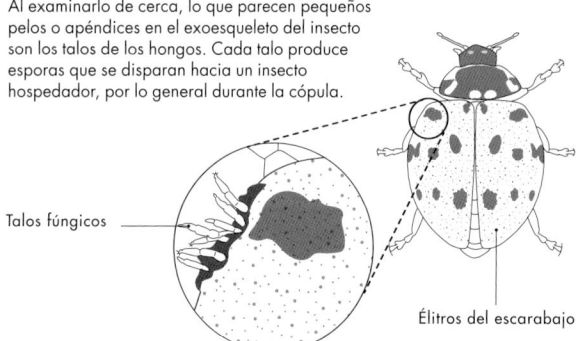

Talos fúngicos

Élitros del escarabajo

Aunque este discreto grupo de hongos resulta increíblemente común y está muy extendido, no fue descubierto hasta mediados del siglo XIX. Apodados «colgadores de los escarabajos» por el micólogo Mordecai Cubitt Cooke, estos hongos vivieron completamente ignorados entre innumerables colecciones de insectos durante siglos. Cuando se observaba su presencia, se daba por sentado que eran excrecencias del insecto (por ejemplo, pelos o incluso apéndices). Heinrich Anton de Bary fue probablemente el primero en informar de su naturaleza fúngica; sin embargo, fue un profesor de Harvard, Roland Thaxter quien los convirtió en el trabajo de su vida: describió 103 géneros y 1260 especies.

A día de hoy, se siguen descubriendo nuevas especies, muchas de ellas ocultas a simple vista en colecciones realizadas hace décadas o siglos. En 2020, por ejemplo, Ana Sofía Reboleira, bióloga y profesora asociada del Museo de Historia Natural de Dinamarca, de la Universidad de Copenhague, se encontraba observando fotos de milpiés norteamericanos publicadas en Twitter. Algo en los insectos no le cuadraba, así que Reboleira y sus colegas compararon las fotografías con especímenes de su propio museo. En efecto, descubrieron una nueva especie de hongo laboulbenial, el primero en un milpiés americano. Lo bautizaron como *Troglomyces twitteri* en honor a la red social.

→ *Harmonia axyridis*, conocida como mariquita arlequín o mariquita asiática, alberga sin saberlo una gran colonia de hongos laboulbeniales. Originaria de Asia, este insecto es ahora común en todo el mundo, ya que se introdujo como control de plagas de pulgones y otros insectos.

TERMITOMYCES TITANICUS

Seta titán

Simbionte animal

NOMBRE CIENTÍFICO	*Termitomyces titanicus*
FILO	Basidiomycota
ORDEN	Agaricales
FAMILIA	Lyophyllaceae
HÁBITAT	Bosques

La seta más grande que se conoce es la acertadamente llamada seta titán (*Termitomyces titanicus*). El pie de este gigante con láminas puede rondar el metro de longitud y los sombreros pueden medir también un metro de diámetro, lo que lo convierte en un hongo verdaderamente titánico. Sin embargo, el ciclo de vida de esta apreciada seta comestible es mucho más notable que cualquier elogio por su tamaño. Las especies de *Termitomyces*, conocidas en África y el Sudeste Asiático, son biótrofas obligatorias de las termitas, que las cultivan en sus nidos subterráneos.

Su estilo de vida es sorprendentemente similar al de los hongos *Leucocoprinus* cultivados por las hormigas cortadoras de hojas y sus parientes en el Nuevo Mundo, lo que demuestra una espectacular evolución convergente (*véanse* páginas 173-175).

Setas gigantes

Los cuerpos fructíferos de esta especie pueden alcanzar un tamaño asombroso.

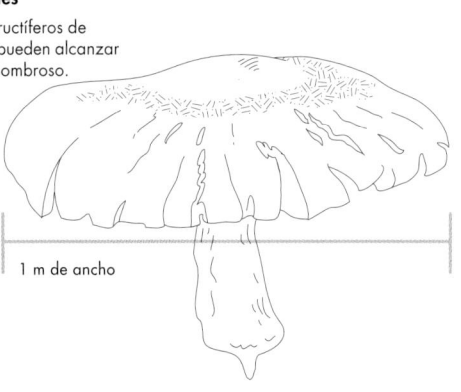

1 m de ancho

Aunque todas las termitas comen materia vegetal, la mayoría dependen de microbios que viven en su intestino para digerir la celulosa. Sin embargo, los miembros del grupo de termitas *Macrotermitinae* ya no albergan microbios intestinales, sino que dependen por completo de los hongos *Termitomyces* para convertir la celulosa vegetal en nutrientes digeribles. Las termitas comen materia vegetal fresca que pasa por su intestino y se moldea formando un sustrato para los hongos en lo profundo del nido laberíntico. Algunas especies de termitas dependen exclusivamente del micelio (y las esporas asexuales) de los hongos en crecimiento como fuente de alimento; otras lo ingieren para beneficiarse de las enzimas que les permiten digerir otra materia celulósica.

No se sabe si todas las especies de *Termitomyces* producen cuerpos fructíferos, pero aquellas que lo hacen comienzan por desarrollar un pie muy largo, similar a una raíz, hacia la superficie. El sombrero de la seta es firme y puntiagudo al principio, con un umbro endurecido (la protuberancia en la parte superior del sombrero), que permite que el cuerpo fructífero penetre en la pared del nido y en el suelo compactado. A continuación, puede emerger por encima del suelo, donde tendrá la posibilidad de crecer hasta convertirse en un verdadero gigante.

→ Los *Termitomyces titanicus*, un hallazgo muy apreciado, son setas comestibles populares en diversos lugares. Uno de ellos es Zambia, donde se tomó esta foto.

BRYORIA TORTUOSA • BRYORIA FREMONTII

Líquenes de crin de caballo

Ocultos a plena vista

NOMBRE CIENTÍFICO	*Bryoria tortuosa* y *Bryoria fremontii*
FILO	Ascomycota
ORDEN	Lecanorales
FAMILIA	Parmeliaceae
HÁBITAT	Bosques

Los líquenes están por todas partes, pero apenas se les presta atención. Sin embargo, lo que parece una simple decoloración en una roca o en la corteza de un árbol, o una excrecencia peluda en algunas ramitas, es en realidad una fascinante forma de vida que se dedica a sus quehaceres tranquilamente. La mayor parte de lo que se ve es tejido fúngico que se ha asociado con un organismo fotosintetizante, y aunque es el fotobionte el que lleva a cabo la síntesis de carbohidratos, es el micobionte el que está al mando.

Así ha sido durante más de un siglo, pero resulta que todo lo que creíamos saber sobre los líquenes podría ser erróneo. Los investigadores llevan mucho tiempo desconcertados por el hecho de que se puedan reunir en un laboratorio los socios fúngicos y fotobiontes relevantes, pero rara vez se consigue que formen un liquen. Además, las diferencias entre las especies de líquenes no siempre se pueden explicar mediante la genética. Tomemos, por ejemplo, los líquenes ascomicetos *Bryoria tortuosa* y *Bryoria fremontii*. El primero produce el ácido vulpínico, una micotoxina mortal; el segundo se utiliza como alimento desde hace mucho tiempo. Sin embargo, a pesar de ser tan distintos en comportamiento y apariencia, los estudios demostraron que ambos estaban formados por el mismo hongo emparejado con la misma alga. Entonces, ¿qué los convertía en especies distintas?

Esto fue lo que Toby Spribille se propuso responder en 2016. Al principio no pudo encontrar ninguna diferencia entre las dos especies cuando las comparó con secuencias genéticas conocidas de ascomicetos (el socio fúngico aceptado en los líquenes), por lo que amplió su búsqueda para incluir las secuencias genéticas de todos los genes fúngicos conocidos. Así consiguió una coincidencia, y no con un ascomiceto, sino con un basidiomiceto levaiforme. Aunque era completamente desconocido para la ciencia, un basidiomiceto levaiforme se escondía dentro del liquen y parecía ser la clave en la unión del ascomiceto y el fotobionte. Oculto a simple vista durante siglos, el discreto hongo solo se podía ver dentro de los tejidos del liquen con la ayuda de un tinte fluorescente específico para las células de basidiomicetos. La investigación continúa, pero ya se han encontrado muchas otras especies de líquenes que albergan levaduras muy específicas como tercer socio.

→ Las especies del genero de los líquenes *Bryoria* parecen pelo creciendo de un árbol.

«Consola de pino»

Creador de hábitats

NOMBRE CIENTÍFICO	*Porodaedalea pini*
FILO	Basidiomycota
ORDEN	Hymenochaetales
FAMILIA	Hymenochaetaceae
HÁBITAT	Bosques

Como causante de la podredumbre anular roja, *Porodaedalea pini* es el hongo patógeno más importante de las coníferas del hemisferio norte. Aunque el árbol infectado no muera, queda inutilizable para la tala comercial, mientras que la descomposición interna hace que los árboles sean peligrosos en zonas recreativas o públicas. Al mismo tiempo, el hongo es beneficioso para numerosos organismos del ecosistema.

Los hongos, en especial los que pueden pudrir la madera, son modificadores del hábitat de varios grupos de animales muy diferentes, y los árboles que se pudren desde dentro representan un hábitat importante para innumerables artrópodos, además de servir para aves y mamíferos que anidan en cavidades.

Para las especies de aves que excavan cavidades en los troncos y las ramas de los árboles, los hongos que pudren la madera constituyen un simbionte crucial. En Norteamérica, las asociaciones entre hongos y los pájaros carpinteros de cresta roja, en peligro de extinción, resultan particularmente interesantes porque se trata de las únicas aves especializadas en excavar el duramen de pinos vivos. Este proceso puede tardar años en completarse, pero en los árboles atacados por *Porodaedalea*, la construcción de la cavidad del nido lleva mucho menos tiempo. Por eso, las aves reclutan el hongo directamente, transportándolo de árbol en árbol e inoculándolo a su paso. La ubicación de la posterior construcción de la cavidad del nido tampoco es aleatoria. Las setas de repisa son una señal para las aves de que ese es el lugar donde la colonización fúngica ha sido más activa y donde la madera será más blanda. Así, las

aves comienzan a excavar directamente debajo de los cuerpos fructíferos situados a los lados de los árboles hospedadores.

El pájaro carpintero de cresta roja es una especie clave en los delicados ecosistemas del pino de hoja larga del sur, que son zonas propensas a los incendios. Para protegerse del fuego y los patógenos, el árbol cuenta con una serie de adaptaciones, entre ellas la producción de grandes cantidades de resina (mucho más que la mayoría del resto de pinos). Esta sustancia también es manipulada por los pájaros carpinteros de cresta roja, que mantienen pozos de resina para mantener alejados de sus nidos a los depredadores, como las serpientes.

→ Cuerpos fructíferos de políporo
Porodaedalea pini.

GYRODON MERULIOIDES

Boleto del fresno

Extraña simbiosis

NOMBRE CIENTÍFICO	*Boletinellus merulioides*
FILO	Basidiomycota
ORDEN	Boletales
FAMILIA	Boletinellaceae
HÁBITAT	Bosques y zonas urbanas

El género *Fraxinus* (fresnos) incluye numerosas especies repartidas por toda Norteamérica, Europa y Asia. El fresno blanco (*Fraxinus americana*) se halla muy extendido en gran parte del este de Norteamérica, donde alberga un hongo muy extraño: el boleto del fresno (*Boletinellus* [=*Gyrodon*] *merulioides*). El boleto del fresno es común en céspedes y parques, siempre muy cerca de su árbol hospedador, pero apenas despierta interés. Sin embargo, si miramos debajo del suelo, donde este hongo se adhiere a las raíces del árbol, las cosas se ponen interesantes.

Aunque se consideró un boleto durante mucho tiempo, la filogenia de *Boletinellus* no estaba clara. Por ese motivo, este grupo de hongos ha pasado por varios grupos taxonómicos. Lo único que se sabía con certeza sobre este hongo era que se trataba de un micorrícico, lo mismo que se pensaba de todos los boletos, ¡pero resulta que ni siquiera eso era cierto!

Tras una inspección minuciosa, sabemos que la seta es en realidad un simbionte de un pulgón que vive como parásito en las raíces del árbol. El hongo parece brindar cierta protección al diminuto insecto al crecer a su alrededor y formar agallas negras en las raíces de los árboles hospedadores. Así es: el pulgón se encuentra dentro de las agallas hifales, alimentándose del árbol, y el hongo parece obtener todos los nutrientes del insecto.

Lamentablemente, los fresnos están en declive en algunas zonas de Norteamérica, ya que son víctimas del barrenador esmeralda del fresno (*Agrilus planipennis*), y a medida que los árboles desaparecen, también lo hace el maravilloso boleto del fresno. El barrenador es un insecto invasor que se observó por primera vez en la zona de Detroit, Míchigan, en 2002. Los adultos, unos escarabajos de color verde iridiscente del tamaño de un grano de arroz, se alimentan de las hojas del árbol y ponen sus huevos en la corteza. Las larvas eclosionadas se introducen en la corteza y llegan hasta los tejidos del floema que transportan el agua y los nutrientes, y acaban por matar al árbol. Hasta la fecha, este diminuto escarabajo barrenador ha atacado y matado decenas de millones de árboles en al menos 35 estados, principalmente en el este y el centro de Estados Unidos, y también ha infestado el sur de Canadá. En 2017, la Unión Internacional para la Conservación de la Naturaleza (UICN) declaró que seis especies de fresnos norteamericanos se habían convertido en especies en peligro o en peligro crítico de extinción debido a este diminuto escarabajo.

→ El boleto del fresno no tiene nada de convencional. Desde arriba parece cualquier otro boleto, pero la parte inferior presenta un extraño himenio merulioide o veteado.

HONGOS Y HUMANOS

Un planeta en transformación

Nuestros espacios naturales se encuentran amenazados: el cambio climático, la pérdida de hábitats, las especies invasoras y la pérdida de biodiversidad son solo algunos de los retos a los que se enfrentan. Estas amenazas no afectan únicamente a la salud del planeta, sino a toda la vida (incluida la nuestra). En este capítulo analizaremos estos problemas y veremos cómo podrían acudir los hongos a nuestro rescate.

↓ Cada vez más personas salen a disfrutar de la naturaleza. La búsqueda de setas silvestres con fines educativos, fotográficos o para uso culinario no deja de aumentar de manera espectacular en todo el mundo.

El interés por el mundo natural en general, y por las setas silvestres y la recolección en particular, ha experimentado un aumento espectacular en los últimos años. Este fenómeno está contribuyendo a llamar la atención sobre la importancia de nuestros espacios naturales, que sin duda es algo muy positivo. Pero también ha puesto de manifiesto que esos espacios están sometidos a la presión de una serie de factores, algunos antiguos y otros más recientes. Lo primero que nos viene a la mente cuando nos planteamos los factores que afectan a nuestros espacios naturales locales es que están siendo amados hasta la extenuación; a medida que más personas se adentran en los bosques para recolectar, hacer senderismo o simplemente alejarse del ajetreo y el bullicio de las ciudades, todo eso repercute en los espacios naturales.

A mayor escala, el cambio climático global y sus efectos se estudian desde hace décadas. Sabemos que las zonas geográficas habitables de las especies están cambiando: algunos lugares están pasando a ser inhóspitos por el aumento del calor, la humedad o la sequía; otros que antes eran demasiado húmedos o secos, o excesivamente fríos, ahora resultan más favorables. Esto también dejará a algunas especies sin un hábitat idóneo, y su extinción será inevitable.

El cambio climático ha dado lugar a otras observaciones, y el auge de las redes sociales está desempeñando un papel especialmente útil al permitirnos ver las cosas a nivel mundial y en tiempo real. Ya estamos viendo que las épocas de floración de muchas plantas se registran cada vez con más antelación; incluso hay plantas que ahora florecen dos veces en una temporada. Aunque los hongos permanecen ocultos durante todo el año y son más difíciles de estudiar que las plantas, parecen seguir los mismos patrones: algunas especies de setas están adelantando su fructificación, mientras que otras fructifican dos veces al año.

LA CRISIS DEL CARBONO

El problema es el carbono. O, para ser más exactos, el dióxido de carbono. El clima global lleva mucho tiempo calentándose, pero los seres humanos lo hemos acelerado de manera drástica mediante la quema de combustibles fósiles que vierten toneladas de residuos de carbono a la atmósfera. Con 416 partes por millón, la concentración de dióxido de carbono es más alta ahora de lo que ha sido en millones de años, y es posible que esté aumentando más rápido que nunca.

Sin embargo, existe un movimiento en marcha para combatir el cambio climático global de frente, y una de las herramientas más poderosas de su arsenal podría ser un hongo. Como hemos comentado (*véase* página 182), los hongos micorrícicos arbusculares (AM) son poco conocidos. Una de las pocas cosas que sabemos de ellos es que se encuentran en todo el planeta y que parecen asociarse con la mayoría de las plantas. Esto

incluye la formación de relaciones simbióticas con la mayoría de nuestras especies de cultivos importantes.

Los científicos están llegando a la conclusión de que una forma eficaz de eliminar el dióxido de carbono del medio ambiente, al tiempo que se aumenta la producción de cultivos, consiste en emplear prácticas agrícolas que favorezcan a esos hongos beneficiosos para el suelo. Los hongos AM incrementan de manera drástica la eficacia de los sistemas radiculares de las plantas mediante la producción de una enorme red de hifas que absorben nutrientes y agua. Estas hifas aumentan considerablemente la rizosfera de la planta (el área de suelo que la rodea, y en la que influye), absorbiendo directamente los nutrientes orgánicos del suelo y aumentando la producción primaria (y, por tanto, la acumulación de carbono) tanto en los entornos sanos como en los estresados.

Estos hongos también son importantes productores del suelo y, junto con los microorganismos asociados,

← Muestras de tierra recogidas en diferentes puntos de Norteamérica; las diferencias en la composición del suelo explican la variedad de colores.

↗ Glomalina, extraída del suelo.

→ Esta imagen microscópica de una raíz de maíz muestra la presencia de hongos micorrícicos arbusculares. Las estructuras redondas son esporas entre hifas filamentosas. Todo está recubierto de glomalina, que se revela mediante inmunotinción verde específica para este compuesto.

producen una proteína pegajosa llamada glomalina.
La glomalina, que podría considerarse como un
«pegamento» orgánico, crea una arquitectura estable
del suelo que permite que el aire, el agua y las raíces
se muevan con facilidad a través de él; sin una buena
estructura, los suelos son propensos a la pérdida de agua
(y a la saturación) y vulnerables a la erosión.

La glomalina también puede catalizar el secuestro
y el acopio de carbono en el suelo. Entre el 30 y el
40 por ciento de una molécula de glomalina es carbono,
lo que significa que esta glicoproteína puede representar
hasta un tercio del carbono del suelo mundial (más carbono
que todas las plantas y la atmósfera juntas). En consecuencia,
los hongos AM podrían desempeñar un papel crucial
en la lucha contra el cambio climático global, y este
descubrimiento está provocando una revisión de los
modelos del cambio climático. Dada la gran influencia
de la actividad de los hongos micorrícicos en la enorme

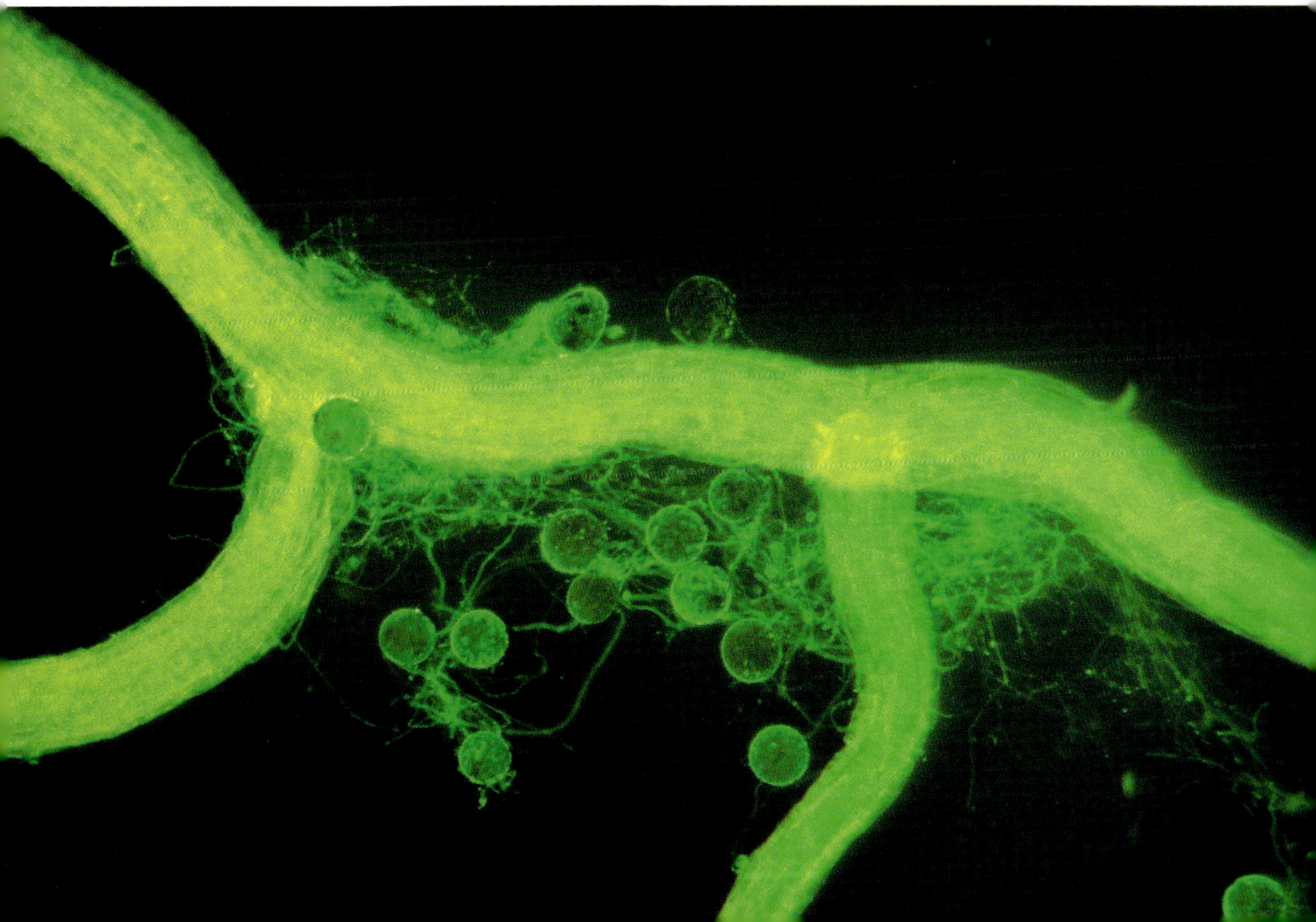

←   Suelos sanos con materia orgánica
haciendo equipo con hongos.

→   Vista aérea de campos de cultivo.

reserva de carbono de nuestros suelos, esos modelos están
incorporando rápidamente nuevos datos sobre los hongos
micorrícicos, la glomalina y el almacenamiento de
carbono en el suelo a las predicciones sobre los índices
de calentamiento global.

Sin embargo, aunque la glomalina puede durar décadas
en los suelos intactos, el laboreo intensivo puede reducirla
drásticamente junto con los hongos micorrícicos asociados.
Ciertos pesticidas, fertilizantes químicos, la compactación,
la pérdida de materia orgánica y la erosión también pueden
reducir o eliminar la actividad micorrícica en el suelo.
Sin el poder aglutinante de las micorrizas, la estructura del
suelo se deteriora, reduciendo las poblaciones microbianas
beneficiosas y liberando dióxido de carbono a la atmósfera.
Al destruir grandes segmentos de la red trófica del suelo,
el agricultor se ve obligado a utilizar más fertilizantes y
a intensificar el cultivo, entrando así en un círculo vicioso.

Para romper esta espiral dañina se necesitarán prácticas
más benignas que favorezcan a los hongos micorrícicos,
y las prácticas se aplican tanto a los agricultores comerciales
como a los propietarios de viviendas y jardineros
aficionados. Sabemos que los suelos cultivados con sistemas
orgánicos presentan poblaciones más numerosas de hongos
micorrícicos, y todos los cultivadores pueden fomentar
su crecimiento. Los cultivos de cobertura de invierno sirven
para suministrar la energía que alimenta las actividades
de los hongos micorrícicos, y también se puede devolver
nitrógeno al suelo mediante la rotación de cultivos con
leguminosas, como el trébol, la alfalfa, los guisantes y las
judías. La reducción del uso de productos químicos en
el sistema orgánico también favorece la propagación de
los hongos micorrícicos y los microorganismos asociados,
así como la producción de glomalina.

EL MUNDO EN LLAMAS

Existen pruebas abrumadoras que demuestran que,
a medida que los océanos se calientan, muchas regiones
costeras experimentarán un aumento drástico de la
humedad, inundaciones y un incremento de la frecuencia
y la intensidad de las tormentas. Al mismo tiempo, las zonas

del interior experimentarán años más calurosos y secos, lo que
provocará incendios forestales más frecuentes. Estas sombrías
predicciones científicas ya se están cumpliendo; en el caso de
Norteamérica, el de 2020 fue el peor año de la historia en lo
que respecta a estas calamidades. Ese mismo año, Groenlandia
y zonas situadas por encima del círculo polar ártico sufrieron
incendios forestales sin precedentes, prácticamente toda
Australia estuvo en llamas y Brasil perdió más de 1 millón
de hectáreas. Menos de un año después, enormes incendios
arrasaban gran parte de la Patagonia sudamericana.

Los incendios forestales en todo el mundo causan enormes
pérdidas en vidas humanas y bienes materiales, y están
provocando daños duraderos a especies y ecosistemas. Solo
en 2020, los estados de California, Oregón y Washington
sufrieron incendios que consumieron alrededor de 20 000 km²
y causaron la muerte de al menos 35 personas. En Australia,
los daños fueron todavía más devastadores: entre septiembre

de 2019 y marzo de 2020 ardieron más de 110 000 km²
y se perdió nada menos que un 20 por ciento de la
cobertura forestal total del país. Incluso las selvas tropicales
y los humedales, normalmente a prueba de incendios,
quedaron calcinados.

Esta pérdida de hábitat no solo amenaza a especies
con poblaciones pequeñas o áreas de distribución
restringidas (lo que probablemente conducirá a la
extinción de algunas de ellas), sino que también podría
provocar cambios ecológicos permanentes si los paisajes
quemados no logran recuperarse. Un informe del gobierno
australiano estima que 114 especies vegetales y animales
amenazadas perdieron entre el 50 y el 80 por ciento
de sus hábitats durante la temporada de incendios de
2019-2020, mientras que 327 especies perdieron más
del 10 por ciento de su área de distribución a causa de los
incendios. Como resultado, los científicos están pidiendo

al gobierno australiano que amplíe su lista de especies
en peligro de extinción; al menos 41 vertebrados que
no estaban en peligro antes de los incendios se enfrentan
ahora a amenazas existenciales, y otros 21 que ya figuraban
en la lista de especies amenazadas podrían necesitar ahora
más protección.

Por supuesto, algunos ecosistemas son propensos a los
incendios desde hace mucho tiempo, y existen organismos
que necesitan el fuego para prosperar. El fuego también
puede exterminar especies invasoras. Sin embargo, los
incendios extensos y frecuentes que se han producido
en nuestra historia reciente han tenido un impacto global
negativo. Ya hay algunos ecosistemas que han sufrido
incendios frecuentes o intensos que no se están regenerando,
y en muchos lugares la pérdida de vegetación ha provocado
la llegada de nuevas especies invasoras. En algunas zonas,
como el ecosistema de artemisa de la Gran Cuenca, al este

MOSAICO FORESTAL

No existe una solución fácil al problema de los incendios forestales, cada vez más grandes y destructivos, pero una cosa está clara: debemos devolver a los bosques una vida —y una muerte— más natural. Si hay una palabra que define a los bosques naturales, esa es «mosaico». El mosaico del dosel forestal y la cubierta vegetal se puede ver tanto a nivel del suelo como desde el aire; se trata de un conjunto heterogéneo de árboles viejos y jóvenes, zonas quemadas y sin quemar, y diferentes cantidades de carbono secuestrado en los suelos. Hasta ahora, muchos bosques se han gestionado para maximizar la producción de madera. Los claros en el bosque, las pequeñas áreas quemadas y los árboles muy maduros se consideraban «ineficaces» para los silvicultores comerciales, que prefieren una extensa masa forestal ininterrumpida de árboles de la misma edad. Sin embargo, cuando el fuego llegue a esos bosques antinaturales (y lo hará, tarde o temprano), el resultado será un incendio anormalmente grande y destructivo.

↑　Vista aérea de un bosque sano con árboles de diferentes edades y claros.

de la cordillera de Sierra Nevada, los arbustos o las hierbas invasoras parecen haberse apoderado de todo.

Del mismo modo que los hongos son un componente fundamental para la salud de los bosques, también pueden desempeñar un papel clave en la restauración tras un incendio. Existen hongos basidiomicetos más grandes que parecen fructificar únicamente después de un incendio, incluidas especies de *Pholiota*, *Psathyrella*, *Inocybe*, *Tricholoma*, *Clitocybe* y otros géneros.

Los hongos pirófilos («amantes del fuego»), también llamados hongos fenicoides (por su capacidad de resurgir de las cenizas como el fénix de la leyenda), se encuentran repartidos por todo el planeta y en todos los continentes, excepto en la Antártida. En su mayoría son poco conocidos, pero cada vez disponemos de más información sobre su papel crucial en la salud de los bosques. Uno de los más estudiados e importantes es la pequeña

peziza de las carboneras, *Geopyxis carbonaria*, un simbionte micorrícico de la mayoría de las coníferas forestales. Resulta poco probable que lo vea, excepto después de un incendio forestal, cuando suele ser la primera seta que cubre la zona quemada en primavera. *Geopyxis* se considera un avance de las siguientes setas pirófilas que aparecerán: las colmenillas quemadas. Las morillas suponen un gran negocio, son muy codiciadas y, como tal, muy conocidas entre los hongos pirófilos. *Pholiota carbonaria* suele ser la primera seta con láminas en aparecer, inmediatamente después de las colmenillas. A diferencia de la mayoría de las especies de *Pholiota*, esta especie amante del fuego vive como socia endófita en las plantas forestales, pero solo fructifica después de un incendio devastador.

↑ *Pholiota carbonaria* es una especie pionera entre las que aparecen tras un incendio.

AL BORDE DE LA EXTINCIÓN

El consenso entre los biólogos es que estamos destruyendo los sistemas que sustentan la vida en la Tierra, lo que hace que nuestro futuro sea incierto. Los ecosistemas son conjuntos complejos de organismos que conforman nuestro paisaje vivo; regulan la atmósfera, el agua y los suelos, y sirven como fuente de nuestros alimentos, medicamentos y muchos otros productos esenciales. Sin embargo, los ecosistemas del planeta están perdiendo diversidad, y se están desintegrando a medida que se pierden, una tras otra, las especies que los componen.

En 2020, una Cumbre de las Naciones Unidas sobre Biodiversidad concluyó que alrededor de un millón de los 8,5 millones (estimados) de especies de plantas, animales y otros organismos se encuentran en peligro inminente de extinción, y que hasta la mitad de las poblaciones de organismos que existían hace 50 años ya han desaparecido. Esta pérdida de biodiversidad parece estar acelerándose.

En los últimos 25 años se ha perdido aproximadamente una cuarta parte de todos los bosques tropicales, junto con muchas de las especies que los formaban y vivían en ellos. Resulta imposible saber cuántas especies se han perdido porque no hemos identificado más del 10 por ciento de las decenas de miles de especies que se cree que existen en esos hábitats. Por lo tanto, quizá las especies que se han perdido permanezcan desconocidas para siempre.

Las principales causas de estas pérdidas son la desaparición de hábitats, el desarrollo excesivo y el cambio climático. Si no logramos contener estas y otras causas subyacentes, corremos el peligro de perder el 80 por ciento o más de las especies del planeta. Se trata de una proporción similar a la que se perdió hace 66 millones de años, cuando se extinguieron los dinosaurios y muchas de las plantas y los animales que conocemos hoy comenzaron su ascenso. Por ello, la mayoría de los científicos coinciden en que ya hemos entrado en la sexta gran extinción de la Tierra.

↖ Vista aérea de la mina de oro y la deforestación de las montañas Kaz, en Turquía.

↑ *Amanita muscaria*, comúnmente conocida como matamoscas o falsa oronja. El ejemplar de la imagen se encuentra en los Jardines Botánicos Mount Lofty, en Adelaide Hills (Australia Meridional). Los jardines protegidos representan un maravilloso refugio para este tipo de hongos y hogar de canguros, equidnas, numerosas especies de aves y una gran variedad de flora.

→ Hacinamiento en Hong Kong.

Aunque muchos países cuentan con una «Lista Roja» de especies amenazadas, lo que significa que las cosas van muy mal para los hábitats señalados, la mayoría de esas listas no incluyen los hongos (tampoco en Estados Unidos, donde resido). El problema radica en que los hongos son enigmáticos. A diferencia de un elefante o una ballena, o de algún otro mamífero grande bastante obvio, resulta mucho más difícil saber si un hongo es realmente poco común o si es que fructifica con poca frecuencia y, por lo tanto, apenas se observa. Tomemos, por ejemplo, el caso de *Ericium cirrhatum*. Este hongo con agujas vive como saprótrofo en los árboles, pero rara vez se observa y, por lo tanto, se considera en peligro de extinción. En Europa es una especie incluida en la Lista Roja. Sin embargo,

estudios recientes sobre hongos de la pudrición de la madera, descubrieron que esta seta se hallaba presente prácticamente en todas partes. Lo que ocurre es que apenas produce cuerpos fructíferos. Por lo tanto, el micelio es común en todos los bosques europeos, pero solo se ve en esas raras ocasiones en las que asoma un cuerpo fructífero espinoso de un árbol. Nadie sabe por qué aparece con tan poca frecuencia y, hasta hace poco, ni siquiera se sabía de su existencia. Por lo tanto, todavía nos queda un largo camino por recorrer para inventariar nuestra biodiversidad fúngica, y hay mucho que permanece oculto, a veces a plena vista.

Lo que está claro, sin embargo, es que la pérdida de biodiversidad supone un grave factor de estrés para el planeta. Debemos frenar el desarrollo excesivo y la pérdida de hábitats, y continuar (o mejor aún, acelerar) el estudio en curso sobre la biodiversidad del planeta. En el caso de las especies en declive, debemos hacer todo lo posible por determinar qué está ocurriendo y revertir la situación. En muchos casos, las soluciones pueden no ser sencillas, pero los problemas complejos no necesariamente son irresolubles.

→   Un análisis rápido de numerosos bosques revela una gran variedad de setas, líquenes y musgos.

↓   ¿Raro o solo visto rara vez? *Ericium cirrhatum* es un hongo hermoso, pero enigmático.

Los hongos en nuestros hogares y jardines

A pesar de la producción y el despliegue de la mejor tecnología y de las cantidades ingentes de productos químicos, se estima que las plagas (incluidos los hongos) consumen más del 50 por ciento de los alimentos producidos en la Tierra. Sin embargo, ¿son realmente el enemigo que creemos que son?

← La fruta fresca se consume en muchos casos antes de llegar a nosotros. No las vemos, pero las esporas de los hongos están en el aire que nos rodea. Allí donde se asienten pueden convertirse en una fuente de nutrición.

↙ Una casa abandonada se deteriora rápidamente. Los hongos aceleran la descomposición.

Que la mitad de la producción mundial de alimentos se pierda antes de llegar a nuestros platos es una cifra realmente alarmante; incluye las pérdidas en los cultivos, así como las pérdidas posteriores a la cosecha y durante el almacenamiento. Sin embargo, cuando se trata de combatir a los hongos, la respuesta parece bastante sencilla: los hongos necesitan humedad para desarrollarse, por lo que la conservación de alimentos (y de nuestra ropa, nuestros hogares y su contenido) requiere poco más que unas condiciones de sequedad absoluta.

Sin embargo, poner esto en práctica no resulta tan fácil: si hay humedad, los hongos pueden convertir casi cualquier cosa en una fuente de alimento. Esto incluye artículos fabricados con celulosa (ropa de algodón, libros,

alfombras, incluso el papel que recubre los paneles de pladur), madera, cuero o casi cualquier otro material natural. Sin vigilancia, los hongos atacarán y las cosas se degradarán: colecciones de museo, antigüedades y bibliotecas de valor incalculable corren el riesgo de sufrir daños. Si se dejan a temperatura ambiente, la fruta y las sobras de la cena se estropearán rápidamente, y aunque la refrigeración ralentizará el proceso, no detendrá por completo a los hongos (u otros microbios). Incluso en el frigorífico, los alimentos se pudren lentamente, minuto a minuto putrescente. De hecho, los hongos acabarán consumiendo o destruyendo casi todo lo que tiene ahora mismo a la vista y, si tienen la oportunidad, crecerán en los materiales con los que está construida su casa.

HONGOS BENEFICIOSOS

Sin embargo, a pesar de lo destructivos que pueden ser los hongos, los científicos han descubierto formas de darles usos beneficiosos para nosotros. *Trichoderma reesei*, por ejemplo, se utiliza en la industria para producir celulasa (enzimas que degradan la celulosa).

Todas las cepas de este hongo que se utilizan de manera industrial provienen de un único aislado que se recogió en las Islas Salomón durante la Segunda Guerra Mundial. En aquella época, el hongo estaba destruyendo las tiendas de lona utilizadas por los soldados acuartelados en las húmedas selvas de la zona.

↑ Los fabricantes de vaqueros utilizan *Trichoderma reesei* para conseguir el efecto desgastado.

→ La micrografía electrónica de transmisión nos permite observar el interior de la célula del hongo *Trichoderma reesei*.

Resulta más que irónico que el ejército estadounidense buscase formas de defenderse del hongo enemigo y los fabricantes modernos de tejidos de algodón utilicen ahora *Trichoderma reesei* como aliado. El hongo se cultiva en enormes tanques para obtener las celulasas que excreta, y gran parte de la enzima se destina a los fabricantes de vaqueros, que la utilizan para conseguir el aspecto «lavado a la piedra» (en ocasiones se utilizan piedras o piedra pómez para desgastar y suavizar ligeramente el tejido vaquero, pero las celulasas producen un resultado similar a un coste menor). Las celulasas tienen otros usos: se utilizan en detergentes, textiles, procesado de pulpa, alimentación y piensos para ganado.

Más recientemente, las enzimas derivadas de hongos se estudian como una posible solución a nuestra dependencia de los combustibles fósiles, ya que ayudan en la producción de biocombustibles. En la actualidad, la mayor parte del etanol proviene de la fermentación de los azúcares producidos por los frutos de las plantas (principalmente cereales), pero la biomasa vegetal,

que incluye la hierba y la madera, es potencialmente
una fuente mucho mayor. El problema radica en
descomponer toda la celulosa vegetal y convertirla en
azúcares fermentables, y ahí es donde pueden ayudar
las celulasas fúngicas (y *Trichoderma reesei*).

Los principales hongos detrás de muchas de estas
aplicaciones provienen de *Trichoderma*, un género enorme
y cosmopolita que contiene algunos de los hongos del
suelo dominantes y de crecimiento más rápido. Muchos
son especies patógenas de plantas y otros hongos, y son
contaminantes comunes en las granjas de hongos; es

EL AUGE DE LOS BIOCOMBUSTIBLES

Mientras tanto, investigadores de la India han demostrado
que el hongo ascomiceto *Metarhizium anisopliae* produce
enormes cantidades de lipasas que descomponen las grasas
y los lípidos. Esto tiene aplicaciones potenciales en la
producción de bajo coste de biodiésel, de modo que
¿quién sabe? ¿Los hongos harán de los biocombustibles
una opción realista en el futuro?

probable que haya visto estos mohos verdes en las setas *shiitake* frescas que compró en el mercado.

Paradójicamente, algunas especies son bienvenidas en operaciones de cultivo, donde crecen de forma epífita en la superficie de las plantas y excluyen a otros hongos más molestos. En una práctica similar a la liberación de mariquitas para controlar a los insectos, los agricultores pueden aplicar mezclas comerciales de estos hongos beneficiosos como «biocontroladores» de patógenos. *Trichoderma harzianum*, por ejemplo, se utiliza en entornos agrícolas para combatir otros hongos, mientras que *Metarhizium anisopliae* (un pariente cercano) se emplea en preparados comerciales para controlar diversos tipos de insectos en el hogar y el jardín (entre otros, hormigas, termitas y trips). *Metarhizium acridum* es otro «biopesticida» que se aplica en los campos para acabar con los insectos, en especial con las plagas de saltamontes en Australia

(el producto se conoce allí como Green Muscle y Green Shield). Sin embargo, los hongos del suelo más interesantes utilizados para controlar las plagas de los cultivos es probable que sean las especies del género *Arthrobotrys*, conocidas por las elaboradas redes y trampas que utilizan para atrapar nematodos. En la página 234 encontrará más información al respecto.

Los silvicultores también confían en hongos antagónicos beneficiosos para combatir a *Heterobasidion annosum*. Se trata de un hongo de la podredumbre del corazón muy extendido y grave que, si no se controla, puede propagarse desde un tocón a árboles sanos a través del contacto de las raíces. No obstante, basta con rociar los tocones recién cortados con una simple suspensión de esporas del bonito saprótrofo *Phlebiopsis gigantea* (también conocido como *Phlebia gigantea* o *Peniophora gigantea*) para inhibir la colonización del patógeno.

↖ Hongos *Trichoderma harzianum*
en un cultivo.

↑ *Phlebiopsis gigantea* en un cultivo.

→ *Metarhizium anisopliae* se está
desarrollando a nivel comercial como
control natural de diversas plagas
de insectos, como este chinche.

Hongos no deseados

Sin duda, el calentamiento climático será desastroso para numerosos organismos, pero para otros es una bendición. Durante largos períodos de homeostasis ambiental, estos indeseables pueden dedicarse a sobrevivir sin más, pero cuando se producen períodos de agitación climática, pueden florecer.

Numerosas especies invasoras parecen beneficiarse de un entorno más cálido. Investigaciones recientes muestran que algunas especies invasoras son capaces de completar su ciclo vital y reproducirse a edades más tempranas, mientras que otras experimentan una aceleración en el aumento de su población debido a su aptitud general mejorada (medida por el tamaño medio de los individuos reproductores, el aumento de la proporción de individuos que sobreviven para reproducirse y el aumento de la fracción que se reproduce).

Sin embargo, cuando se trata de especies invasoras, casi nadie piensa en los hongos. Los organismos más grandes y visibles suelen acaparar los titulares: avispones gigantes en la costa oeste de Estados Unidos, carpas asiáticas en el Medio Oeste y los hipopótamos de Pablo Escobar en Sudamérica. Sin embargo, es probable que la mayoría de nuestras especies invasoras problemáticas sean hongos. Ya hemos visto ejemplos de hongos emergentes que están acabando con anfibios y murciélagos susceptibles, que ejercen un efecto devastador en los cultivos y amenazan la seguridad alimentaria mundial, o que acaban con los bosques. Esto se debe tanto a la propagación accidental de esporas de hongos resistentes a nuevos lugares debido a la globalización del comercio, como a la alteración de los entornos naturales que crean el caldo de cultivo perfecto para que evolucionen nuevos hongos.

Algunas especies de setas son fuente de preocupación. Al parecer, *Amanita phalloides* (la famosa oronja mortal) se está extendiendo por todo el mundo y acaparando titulares allí donde se confunde con otras especies comestibles. Otra seta del género *Amanita*, la europea *Amanita muscaria*, también parece estar en expansión, ya que viaja con ciertas especies de madera que se cultivan en plantaciones forestales. La preocupación es que este hongo se naturalice y supere a otros micorrícicos nativos, con efectos desconocidos sobre los árboles nativos. Del mismo modo, en el este de Norteamérica se está empezando a observar la naturalización y propagación de la orellana amarilla (*Pleurotus citrinopileatus*) en algunos bosques sin la más mínima idea del impacto que esto podría tener.

Una vez establecidas, las especies invasoras son muy difíciles de eliminar, y por eso es preciso tomar medidas cuanto antes. Las cosas no eran así hace un siglo, motivo por el que resulta poco probable que podamos dar marcha atrás en el caso de muchas (o incluso la mayoría) especies invasoras. No obstante, educar e implicar a la población puede contribuir, al menos, a controlar las plagas existentes y limitar la propagación de otras nuevas. La gente es cada vez más consciente de que el medio ambiente se encuentra bajo el ataque de especies invasoras, y ya se están eliminando de parques y bosques locales; incluso existen clubes organizados con este fin.

← Orenallas amarillas comestibles (*Pleurotus citrinopileatus*). Son bonitas, pero se están extendiendo en zonas del este de Norteamérica.

Hongo de la podredumbre seca

Destructor de hogares

NOMBRE CIENTÍFICO	*Serpula lacrymans*
FILO	Basidiomycota
ORDEN	Boletales
FAMILIA	Serpulaceae
HÁBITAT	Bosques y zonas urbanas

Si pensamos en todas las calamidades que causan daños y destrucción a nuestras viviendas, los mohos comunes no suelen ocupar un lugar destacado en la lista. Los huracanes, los tornados, las inundaciones y los incendios acaparan el protagonismo, pero los daños generalizados que causan los mohos y otros hongos en los edificios apenas se denuncian. Sin embargo, se trata de una amenaza muy real para las construcciones de madera de todo el mundo. El más destructivo de todos los hongos que provocan la descomposición de la madera es el cosmopolita hongo de la podredumbre seca, que causa estragos desde las Américas hasta Europa y Australia.

Esta lacra de la humanidad probablemente convive con nosotros desde que el ser humano comenzó a construir viviendas con madera; la podredumbre seca se menciona ya en la Biblia. A medida que los humanos se fueron extendiendo por todo el mundo, este hongo viajó con ellos, adaptándose sin problemas y, al parecer, beneficiándose de la humanidad.

Curiosamente, la causa de la destrucción, *Serpula lacrymans*, es casi desconocida. Nadie sabe por qué rara vez se ve en estado silvestre, pero podría ser que no compita bien con los microbios que luchan por los mismos carbohidratos de la madera muerta. Sin embargo, la podredumbre seca se adapta muy bien a la vida en la madera seca de nuestros hogares, aunque su nombre común resulta algo engañoso: podría atacar madera que nunca ha sufrido daños por el agua, aunque el organismo sí necesita agua, como cualquier otro hongo. Para ello, *Serpula lacrymans*

tiene la asombrosa capacidad de transportar agua (además de nitrógeno y otros nutrientes) mediante cordones miceliales o rizomorfos, a menudo a grandes distancias e incluso a través de los cimientos de las casas. El resultado es un aumento del contenido de agua en madera que, de otro modo, estaría completamente seca, lo que facilita la colonización en zonas hasta entonces desfavorables. Después, la descomposición de la madera crea agua adicional como subproducto del catabolismo y la respiración de los hongos, lo que actúa como un bucle de retroalimentación que perpetúa la colonización.

Serpula lacrymans puede aparecer en cualquier lugar donde haya madera. Ni siquiera la creciente cantidad de materiales sintéticos utilizados en la construcción moderna parece disuadirlo: este hongo puede utilizar diversos materiales inorgánicos para satisfacer sus necesidades nutricionales, incluidos los iones de calcio y hierro extraídos del yeso, el ladrillo y la piedra.

→ Bonito, pero muy destructivo: el hongo de la podredumbre seca casi parece rezumar sobre las superficies leñosas, donde debilita y acaba por destruir la integridad de la madera.

BOTRYTIS CINEREA

Hongo de la podredumbre noble

Química exquisita

NOMBRE CIENTÍFICO	*Botrytis cinerea*
FILO	Ascomycota
ORDEN	Helotiales
FAMILIA	Sclerotiniaceae
HÁBITAT	Viñedos y zonas urbanas

Botrytis cinerea es un moho omnipresente que provoca el deterioro de los alimentos. Quizás, es responsable de estropear más frutas y verduras refrigeradas que cualquier otro microbio. Con el tiempo suficiente, este hongo puede estropear cualquier pieza de fruta fresca que tenga en casa. Cuando se va fuera el fin de semana y al volver a casa encuentra las fresas de la nevera cubiertas de pelusa, no es que se hayan abrigado para protegerse del frío, es la podredumbre causada por Botrytis cinerea.

Este hongo también es común fuera del hogar, donde supone una plaga grave para numerosos cultivos, incluida la uva. No obstante, no siempre es destructivo. En las condiciones adecuadas, ciertas variedades de uva se transforman como por arte de magia cuando se infectan con la «podredumbre noble» y, en lugar de estropearse, producen vinos dignos de la nobleza.

¿Cómo funciona la magia del hongo? Durante la infección, el hongo perfora la piel de la uva, lo que permite que la humedad se escape. Las uvas infectadas se arrugan y se convierten en pasas (de forma similar, las uvas arrugadas congeladas se utilizan para elaborar vinos de hielo). La pérdida de agua concentra los azúcares y los sabores, y estos sabores se transforman todavía más gracias al hongo de la podredumbre noble.

Los vinos «botritizados» más conocidos son los Sauternes de la región francesa de Burdeos (se elaboran así desde hace dos siglos) y los Tokay de Hungría y Eslovaquia, que se producen desde hace casi cuatro siglos. Sin embargo, si para elaborar los vinos

de Sauternes se necesitan dos mohos (levadura de cerveza normal más *Botrytis cinerea*), para los estilos más populares de vino de Tokay se requieren tres hongos. El primer moho (*Botrytis cinerea*) infecta las uvas en el campo y las convierte en pasas. Las uvas botritizadas se cosechan y se añaden a vino seco joven. La mezcla se deja fermentar en barricas almacenadas en bodegas subterráneas. Durante el proceso de envejecimiento, crece en la superficie del vino un tercer hongo, *Zasmidium cellare*, que es un moho negro común que vive en las paredes de las bodegas subterráneas (*véase* página 82). Cada hongo aporta aromas y sabores complejos, únicos del estilo de este vino.

→ Cara a cara con el moho *Botrytis cinerea*. Cuesta creer que esta criatura tan modesta sea la responsable de los celestiales vinos de Sauternes.

ARTHROBOTRYS DACTYLOIDES

Hongos lazo

El amigo del agricultor

NOMBRE CIENTÍFICO	*Arthrobotrys dactyloides*
FILO	Ascomycota
ORDEN	Orbiliales
FAMILIA	Arthrobotryaceae
HÁBITAT	Tierras de cultivo

Los hongos han desarrollado todo tipo de estilos de vida curiosos, pero los más interesantes —y espantosos— posiblemente sean los hongos depredadores de animales, en particular de nematodos. Los nematodos forman uno de los grupos más grandes de animales invertebrados, con varios miles de especies identificadas. En general, estos diminutos gusanos redondos pasan desapercibidos debido a su tamaño, pero se pueden encontrar en casi cualquier entorno, y abarcan desde saprótrofos hasta patógenos que atacan a nuestros cultivos y provocan enfermedades en nuestro ganado.

No es de extrañar que un grupo de organismos tan exitoso sea también presa de los hongos. Los hongos nematófagos se encuentran entre los quitridios, los zigomicetos, los ascomicetos y los basidiomicetos (estos últimos incluyen las orellanas, *Pleurotus* spp.). Las toxinas y los mecanismos especializados para atrapar, matar e ingerir nematodos son tan diversos como los propios hongos. Algunos, como *Pleurotus*, producen ramificaciones cortas con toxinas en los extremos que matan a su presa al contacto; otros producen conidios que son ingeridos por los nematodos o que se adhieren a ellos cuando pasan nadando y, al germinar, el huésped se llena rápidamente de hifas fúngicas. También existen especies productoras de zoosporas nadadoras que son químicamente atraídas por los nematodos, a los que cazan y se adhieren (normalmente alrededor de un orificio).

Sin embargo, los hongos nematófagos más estudiados posiblemente sean las especies del género *Arthrobotrys*, los hongos lazo. Sus hifas atraviesan el suelo como la mayoría de los mohos,

pero además establecen trampas para nematodos. Algunas especies de *Arthrobotrys* producen espirales y bucles de hifas que se asemejan a una red pegajosa, recubierta de un adhesivo; otras especies crean bucles que actúan como un «lazo»: cuando un nematodo intenta pasar nadando a través, el bucle se contrae y lo atrapa. Los anillos constrictores de hifas creados por *Arthrobotrys dactyloides* están formados por tres células, y la sensación de que un nematodo los atraviesa es suficiente para activarlos (el color también es un desencadenante). Una vez estimuladas, las tres células se inflan rápidamente y constriñen con fuerza al nematodo. En un período de 24 a 36 horas, el interior del nematodo se llena por completo de hifas y después se digiere desde dentro hacia fuera.

Último rodeo

La muerte llega rápidamente para un nematodo del suelo desprevenido que se mueve entre una maraña de raicillas de plantas e hifas fúngicas.

→ Para el micólogo, las trampas de las especies de *Arthrobotrys* para los nematodos representan una maravilla de la evolución, mientras que para el agricultor son una belleza. Para el nematodo patógeno de las plantas, es lo último que verá en su vida. Los hongos lazo se están estudiando y utilizando a nivel comercial como una forma respetuosa con el medio ambiente de combatir una plaga muy grave.

Nematodo

Hifa fúngica

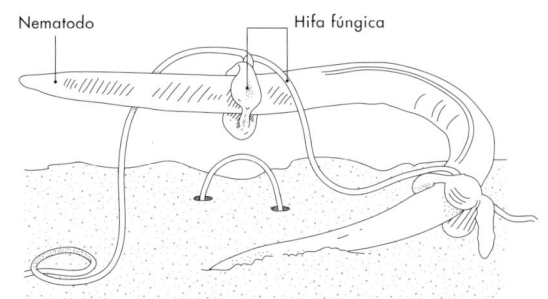

AMANITA MUSCARIA

Matamoscas o falsa oronja

Especie invasora

NOMBRE CIENTÍFICO	*Amanita muscaria*
FILO	Basidiomycota
ORDEN	Agaricales
FAMILIA	Amanitaceae
HÁBITAT	Bosques y zonas urbanas

La matamoscas es, sin duda, la seta más reconocible del planeta. Siempre que se necesita un hongo para una ilustración, una postal, una caricatura, o incluso emojis, se representa esta preciosa seta roja con sus escamas blancas. Se trata de una seta grande, con un sombrero que puede alcanzar los 30 cm de diámetro sobre un pie de unos 30 cm o más de altura, y con una base bulbosa y escamosa.

La matamoscas se conoce en todos los continentes, excepto en la Antártida, aunque no todas las poblaciones son exactamente iguales. Según los conocimientos científicos actuales, existen múltiples subespecies (o variedades) de *Amanita muscaria*. La descripción original procedía de la variedad roja de Europa y Asia, pero existe una variedad roja distinta en el oeste de Norteamérica y una amarilla en el este. Sin embargo, ni siquiera esos colores son absolutos; las variedades rojas pueden abarcar del rojo al naranja, pasando por el amarillo y el crema, y lo mismo ocurre con las variedades amarillas, que también pueden variar a lo largo del espectro cromático.

Los científicos han determinado no hace mucho que la matamoscas es un hongo invasivo agresivo que se está extendiendo por todo el mundo. *Amanita muscaria* ya ha llegado a Australia y Nueva Zelanda, Argentina, Brasil, Chile y Tanzania. Este simbionte micorrícico de los árboles parece estar desplazándose con las plantaciones de pinos y eucaliptos; recientemente ha llegado a Norteamérica, donde se han detectado poblaciones en Alaska, California y Massachusetts. Aunque podría ser una buena noticia para la industria maderera, ya que este hongo favorece el crecimiento de los árboles de plantación fuera de su área de distribución natural, no parece que se quede quieto y está pasando a especies nativas en su nuevo hogar. En Norteamérica ya resulta habitual encontrar la seta creciendo en bosques de abedules autóctonos, y no se sabe con certeza qué significa esto para el futuro de los bosques. Muchas personas temen que la invasiva matamoscas supere a los hongos micorrícicos autóctonos, que actualmente podrían ser componentes fundamentales de un ecosistema saludable.

→ La seta arquetípica, *Amanita muscaria*.

Setas cultivadas

Setas domesticadas

NOMBRE CIENTÍFICO	*Lentinula edodes*
FILO	Basidiomycota
ORDEN	Agaricales
FAMILIA	Omphalotaceae
HÁBITAT	Bosques

Durante siglos se han cultivado setas junto a frutas, verduras y ganado, pero la tendencia de cultivar setas comestibles en casa se ha generalizado en los últimos años. Resulta fácil entender el motivo, y difícil pensar en algo más gratificante o sostenible teniendo en cuenta que se pueden utilizar restos de césped y otros residuos celulósicos, algunos restos de cocina o incluso periódicos y cartones viejos como medio de cultivo.

Por supuesto, las setas que son socias micorrizas de árboles y otras plantas no se pueden cultivar, pero numerosas setas saprótrofas silvestres que se encuentran en los campos y los bosques de la mayor parte del mundo se han domesticado con éxito: por ejemplo, las setas pie azul, las brujas marrones grandes, los champiñones de prado y las orellanas. Otras especies, como las *shiitake* y las *nameko*, que en su día eran curiosas setas exóticas en los restaurantes, ahora son habituales en los supermercados. Aunque no sean de su agrado, puede disfrutar mucho cultivando setas: son divertidas de observar, quedan bonitas en las fotos (¡un tema ideal para la fotografía a cámara rápida!) y siempre están trabajando, ocupadas en producir un suelo rico a partir de residuos que, de otro modo, acabarían en el vertedero.

El cultivo de setas se ha vuelto tan popular que ya es posible encontrar numerosas fuentes de «semillas», que son el punto de partida (normalmente se utiliza serrín o grano inoculado con un hongo determinado). La mayoría de los catálogos de semillas de flores y hortalizas ya incluyen «semillas» junto con las instrucciones para cultivarlas, pero puede ser incluso más

fácil. Muchas setas silvestres son saprótrofas tan vigorosas que basta con recoger sus cuerpos fructíferos y un poco del sustrato en el que crecen e introducirlos en sustratos similares en casa. Una pila de compost, un parterre con mantillo, un fardo de paja o incluso troncos recién cortados pueden servir de sustrato para las setas recogidas en el bosque, siempre que no estén completamente colonizados por otros hongos competidores. Sin embargo, hay que tener mucho cuidado: no consuma plantas o setas si no está completamente seguro de la especie. Muchas plantas y setas silvestres son mortales.

Cultivo de *shiitake*

Las setas *shiitake* se han cultivado durante mucho tiempo en troncos de roble, su sustrato natural. En la actualidad es habitual cultivarlas en troncos «sintéticos». El «tronco» de esta imagen empezó siendo una bolsa de serrín de madera dura húmeda inoculada con *Lentinula edodes*. Después de varias semanas, el hongo permea todo el sustrato, lo digiere y lo aglutina en una masa sólida. Una vez retirado de la bolsa, del tronco brotarán hermosas (y sabrosas) setas *shiitake*.

→ Setas *shiitake* completamente maduras, listas para la cosecha. Estas setas reciben su nombre de las palabras japonesas para «roble» y «seta», *shii* y *take*.

PLEUROTUS NEBRODENSIS

Orellana de Nebrodo

Especie en peligro de extinción

NOMBRE CIENTÍFICO	Pleurotus nebrodensis
FILO	Basidiomycota
ORDEN	Agaricales
FAMILIA	Pleurotaceae
HÁBITAT	Bosques

Como toda la vida en el planeta, los hongos se encuentran amenazados debido a la pérdida de su hábitat y otras presiones. Algunos organismos en peligro crítico de extinción han sido incluidos en la Lista Roja con el fin de protegerlos y monitorearlos. Uno de ellos es la orellana de Nebrodo, *Pleurotus nebrodensis*. Se cree que esta especie en peligro crítico de extinción es endémica de una pequeña región de los bosques de Nebrodo, en el norte de Sicilia.

¿Por qué es tan rara esta seta? Para empezar, Sicilia es una isla, por lo que su hábitat nunca ha sido muy extenso y siempre ha estado limitado por naturaleza. Como en el caso de muchos otros lugares del planeta, ese hábitat también se ha fragmentado cada vez más debido a la agricultura y el desarrollo, lo que ha restringido todavía más la presencia del hongo. En cierto modo, también es víctima de su propio éxito: la seta es deliciosa y muy apreciada, por lo que nadie puede resistirse a recolectarla a pesar de su estatus protegido.

A consecuencia de estos factores de estrés, los científicos italianos estiman que menos de 250 cuerpos fructíferos llegan a madurar y liberar esporas cada año, lo que ha motivado su inclusión en la Lista Roja. No obstante, hay motivos para la esperanza. En los últimos años, el micólogo italiano Gianrico Vasquez ha localizado poblaciones de este hongo en la península italiana; al parecer, la especie podría estar más extendida de lo que se pensaba en un primer momento. Como ocurre con muchas otras setas, es posible que apenas se vea porque no fructifica con mucha frecuencia, y no necesariamente porque sea «rara». Además, unos ingeniosos cultivadores de setas han descubierto el modo de producir esta deliciosa seta en cultivo, así que nunca se sabe: es posible que pronto encuentre en el mercado *nebrodini bianco* (como la llaman los italianos) cultivada.

→ Aunque podría estar desapareciendo en la naturaleza, la orellana de Nebrodo ya se cultiva como muestra la imagen.

LOS HONGOS
Y EL FUTURO

Hongos que curan y alimentan

La mayoría de los hongos realizan su labor sin ser vistos, pero están por todas partes. Tanto si nos damos cuenta como si no, resulta imposible pasar un solo día sin interactuar con ellos, ya sea en forma de patógeno, medicina, alimento o algo completamente distinto.

No importa si le fascinan los hongos o le repugnan: dependemos de ellos para que nos presten servicios importantes y generen innumerables productos esenciales para nosotros. Aunque muchos mohos no son dañinos, algunos producen toxinas potentes (llamadas micotoxinas) que incluyen catabolitos de nombre desagradable: por ejemplo, la patulina, la ocratoxina, la vomitoxina y los tricotecenos. La aflatoxina, producida por el hongo *Aspergillus flavus*, es la sustancia más cancerígena producida de forma natural en la Tierra; el maíz, los cacahuetes y algunos otros cereales se someten a controles para garantizar que están libres del peligroso moho. Aunque no se entiende del todo por qué los hongos excretan micotoxinas, los científicos creen que se trata de una forma de someter a otros microbios competidores en su entorno, o bien de alguna forma de comunicación química entre especies similares que resulta ser tóxica para otros organismos.

Sin embargo, aunque estas toxinas tienen el poder de hacernos daño, otros compuestos antimicrobianos

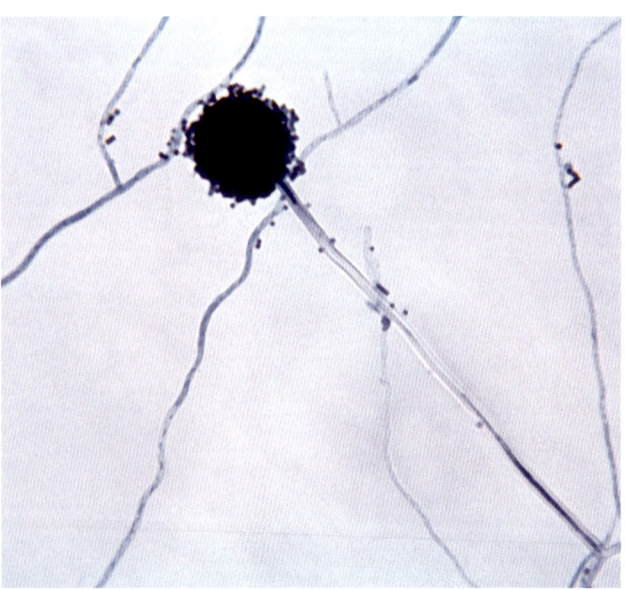

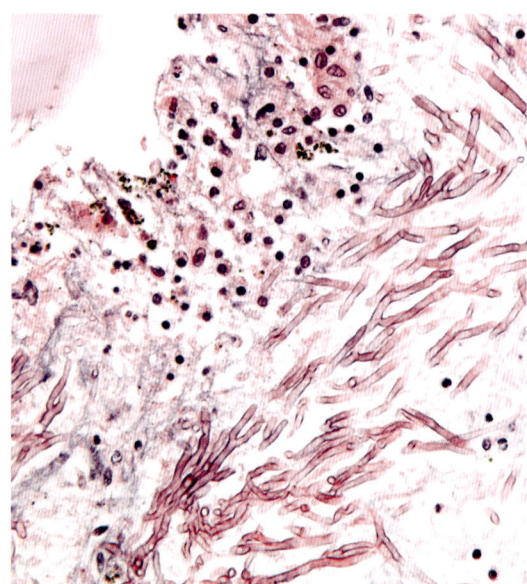

← Conidióforo de una especie de *Aspergillus*, fuente común de micotoxinas.

↙ Los mohos *Aspergillus* pueden ser patógenos; una biopsia de tejido pulmonar revela una infección por aspergilosis.

↓ Vista microscópica de una especie de *Penicillium*. Como *Aspergillus*, las especies de *Penicillium* son causas comunes de deterioro de los alimentos en el hogar y otros lugares.

presentes en los hongos se aprovechan para mejorar nuestra salud e incluso para salvar vidas. *Claviceps purpurea* posiblemente sea el más conocido por ser la causa del ergotismo (*véase* página 88), pero posee un compuesto particular que provoca la constricción de los vasos sanguíneos, y por eso se utiliza en fármacos para tratar los dolores de cabeza vasculares. La dietilamida de ácido lisérgico (LSD) y compuestos relacionados se investigan desde hace mucho tiempo para terapias psiquiátricas. Los resultados parecen interesantes para el tratamiento de la depresión y otras enfermedades.

Sin embargo, el antibiótico más conocido del mundo, y el que ha salvado innumerables vidas, es la penicilina, un compuesto excretado por una especie de *Penicillium*. El descubrimiento de la penicilina fue puramente fortuito. De hecho, el hongo era un contaminante y nunca debería haber estado en el laboratorio. En 1928, Alexander Fleming

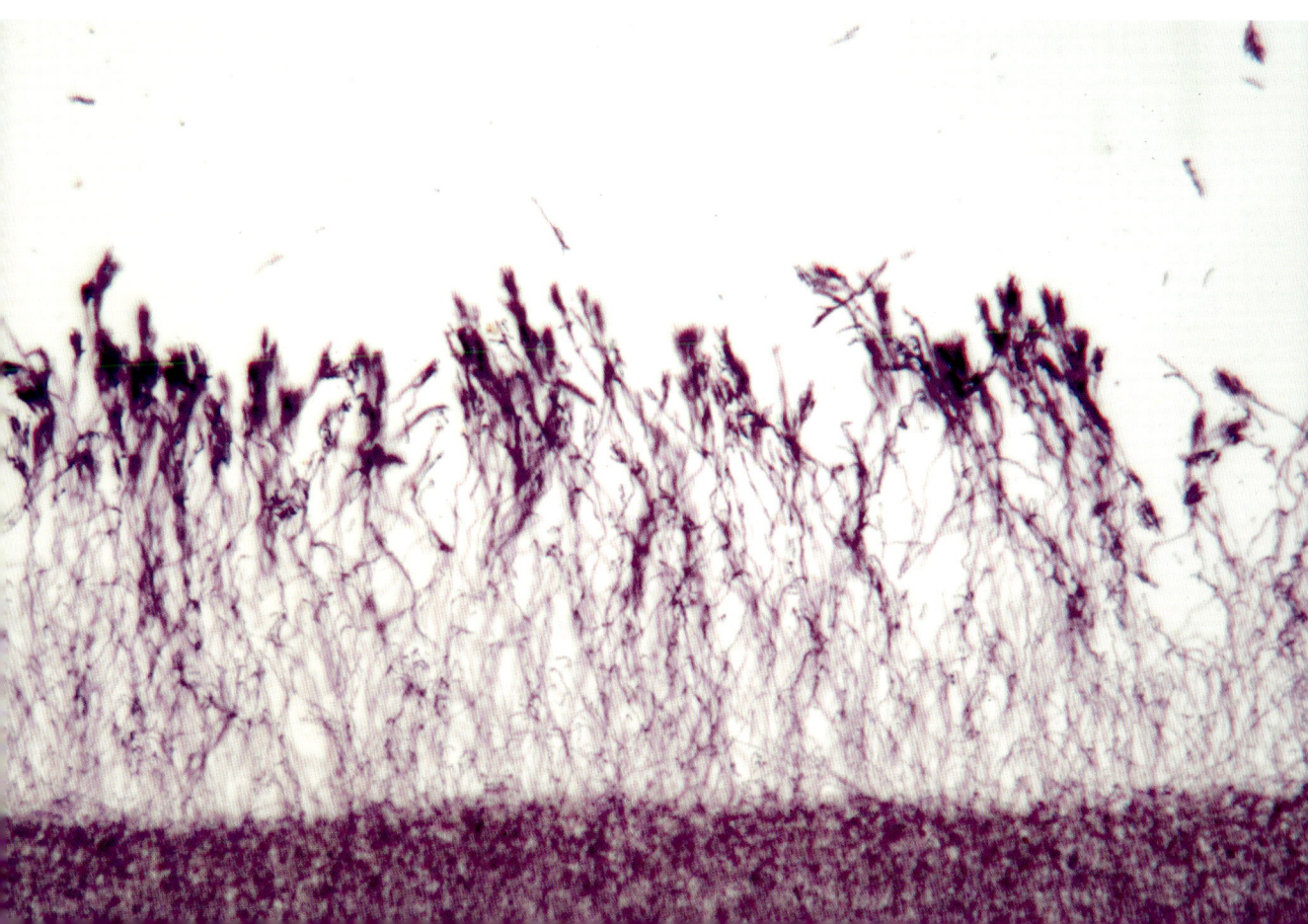

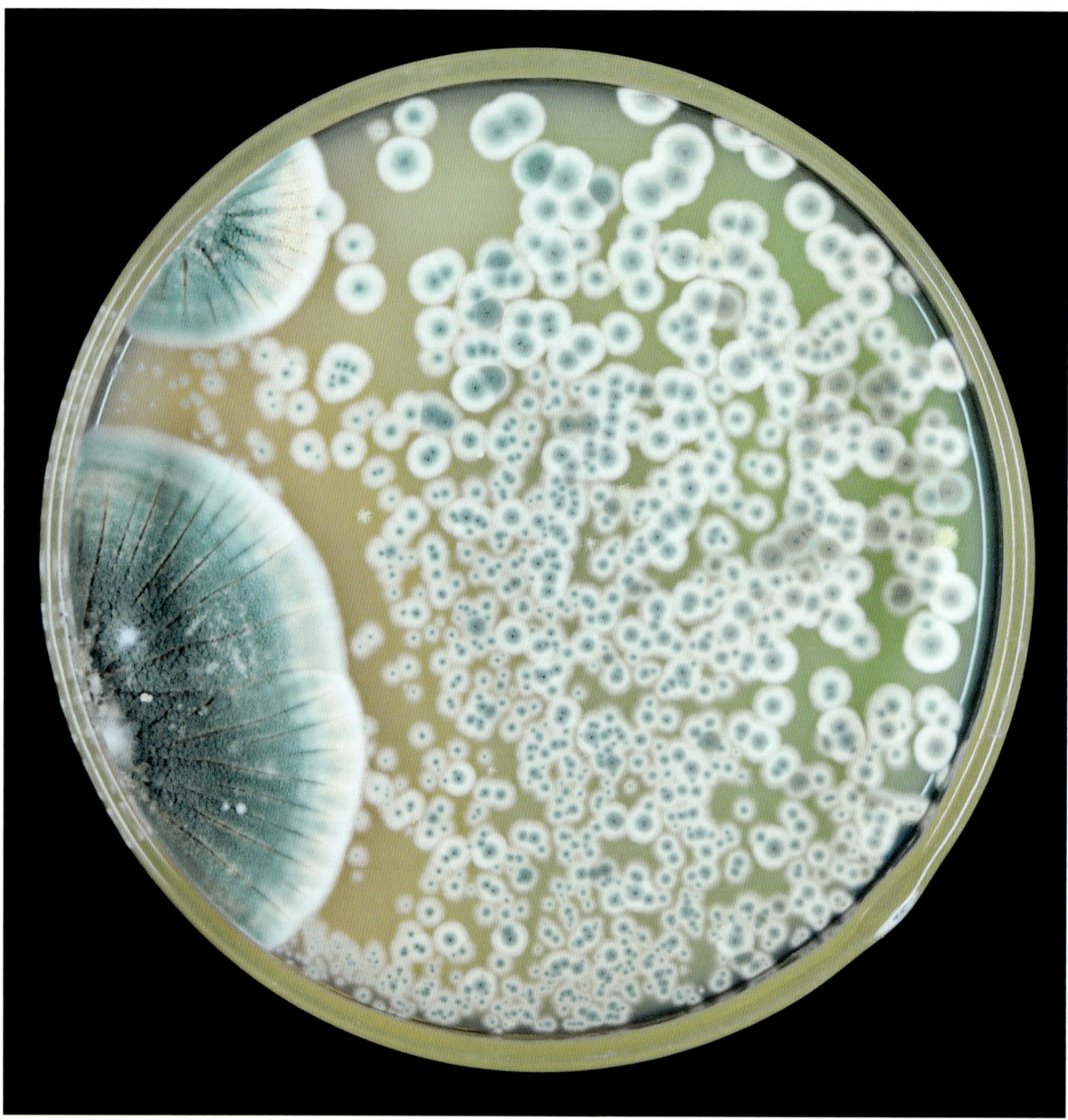

↑   Especies de *Penicillium* creciendo
en cultivo. Estos hongos omnipresentes
pueden crecer en una amplia gama
de sustratos.

→   Foto que muestra frascos de cultivo
de *Penicillium* y pequeñas ampollas de
penicilina producidas durante la Segunda
Guerra Mundial. Antes de la llegada
de los antibióticos, las enfermedades
infecciosas mataban a más soldados
que la guerra.

observó un moho que crecía entre un cultivo bacteriano. Como microbiólogo, estaba más que acostumbrado a ver contaminación, pero aquel cultivo era distinto: parecía que había un «halo» claro alrededor del moho. Las bacterias crecían hasta esa zona, pero algo en el medio de cultivo les impedía acercarse más al moho. Fleming dedujo que el hongo debía estar excretando algo en el medio de agar, por lo que buscó y aisló la sustancia responsable, a la que llamó penicilina.

Sin embargo, no fue hasta el año 1940 cuando otros dos investigadores, Howard Florey y Ernst Chain, «redescubrieron» las notas experimentales de Fleming y lograron crear una forma estable de penicilina que se podía administrar por vía oral a un paciente enfermo. Aunque muchos otros investigadores participaron en lo que se ha

convertido en uno de los mayores descubrimientos para la humanidad, Fleming, Chain y Florey compartieron el premio Nobel por el descubrimiento.

Desde entonces se han descubierto muchos otros antibióticos derivados de hongos, como la cefalosporina y la griseofulvina, y también son comunes las penicilinas semisintéticas (meticilina, ampicilina, carbenicilina, amoxicilina, etcétera). Los antibióticos funcionan de manera aparentemente milagrosa porque se dirigen a las vías fisiológicas de las bacterias que los animales no poseen, y así no suelen tener ningún efecto sobre las células humanas. No obstante, su increíble utilidad ha provocado un uso excesivo, y algunas bacterias han desarrollado resistencia a estos medicamentos, que han pasado a ser inútiles contra un número cada vez mayor de patógenos.

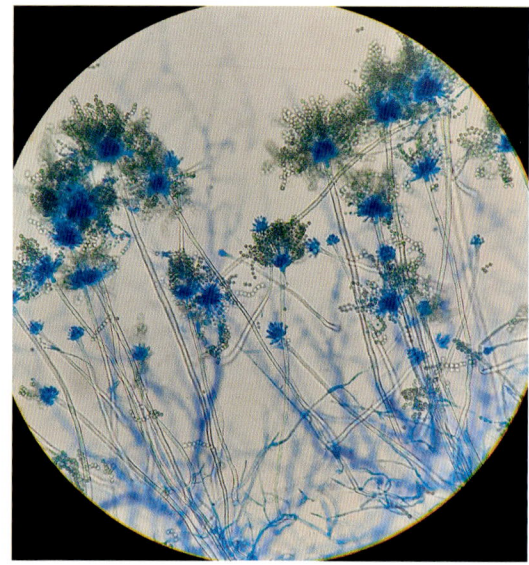

HONGOS EN LOS ALIMENTOS

Además de su uso en medicamentos, los hongos se utilizan para crear todo tipo de alimentos fermentados, bebidas y aromatizantes. Siempre que haya azúcares simples presentes, los hongos pueden fermentarlos para producir alcohol, y así los zumos de frutas se pueden fermentar para elaborar vino. Sin embargo, a diferencia de la fruta, las plantas almacenan los azúcares en los granos en forma de almidón. Este no es fermentable hasta que el grano germina, momento en el que crea la enzima amilasa, que convierte el almidón en azúcar para que lo utilice la planta joven. En la industria cervecera, el proceso de germinación

↑ Nueces contaminadas con *Aspergillus flavus*. Los mohos de este género son conocidos por crecer en todo tipo de cereales y frutos secos.

↗ Conidióforos de una especie de *Aspergillus* utilizada en la industria alimentaria y farmacéutica para crear numerosos compuestos útiles.

→ *Aspergillus niger* es omnipresente en el suelo y causa el «moho negro», un contaminante común de los alimentos.

se puede detener en esta fase, la malta se seca y se tuesta, lista para la elaboración. La cerveza se elabora mediante la fermentación del grano malteado.

Dado que el sake se elabora a partir de arroz, también es una cerveza, pero para elaborarlo es preciso añadir dos hongos al arroz cocido. El primero, *Aspergillus flavus* (también conocido como «moho *kōji*») produce grandes cantidades de la enzima amilasa, que descompone el almidón del arroz en un azúcar fermentable. A continuación se utiliza *Saccharomyces cerevisiae*, una levadura de cerveza, para llevar a cabo la fermentación. *Aspergillus flavus* es un ingrediente fundamental en la cocina asiática; se emplea para elaborar miso, salsa de soja y vinagres, así como pastas y salsas fermentadas a base de legumbres.

Aspergillus niger, otra especie de *Aspergillus*, se utiliza para producir múltiples enzimas, entre ellas la alfa-galactosidasa, que resulta útil para descomponer ciertos azúcares complejos y es un componente de los suplementos dietéticos que reducen la flatulencia. *Aspergillus niger* también se utiliza para elaborar jarabe de maíz alto en fructosa, así como ácido cítrico, un aromatizante muy utilizado en alimentos y refrescos. Aunque el ácido cítrico se puede obtener de plantas del género *Citrus*, todos los seres vivos producen este azúcar de seis carbonos como parte de la respiración

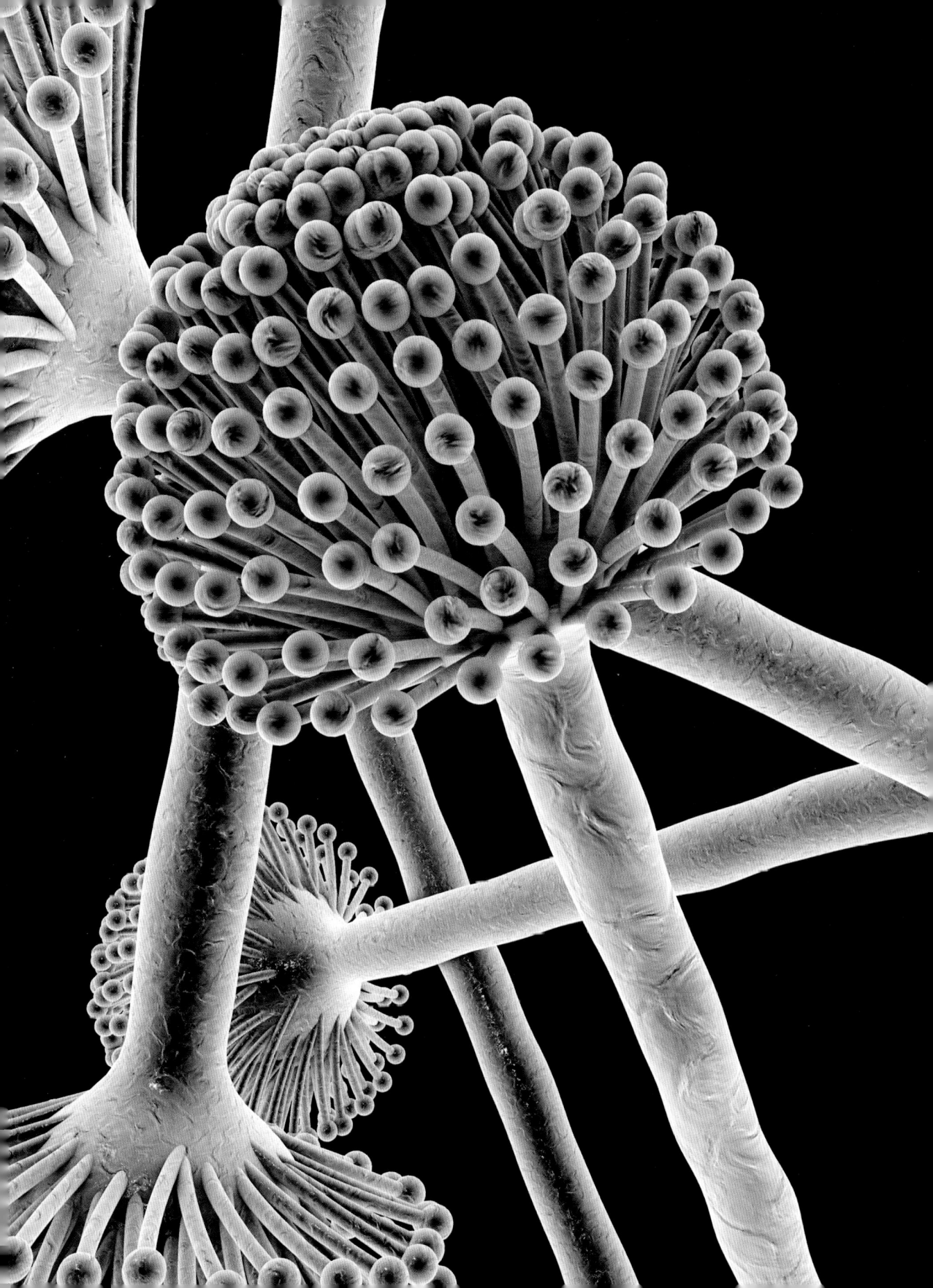

celular, y resulta mucho más barato y fácil cultivar cualquier hongo que excrete ácido cítrico como parte de su metabolismo. De estos hongos, *Aspergillus niger* es el más eficiente, ya que es capaz de utilizar carbohidratos baratos como punto de partida y convertir hasta el 95 por ciento (en peso) del sustrato de azúcar en ácido cítrico.

LOS HONGOS EN LA INDUSTRIA

En la industria, los hongos pueden ser un arma de doble filo. Hay especies capaces de degradar materiales sintéticos (por ejemplo, plásticos, petróleo y residuos químicos tóxicos), pero esos hongos pueden resultar perjudiciales o beneficiosos dependiendo de cuándo, dónde y de qué se alimentan. Las orellanas, por ejemplo, reciben elogios

cuando se utilizan para tratar de limpiar vertidos de petróleo, mientras que *Amorphotheca resinae* (también conocido como *Hormoconis resinae*) tiene mala fama por descomponer todo tipo de hidrocarburos. Comúnmente conocido como hongo del queroseno, *Amorphotheca resinae* se encuentra en la naturaleza, pero su presencia resulta más frecuente en combustibles, de los que elimina los alcanos y el agua, causando estragos en los motores. El hongo del queroseno también se encuentra en la madera tratada con creosota, igual que el lentino escamoso (*Neolentinus lepideus*, también conocido con el terrible apelativo de «destruyetrenes»). Aunque este último se observa pudriendo la madera tratada, incluidas las traviesas de los ferrocarriles, no existen pruebas que confirmen su implicación en accidentes ferroviarios.

→   *Neolentinus lepideus*, el lentino escamoso (conocido en algunos lugares como «destruyetrenes»), puede utilizar madera que no sirve como sustrato para la mayoría del resto de hongos, incluida la madera tratada con conservantes o la madera que queda en pie después de un incendio forestal, como en esta fotografía.

↓   Con aspecto de ramo de flores, esta variedad rosa de orellana resulta tan hermosa como deliciosa.

Hongos que matan

Durante milenios, pueblos de todo el mundo han recolectado o cultivado setas como fuentes de alimento, fibra y medicamentos. En general, los conocimientos sobre lo que era seguro y comestible —y, en algunos casos, cultivable— se mantenían a nivel «local» y se transmitían oralmente como parte de la tradición y la cultura. Con excepciones.

Sabemos que los pueblos indígenas de Norteamérica y Australia tenían sus propios conocimientos etnomicológicos y etnobotánicos, pero muchos de los inmigrantes que llegaron a esos lugares perdieron esos conocimientos en algún momento o, simplemente, no llegaron a adquirirlos. Esto podría explicar en parte por qué hay tantos «micófobos» en el mundo, con actitudes que van desde la desconfianza hasta el miedo absoluto, o que aceptan los hongos como alimento, pero solo de una variedad determinada que compran en el supermercado.

Sin embargo, se está produciendo una revolución y las setas se consideran cada vez más interesantes, fascinantes y sabrosas. Los gustos y las demandas de los consumidores han pasado de los tristes champiñones inconsistentes a las setas «exóticas» cultivadas, como las variedades *shiitake*, orellana, cremini y portobello. Además, los consumidores también han empezado a alejarse de las verduras cultivadas de manera industrial (incluidas las setas) para pasarse a los productos ecológicos, e incluso a cultivarlos ellos mismos. Por supuesto, con las setas también existe la opción de volver a la naturaleza y adentrarse en los bosques para recolectar hongos por cuenta propia. Sea cual sea el camino

→ ¡Una amplia variedad de colores y formas de setas le espera al salir de casa!

↑ Discretas pero mortales, las diminutas campanas funerarias (*Galerina* spp.) producen amatoxinas, igual que las amanitas (mucho más conocidas).

pueden provocar la muerte, nuestra percepción de su letalidad probablemente sea exagerada. En todo el mundo, la intoxicación por amanitas es mortal en un 50 por ciento de los casos, aproximadamente, aunque en Norteamérica y Europa, donde se dispone de tratamiento médico rápido, la tasa de mortalidad podría no superar el 10 por ciento. No obstante, hay que tener cuidado: los supervivientes suelen sufrir daños orgánicos permanentes. ¡No se arriesgue!

Las amatoxinas actúan bloqueando la funcionalidad de la enzima ARN polimerasa II, responsable de la transcripción del ADN al ARN mensajero (ARNm). Dado que este es el primer paso para la producción de proteínas en el interior de las células, significa que la función de los órganos se ve afectada, junto con la división celular. Si se detiene la síntesis de proteínas, la muerte celular se produce muy rápido.

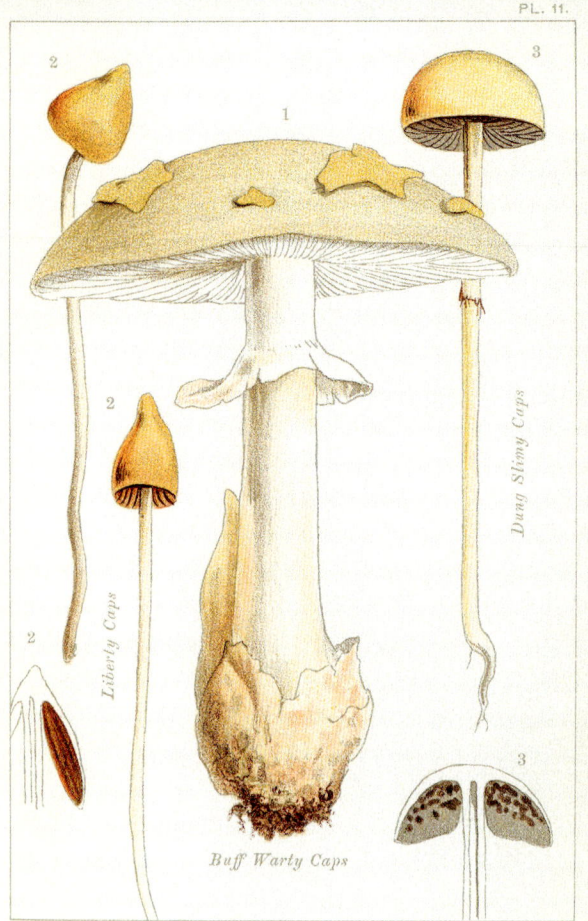

POISONOUS MUSHROOMS.

elegido, las setas (silvestres y cultivadas) ya no se consideran solo una fuente de alimento, sino también de propiedades saludables e incluso medicinales.

ASESINOS TÓXICOS

Junto con el espectacular aumento de personas que recolectan setas silvestres para comer, estamos asistiendo (como era de esperar) a un repunte en el número de intoxicaciones por setas en todo el mundo. Por lo tanto, es fundamental que cualquier persona interesada en la recolección de setas silvestres se informe bien antes: aunque las especies peligrosas no son numerosas, cada año mueren personas por comer las setas «equivocadas».

Aunque existen varios grupos dispares de setas venenosas, hay uno en particular que merece ser mencionado: las setas *Amanita*. Se trata de las setas más conocidas, y son responsables del 90-95 por ciento de *todas* las muertes por intoxicación por setas en el mundo.

Sin embargo, aunque no hay forma de suavizar la fama de este grupo, existen numerosos conceptos erróneos sobre él. Para empezar, la inmensa mayoría de las especies de *Amanita* no son tóxicas (muchas, como la del César, son comestibles y muy apreciadas), mientras que otros grupos que producen ciertos compuestos tóxicos no se consideran mortales.

De hecho, solo existen unas pocas especies mortales del género, y todas pertenecen a un único grupo estrechamente relacionado (sección *Phalloideae*). Este grupo incluye *Amanita phalloides* (la tristemente célebre oronja mortal) y especies conocidas como «ángel destructor» (un nombre muy adecuado, ya que su llamativo aspecto blanco puro contrasta con su reputación mortal). Los miembros de la sección *Phalloideae* producen amatoxinas (también llamadas amanitinas), que son los compuestos que nos envenenan (a nosotros y a otros mamíferos). Sin embargo, aunque las amanitas productoras de amatoxinas

Algunas setas silvestres son venenosas

Varias especies de setas silvestres son
venenosas —algunas mortales—, y estas
especies pueden parecerse mucho a especies
comestibles populares. Las toxinas fúngicas
más dañinas son las amatoxinas, la orellanina,
la giromitrina, el muscimol y la muscarina.

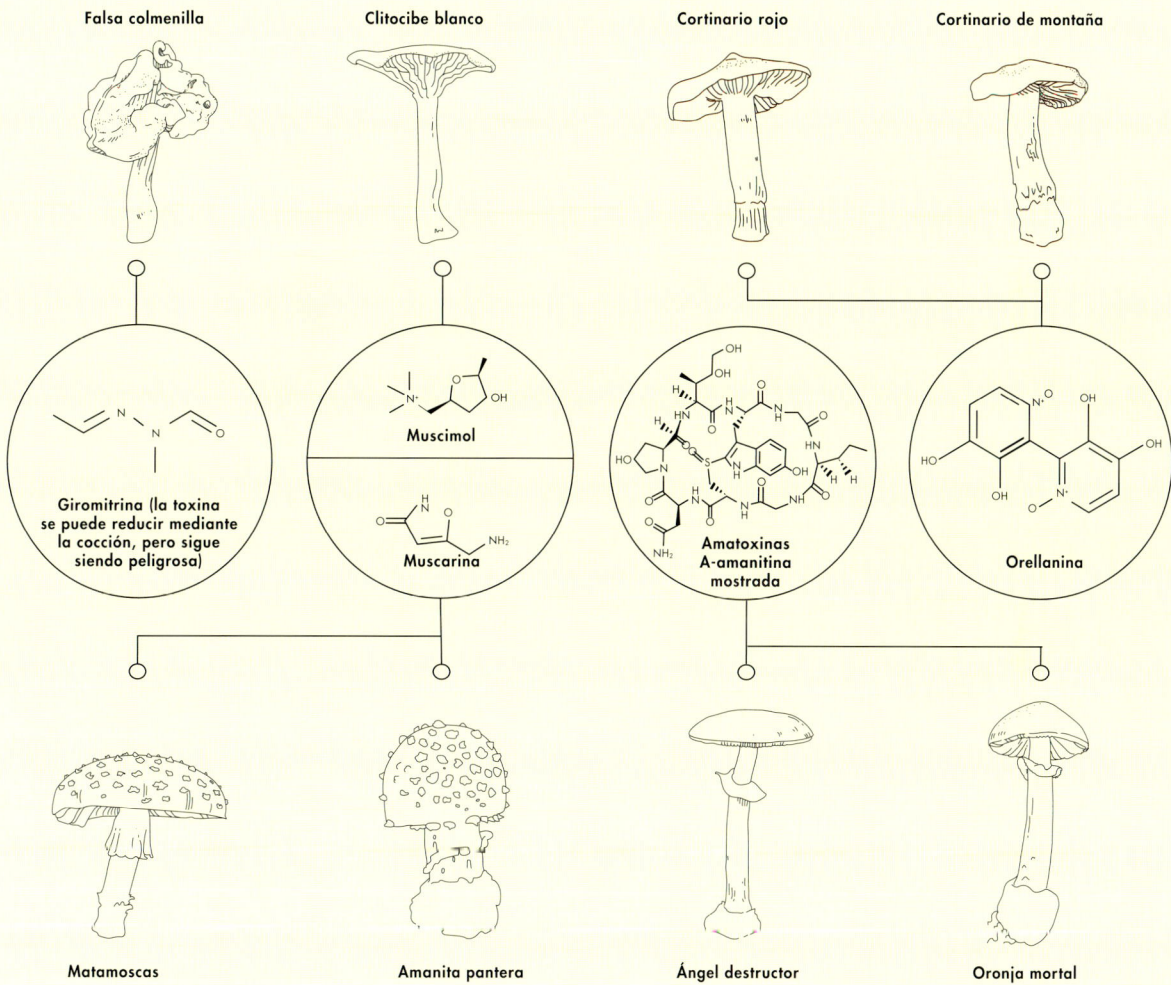

Falsa colmenilla

Clitocibe blanco

Cortinario rojo

Cortinario de montaña

Giromitrina (la toxina
se puede reducir mediante
la cocción, pero sigue
siendo peligrosa)

Muscimol

Muscarina

**Amatoxinas
A-amanitina
mostrada**

Orellanina

Matamoscas

Amanita pantera

Ángel destructor

Oronja mortal

↖ Las representaciones de setas
venenosas siempre han formado parte
de los libros sobre micología. Esta
lámina en color pertenece a *Edible
& Poisonous Mushrooms*, de Mordecai
Cooke, publicado en 1894. Cooke fue
un conocido experto en setas británicas
en el siglo XIX.

↖ Hermosa pero mortal, la seta ángel
destructor es una especie de *Amanita*.

↑ Discretas pero mortales, las diminutas campanas funerarias (*Galerina* spp.) producen amatoxinas, igual que las amanitas (mucho más conocidas).

pueden provocar la muerte, nuestra percepción de su letalidad probablemente sea exagerada. En todo el mundo, la intoxicación por amanitas es mortal en un 50 por ciento de los casos, aproximadamente, aunque en Norteamérica y Europa, donde se dispone de tratamiento médico rápido, la tasa de mortalidad podría no superar el 10 por ciento. No obstante, hay que tener cuidado: los supervivientes suelen sufrir daños orgánicos permanentes. ¡No se arriesgue!

Las amatoxinas actúan bloqueando la funcionalidad de la enzima ARN polimerasa II, responsable de la transcripción del ADN al ARN mensajero (ARNm). Dado que este es el primer paso para la producción de proteínas en el interior de las células, significa que la función de los órganos se ve afectada, junto con la división celular. Si se detiene la síntesis de proteínas, la muerte celular se produce muy rápido.

Uno de los aspectos alarmantes de la intoxicación por amatoxinas en los seres humanos es que muchas víctimas no presentan ningún síntoma que indique que están en peligro. Las setas no tienen un sabor desagradable o amargo (en algunos casos, todo lo contrario), no desprenden ningún olor repugnante y no hay indicios inmediatos de malestar gástrico. Los síntomas de la intoxicación por amatoxina no aparecen hasta pasadas entre 6 y 24 horas de la ingestión, y a esas alturas las toxinas ya han sido completamente absorbidas por el organismo. La intoxicación resultante presenta cuatro fases:

Fase 1: tras un estado inicial de malestar gástrico (vómitos y diarrea), el paciente parece recuperarse. Durante este «período de latencia», las toxinas destruyen los riñones y el hígado de la víctima, aunque esta no experimente ninguna molestia.

Fase 2: al entrar en la segunda fase de la intoxicación, la víctima experimenta escalofríos, fuertes calambres abdominales, vómitos violentos y diarrea sanguinolenta.

Fase 3: la víctima parece recuperarse de nuevo, momento en el que se puede sospechar de un caso grave de intoxicación alimentaria y, suponiendo que haya sido hospitalizado, el paciente podría ser enviado a casa.

Fase 4: es entonces cuando comienzan los verdaderos problemas para la víctima. La cuarta fase es una recaída que se produce entre tres y seis días después. En muchos casos se produce insuficiencia renal y hepática, que a su vez provocan la muerte. Los pacientes también pueden morir por hemorragias internas debido a la destrucción de los factores de coagulación en la sangre.

Una vez ingeridas, las toxinas llegan primero al hígado, que se encarga de desintoxicar la sangre. Debido a que la sangre hace circular la toxina repetidamente hacia el hígado, este es el órgano más afectado. El daño puede ser tan profundo que en muchos casos enmascara los efectos en otros órganos, pero estudios *post mortem* han revelado daños celulares en los riñones, el páncreas, las glándulas suprarrenales y los testículos. Curiosamente, las enzimas ARN polimerasa de no mamíferos no se ven afectadas o sufren daños muy leves. Algunos mamíferos son mucho menos sensibles a las amatoxinas que otros; depende de la absorción de las toxinas en el sistema circulatorio desde el tracto gastrointestinal: los seres humanos y los conejillos de Indias son los más sensibles; los perros son diez veces menos sensibles, y los gatos todavía menos.

Setas mágicas

Otro grupo de hongos que merece atención (y que posiblemente representen el tema más candente en el campo de la micología en los últimos tiempos) es el de los hongos psicodélicos, las llamadas «setas mágicas». Antes de 1957, pocas personas habían oído hablar de los pequeños y anodinos cuerpos fructíferos de un desconocido género de hongos llamado *Psilocybe*. Todo eso cambió el 13 de mayo de 1957 a raíz de un artículo publicado en la revista *Life* por el etnomicólogo y vicepresidente corporativo R. Gordon Wasson.

El artículo de Wasson, «Seeking the Magic Mushroom» («En busca del hongo mágico»), es un relato personal sobre ceremonias místicas y uso ritual de setas alucinógenas en el sur de México, acompañado de fotografías oscuras y granulosas. Antes de su publicación, Wasson y su esposa de origen ruso, Valentina, pasaron cuatro veranos en las remotas montañas del sur de México en busca de las setas con poderes visionarios. En su última odisea, Wasson estuvo acompañado por el profesor Roger Heim, micólogo y director del Museo Nacional de Historia Natural de Francia, quien recolectó y nombró muchas de las especies de setas mágicas utilizadas en los rituales sagrados.

Sin embargo, nadie supo qué droga contenían las setas hasta 1958, cuando Albert Hofmann, un químico suizo que trabajaba para Sandoz Pharmaceuticals, aisló y sintetizó los dos ingredientes activos principales, a los que llamó psilocibina y psilocina.

← *Psilocybe cubensis*, una especie psicodélica, en cultivo.

EL PADRE DE LA ETNOBOTÁNICA

Wasson y sus asociados no fueron los únicos que viajaron a México para aprender sobre los antiguos rituales con hongos de los pueblos indígenas. Richard Evans Schultes, el renombrado etnobotánico de Harvard, viajó a la región por esa misma época para recolectar todas las plantas potencialmente psicotrópicas. Schultes documentó el uso de hongos con psilocibina en ceremonias chamánicas de los pueblos indígenas mesoamericanos y halló pruebas de «cultos a los hongos» documentados en escritos antiguos. También encontró artefactos, entre ellos «piedras en forma de seta», que eran veneradas por los chamanes y se mantenían ocultas para evitar la represión de los colonos. En la imagen, Schultes en la Amazonia en torno a 1940.

Setas mágicas

En su último viaje a México, Wasson estuvo acompañado por el renombrado micólogo Roger Heim, que pudo estudiar e ilustrar las setas en su hábitat. La revista *Life* publicó las acuarelas a tamaño real de Heim, que se reproducen aquí, junto con los nombres científicos que se les asignaron en aquella época.

Conocybe siligineoides

Psilocybe aztecorum

Psilocybe caerulescens var. mazatecorum

Psilocybe caerulescens var. nigripes

Psilocybe mexicana

Stropharia cubensis

Psilocybe zapotecorum

Hofmann no era ajeno a las propiedades alucinógenas de los hongos. En 1938 sintetizó la dietilamida de ácido lisérgico (LSD-25), que se aísla del hongo *Claviceps purpurea* (cornezuelo), y fue esta fascinación por los alucinógenos la que le llevó a investigar las especies de *Psilocybe*.

Curiosamente, la Agencia Central de Inteligencia (CIA) de Estados Unidos también viajó a México con Wasson para descubrir las setas mágicas, solo que Wasson no sabía de su presencia en aquel momento. Antes de su tercer viaje de campo, Wasson recibió una carta manuscrita que parecía ser de un estudiante de posgrado llamado James Moore que deseaba estudiar las setas mágicas. Moore afirmaba que había obtenido una beca a través de una fundación de investigación y que la utilizaría para ayudar a financiar la expedición de Wasson si se le permitía viajar con él. Wasson aceptó llevar a Moore a México sin darse cuenta de que tanto el dinero como Moore procedían de la CIA. La posterior recolección de hongos por parte de Moore pasó a formar parte de un programa de control mental de la CIA conocido como Proyecto MK-Ultra, dirigido por el controvertido químico y maestro del espionaje Sidney Gottlieb.

Intrigadas por el artículo de Wasson en *Life*, muchas otras personas llegaron a la región en los años siguientes. En el verano de 1960, el doctor Timothy Leary estaba de vacaciones en Cuernavaca cuando probó unas setas compradas a un vendedor ambulante. Como psicoterapeuta y recién nombrado director del Centro de Investigación de la Personalidad de la Universidad de Harvard, Leary pensó que las setas podían constituir la base de su recién propuesto enfoque existencial de la psicoterapia, que se centraba en la inmersión del terapeuta en la confusión psicológica del paciente.

Leary pensaba que las setas alucinógenas podrían ser el instrumento ideal para que el terapeuta pudiese alcanzar el estado mental de los perturbados, y a las seis semanas de su regreso de Cuernavaca, Sandoz Pharmaceuticals le proporcionó cuatro frascos de pastillas de psilocibina purificada para su investigación. Junto con un colega, Richard Alpert (que más tarde cambió su nombre por el de Ram Dass), y varios estudiantes de posgrado, Leary comenzó a experimentar con los efectos de diferentes dosis del alucinógeno.

Para escapar de la frialdad del mundo académico, los experimentos de Leary pronto se trasladaron del aula a su casa y a residencias de estudiantes. Los universitarios empezaron a oír rumores sobre sesiones de psilocibina que se convertían en orgías. Los rumores también llegaron a los psicólogos tradicionales de Harvard, y su descontento no tardó en llegar a las páginas del *Harvard Crimson*. Cuando Leary comenzó a incluir mescalina y LSD en sus experimentos, el claustro decidió que había ido demasiado lejos y, en 1963, tanto Leary como Alpert fueron despedidos. Para entonces, sin embargo, los jóvenes de todo el mundo fumaban marihuana y exploraban todo tipo de drogas alucinógenas: el Verano del Amor estaba a la vuelta de la esquina.

Hongos extremófilos

No existe ningún lugar en la Tierra donde los hongos no dominen o, como mínimo, lo colonicen. Los entornos terrestres constituyen el principal reino de los hongos, por supuesto, pero también hay algunos que se han adaptado a hábitats más extremos.

Allí donde los climas templados y húmedos favorecen la vida, los hongos son evidentes; las setas vistosas brotan del suelo y de la madera en descomposición. En los trópicos húmedos y lluviosos, los hongos y los líquenes cubren todas las superficies (y se cubren entre ellos), pero también se pueden encontrar en zonas mucho más secas del mundo. Aunque pueden permanecer bajo tierra durante años, o incluso siglos, están presentes en las Grandes Llanuras de Norteamérica, el Mediterráneo, el abrasador interior de Australia e incluso en el Valle de la Muerte de California, haciendo lo que tienen que hacer para sobrevivir. Quizás lo más sorprendente es que la costa rocosa, helada y azotada por el viento de la Antártida también cuenta con hongos. De hecho, los hongos *dominan* la vida en este entorno extremo, aunque es poco probable que los vea a menos que sepa buscarlos.

HONGOS DEL DESIERTO

En los desiertos, los hongos están presentes año tras año, pero en muchos casos rara vez emergen para formar cuerpos fructíferos. Si las setas del desierto llegan a mostrarse, será después de una precipitación poco frecuente, y estarán

→ Una extensión de desierto al sur de Bagdad, Irak, parece el último lugar donde uno esperaría encontrar hongos, pero las especies de *Terfezia* fructifican después de las lluvias invernales. Estas apreciadas trufas del desierto alcanzan un precio elevado en los mercados de todo Oriente Medio.

acompañadas de micófilos que tratan de marcarlas en su «lista de deseos», como los observadores de aves en busca de ejemplares raros. Sin embargo, aunque son raras y presentan interesantes adaptaciones que les permiten vivir en un entorno árido, estas extrañas setas no son muy atractivas a la vista. De hecho, debido a la presión evolutiva, todas tienen un aspecto muy similar: una especie de sombrero cerrado en forma de bola sobre un pie largo, muy arraigado en el suelo (presumiblemente debido a una zona húmeda profunda). Aunque muchas de estas setas son del tipo con láminas, estas nunca se forman por completo y sus sombreros nunca se abren: las delicadas

↑   Cuando llueve en los hábitats desérticos, aparecen especies de *Podaxis*, que se parecen un poco a las setas barbudas.

↗   Otra seta peculiar del desierto es *Battarrea phalloides*; curiosamente, produce esporas en la parte superior de su sombrero, no por debajo.

láminas y la superficie del himenio se secarían al instante. Entre los hongos del desierto se encuentran las especies *Battarrea*, *Podaxis* y *Tulastoma*, muy conocidas en los hábitats áridos de Australia, Norteamérica y Europa, y trufas del desierto como las especies *Terfezia* y *Termania* (aunque estas últimas especies permanecen bajo tierra durante toda su vida, incluso durante el período de fructificación).

Los hongos de las costras biológicas del suelo son más comunes que las setas en las regiones áridas, pero son igual de misteriosos y se está empezando a entender su importancia para sus ecosistemas. Muchos hongos de la costras biológicas del suelo son, de hecho, pequeños líquenes que se unen y estabilizan el suelo, e incluso fijan el nitrógeno de la atmósfera, añadiendo nutrientes fundamentales a los suelos áridos. Las biocostras del desierto resultan dañadas con suma facilidad por las perturbaciones causadas por el ganado y los vehículos recreativos, y tardan mucho en volver a crecer.

HONGOS ENDOLÍTICOS

Posiblemente, el último lugar de la Tierra en el que se buscarían hongos es la Antártida. Sin duda, se trata del hábitat más difícil para que los hongos —de hecho, toda forma de vida— puedan sobrevivir. No solo es un lugar siempre frío, seco y ventoso, sino que durante la mayor parte del año está completamente a oscuras. Esa oscuridad se ve interrumpida por un período estival en el que hay luz durante las 24 horas del día, con una intensa radiación ultravioleta debido a la fina capa de la atmósfera y de ozono. No obstante, los hongos han encontrado aquí el modo de vivir, en algún punto entre el límite de la adaptabilidad y la muerte, sobreviviendo a duras penas y reproduciéndose en raras ocasiones.

No hay mucho sustento para un saprótrofo, pero los hongos coprófilos se han adaptado a la vida en los desechos de las aves marinas. La mayor parte de la vida fúngica se presenta en forma de líquenes, que son los productores primarios dominantes de la región. Dado que la vida en las condiciones antárticas resulta excepcionalmente dura, los líquenes se han convertido en endolíticos, es decir, existen (sorprendentemente) dentro de las rocas porosas expuestas del paisaje antártico.

Las colonias de hongos endolíticos se distinguen por las bandas de diferentes colores en la roca: las bandas negras se componen de líquenes melanizados y hongos no liquenizados (la melanina protege contra la intensa radiación UV), y debajo se puede encontrar una capa verde, compuesta por algas fotosintéticas no liquenizadas y cianobacterias.

Esta extraña forma de vida fue completamente desconocida hasta la década de 1980, pero los hongos endolíticos se consideran ahora un tema de estudio curiosamente importante. ¿Por qué? Porque se ha postulado que las condiciones de la Antártida podrían parecerse a las de Marte en sus inicios.

↑ Hongos amantes del estiércol (coprófilos). En la Antártida, estos hongos se han adaptado a las condiciones extremas alimentándose de los excrementos de aves marinas.

TUBER MELANOSPORUM

Trufa negra

La más apreciada

NOMBRE CIENTÍFICO	*Tuber melanosporum*
FILO	Ascomycota
ORDEN	Pezizales
FAMILIA	Tuberaceae
HÁBITAT	Bosques

Aunque se recolectan muchas especies de trufas con fines comerciales en todo el mundo, la trufa negra del Périgord (*Tuber melanosporum*) en Francia y la trufa blanca del Piamonte (*Tuber magnatum*) en Italia dominan el mercado. La demanda de estas trufas supera con creces la oferta y la recolección silvestre resulta imprevisible, lo que supone que alcancen precios de entre 1150 y 4050 euros por kg.

Todo el mundo se lo pregunta: si son tan difíciles de encontrar en estado silvestre, ¿por qué no se cultivan? El problema es que el cultivo de la trufa es muy difícil, en parte debido a su ciclo de vida clandestino bajo tierra. Las trufas son simbiontes micorrícicos; *Tuber melanosporum* y *Tuber magnatum* viven en las raíces de encinas y robles (*Quercus* spp.) y avellanos (*Corylus avellana*). Sus hifas se extienden hacia afuera en todas direcciones y, si se fusionan con otras de su misma especie, pueden dar lugar a un cuerpo fructífero. Las ascósporas se producen en los cuerpos fructíferos, pero como estos permanecen bajo tierra, tienen que depender de los animales para su dispersión. Los animales micófagos, incluidos los jabalíes y los roedores, desentierran las trufas y se las comen; las esporas pasan a través de su tracto digestivo y después las dispersan con sus heces.

La clave del éxito de la trufa es su olor. Los componentes de su aroma son imitaciones irresistibles de las feromonas sexuales de los mamíferos, lo que no solo ayuda a estos a localizarlas por el olfato, sino que también las hace irresistibles para los seres humanos. Ese aroma se describe como terroso, a ajo, almizclado o sexi. El principal compuesto químico responsable es el 2,4-ditiapentano, que se sintetiza y se utiliza en la industria alimentaria para crear todo tipo de aceites y otros productos con «sabor a trufa». También lo utilizan los falsificadores, que no solo mezclan especies de trufa más baratas en lotes de trufa negra para aumentar su peso, sino que también las adulteran con aromas sintéticos. Tal es la magnitud (y el coste) de este problema que los biólogos están trabajando para crear un genoma completo de la trufa negra con la esperanza de producir pruebas rápidas que determinen la autenticidad de todas las trufas en el momento de la venta.

→ Si se corta un cuerpo fructífero de trufa se observa el himenio (o superficie productora de esporas) oscuro y retorcido. El himenio estará cubierto de ascas.

La próxima generación de trufas

Las trufas son cuerpos fructíferos subterráneos producidos por ciertos hongos. El cuerpo fructífero es aromático y nutritivo, y así atrae a numerosos mamíferos. El principal objetivo de este tipo de hongos es, por supuesto, la reproducción. En el interior de la trufa hay ascas, cámaras que albergan las ascósporas con la superficie ornamentada. Allí donde se depositen en el bosque, las esporas germinarán y podrían asentarse en las raíces de los árboles hospedadores, dando inicio a una nueva generación de trufas.

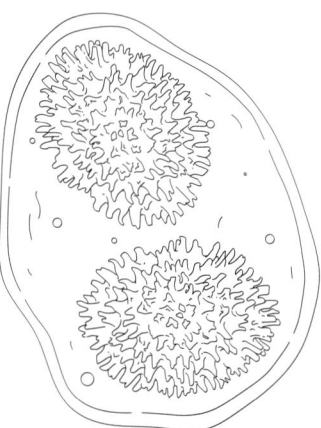

MORCHELLA *SPP.*

Colmenillas de los incendios

Setas enigmáticas

NOMBRE CIENTÍFICO	Morchella spp.
FILO	Ascomycota
ORDEN	Pezizales
FAMILIA	Morchellaceae
HÁBITAT	Bosques y zonas alpinas

Además de las trufas, ninguna seta silvestre es tan apreciada por su valor culinario como las colmenillas. Y tampoco ninguna resulta tan enigmática, se asocia tanto a la sabiduría tradicional o ha sido tan alabada (y denostada) como ellas. Todos los continentes, excepto la Antártida, cuentan con especies de colmenillas, y donde hay colmenillas, hay recolectores apasionados que guardan en secreto los lugares donde se recogen estas joyas de primavera.

Sin embargo, por muy escurridizas que sean las especies de colmenillas negras y amarillas, existe una todavía más enigmática: la misteriosa colmenilla de los incendios o colmenilla del fuego. Estos nombres se deben a que la seta en cuestión solo fructifica en la primavera siguiente a un incendio forestal. Aunque se sabe de la existencia del micelio en hábitats que no han ardido, algo cambia cuando se produce un incendio y, en la primavera siguiente, el bosque carbonizado y árido se cubre de una erupción de colmenillas que hay que ver para creer. Los investigadores han planteado que los cambios en el pH del suelo, la salinidad o la liberación de nutrientes después de un incendio podrían estimular el micelio para que fructifique, o que tal vez el fuego cambia la biología, la química o los microorganismos competidores del suelo tras el incendio. No se sabe con certeza.

Por tanto, cuando se produzca un incendio forestal, marque el lugar en su mapa y espere. Cuando llegue la primavera, las colmenillas de los incendios volverán a esporular, pero tendrá que ser rápido: el fenómeno solo dura unas semanas y después vuelven a esconderse, a la espera del próximo gran incendio.

Las escurridizas colmenillas son objeto de una búsqueda larga y difícil (a menudo en vano) desde hace siglos. Me preguntan constantemente por qué no se cultivan. Y la respuesta siempre es la misma: ¡porque es imposible! Muchos lo han intentado durante mucho, mucho tiempo. Algunos experimentos en granjas comerciales de colmenillas, en Alabama y Michigan, dieron resultados durante un tiempo, pero al final no lograron ser sostenibles. Sin embargo, en los últimos tiempos se ha producido un gran avance (o eso parece).

Resulta que algunas especies de colmenillas que fructifican en zonas alteradas o quemadas (por ejemplo, *Morchella importuna*) pueden ser domesticadas. Zhu Douxi, director del Instituto de Investigación Mianyang sobre Hongos Comestibles de Hong Kong, es un pionero en el mundo de la micología y conocido como «el padre de las colmenillas» en China. Es la primera persona del mundo que ha conseguido cultivar colmenillas al aire libre con éxito. Su técnica de cultivo (ha tardado 27 años en desarrollarla) consiste en cultivarlas en bolsas de nutrientes enterradas bajo terrazas con sombra. Además, sus métodos ya se están reproduciendo en al menos 20 países de Europa, el norte de África y Asia.

→ La primera señal de la primavera: la colmenilla de los incendios emerge un año después de un incendio forestal en Montana.

Oronja mortal

La más infame

NOMBRE CIENTÍFICO	*Amanita phalloides*
FILO	Basidiomycota
ORDEN	Agaricales
FAMILIA	Amanitaceae
HÁBITAT	Bosques y zonas urbanas

Amanita phalloides es una de las especies de setas más extendidas en el mundo. Aunque la oronja mortal se describió por primera vez en Europa, en la actualidad se conoce en todos los continentes, excepto en la Antártida. También sabemos más sobre su ecología que la del resto de setas porque allá donde aparece, la muerte no tarda en llegar. Como ya hemos mencionado, esta seta es responsable de la mayoría de las muertes por intoxicación por hongos en todo el mundo, y los expertos predicen que el número de intoxicaciones por oronjas mortales continuará aumentando.

La gran difusión actual de *Amanita phalloides* se atribuye a su capacidad para asociarse con una amplia variedad de árboles hospedadores, entre los que se incluyen especies hortícolas y de gran importancia económica por sus frutos secos, su madera y su pulpa. Esto le ha permitido ser transportada y trasplantada en todo el mundo; en Norteamérica, el área de distribución de la oronja mortal se ha expandido de manera espectacular en solo unas décadas, y no hay motivos para pensar que no lo seguirá haciendo.

Si le interesa recolectar setas silvestres para el consumo, resulta esencial que se familiarice con todas las especies de *Amanita* mortales. Las setas peligrosas, incluida la oronja mortal, se parecen en muchos casos a otras setas comestibles conocidas, incluidas algunas especies cultivadas. Los recolectores inexpertos asumen erróneamente que las setas venenosas advertirán del peligro inminente con colores llamativos, olores fétidos o un

sabor amargo o desagradable, pero no necesariamente es así. Mientras que la mayoría de los organismos tóxicos o venenosos de la naturaleza presentan colores aposemáticos o «de advertencia», como el rojo y el amarillo, los hongos no siguen esa regla. De hecho, las setas venenosas más comunes son de color marrón apagado o gris, y muchas son de color blanco. Además, la mayoría tienen un sabor bastante agradable, por lo que no hay nada que nos advierta de que lo que estamos saboreando en un plato cocinado está a punto de matarnos.

→ La seta más infame del planeta es la oronja mortal, *Amanita phalloides*. Esta seta es responsable del 90-95 por ciento de las muertes por setas en todo el mundo.

PSILOCYBE CUBENSIS

Setas mágicas

Química asombrosa

NOMBRE CIENTÍFICO	*Psilocybe cubensis*
FILO	Basidiomycota
ORDEN	Agaricales
FAMILIA	Hymenogastraceae
HÁBITAT	Bosques y zonas urbanas

Psilocybe es un género extenso (casi 400 especies en todo el mundo) de hongos pequeños de color marrón que crecen en madera en descomposición o en el estiércol de mamíferos. Psilocybe cubensis, la especie más conocida del grupo (sin duda, debido a lo fácil que resulta cultivarla), es originaria del Caribe y la región del Golfo de México. Otras especies notables son Psilocybe tampanensis, que produce esclerocios subterráneos tuberosos (vendidos en algunas zonas de Europa como «trufas mágicas»); Psilocybe weraroa (de Oceanía, incluida Australia) y Psilocybe semilanceata, conocida como mongui y originaria del norte de Europa, ahora ya se encuentra en céspedes y pastos de todo el mundo.

Lo que hace que las setas *Psilocybe* sean tan «mágicas» es el compuesto psicotrópico triptamínico psilocibina (o sus análogos, la psilocina o la baeocistina). Con la excepción de las esporas, todas las partes de la seta contienen el compuesto y, una vez ingerida, la psilocibina se convierte rápidamente en psilocina en el cuerpo. La psilocibina y la psilocina se asemejan en estructura al neurotransmisor serotonina, y por ello se unen y activan los receptores de serotonina en el cerebro. Todavía no se sabe con certeza cómo funciona la psilocina —y la serotonina— en el cerebro, pero se cree que la serotonina desempeña un importante papel en la integración de la información que llega desde todos los órganos sensoriales (ojos, oídos, nariz, etcétera). La psilocina parece funcionar de manera similar, pero altera la información que procede de los órganos sensoriales, y esa alteración es la que provoca las alucinaciones.

Los psicodélicos producen un estado atípico de conciencia que se caracteriza por una alteración de la percepción, la cognición y el estado de ánimo. Desde hace tiempo se reconoce que estos compuestos podrían tener potencial terapéutico para trastornos neuropsiquiátricos como la depresión, el trastorno obsesivo-compulsivo y las adicciones. De hecho, la psilocibina y la psilocina se utilizaron con éxito para tratar a decenas de miles de pacientes en las décadas de 1950 y 1960, y recientemente han vuelto a situarse en primera línea de investigación. Entre los psicodélicos, se ha demostrado que la psilocibina alivia muy rápido los síntomas de la depresión, con beneficios continuados que duran varios meses tras una sola dosis del fármaco.

→ Las setas de *Psilocybe cubensis* contienen compuestos psicotrópicos en todo el cuerpo fructífero, con excepción de las esporas.

Pan de nativos

Setas esquivas

NOMBRE CIENTÍFICO	*Laccocephalum mylittae*
FILO	Basidiomycota
ORDEN	Polyporales
FAMILIA	Polyporaceae
HÁBITAT	Bosques

Una de las setas más extrañas de Australia es también la más esquiva del país. De hecho, el esclerocio del hongo —normalmente, una masa tuberosa muy grande— es más frecuente que los cuerpos fructíferos propiamente dichos. El reverendo Miles Berkeley fue el primero en clasificar esta seta en el género *Mylitta*, ya que pensó que se trataba de una trufa. Sin embargo, cuando H. T. Tisdall mostró una con setas emergentes en un club de naturalistas de campo en Victoria, en 1885, se determinó que se trataba de un políporo terrestre con pie.

Actualmente denominado *Laccocephalum mylittae*, este hongo saprotrófico se encuentra en los bosques pluviales y de eucaliptos del sur y el este de Australia. Se conocen al menos otras dos especies relacionadas de otros hábitats y regiones de Australia. Los primeros relatos escritos afirman que los indígenas australianos consideraban el esclerocio desenterrado como un manjar; probablemente se cortaba en rodajas y se comía crudo (lo que le valió el nombre de «pan de nativos»). Esto resulta inusual: aunque muchos hongos producen esclerocios duros, muy probablemente para almacenar nutrientes antes de la reproducción, solo unos pocos han sido recolectados por los seres humanos para utilizarlos como alimento. En el hemisferio norte sabemos que *Wolfiporia extensa* («tuckahoe») era consumida por los nativos americanos, pero *Polyporus tuberaster*, un políporo similar a *Laccocephalum*, no se come (aunque esto podría deberse

a su aspecto, parecido a una piedra, sumado al hecho de que en su interior se acumulan piedras y otros residuos, de ahí que también se conozca como «hongo piedra»).

Se cree que los esclerocios de *Laccocephalum mylittae* crecen sin problemas bajo tierra durante muchos años, posiblemente incluso décadas. Existen ejemplos documentados de fructificación en interiores varios años después de haber sido recogidos en el bosque. Los esclerocios pueden alcanzar tamaños enormes —entre 4,5 y 9 kg no es algo inusual— y, además del almacenamiento, estas estructuras también podrían ser una adaptación a la vida en hábitats propensos a los incendios. Sin duda, los incendios forestales parecen ser el catalizador de la formación de los hongos. Tras los incendios masivos que se produjeron en Australia en 2019, se observó la aparición generalizada de hongos *Laccocephalum* en zonas donde antes no se conocían. Una especie, *Fomitopsis tumulosa* (ante (*Leucocephalum tumulosum*), se conoce como «cantero fénix» debido a su hábito de surgir de las cenizas tras los incendios.

→ El enigmático *Laccocephalum mylittae*. Fiel a su nombre, este hongo puede producir setas a partir de un esclerocio similar a una piedra, incluso después de haber sido desenterrado.

Peziza de las carboneras

Ecología sorprendente

NOMBRE CIENTÍFICO	*Geopyxis carbonaria*
FILO	Ascomycota
ORDEN	Pezizales
FAMILIA	Pyronemataceae
HÁBITAT	Bosques y zonas alpinas

Los incendios sin precedentes que se han producido durante varios años consecutivos en numerosas partes del mundo han permitido estudiar con mayor detalle un grupo concreto de hongos poco conocidos y vistos. Se trata de los hongos pirófilos, que aparecen casi exclusivamente después de un incendio. Como ocurre con las colmenillas de los incendios (*véase* página 268), el calor es sin duda un factor que interrumpe la latencia de las esporas y el esclerocio en numerosas especies de hongos pirófilos. El fuego también provoca un aumento espectacular de la alcalinidad del suelo (un pH más alto) y una reducción de la competencia de otros microbios presentes en el suelo, lo que también ayuda a los hongos. Sin embargo, ¿dónde están estos enigmáticos hongos en los años intermedios, y qué hacen en ese tiempo?

La respuesta es que muchos de estos hongos viven como endófitos dentro de líquenes, musgos, briófitos y otras plantas (también árboles) en zonas propensas a los incendios. La mayoría de los hongos pirófilos son ascomicetos, como la mayoría de los hongos de los líquenes, aunque algunos son basidiomicetos (entre ellos, algunas especies de *Pholiota*). No deja de ser un dato interesante, ya que este género es más conocido por sus especies saprotróficas; dondequiera que haya madera en descomposición, es probable que también se encuentren *Pholiotas*. No ocurre lo mismo con las especies pirófilas del género, que parecen ser endófitas de briófitas.

Posiblemente, el más bello de todos los hongos pirófilos es *Geopyxis carbonaria*. Conocido como peziza de las carboneras, estas copas bastante grandes con pie aparecen en abundancia a principios de la primavera siguiente a un incendio forestal, y representan un indicador de que la fructificación de las colmenillas de los incendios es inminente. Esta seta es muy conocida en todo el mundo, desde Australia hasta Norteamérica, y prácticamente en todos los lugares intermedios, y aunque el suelo recién quemado podría cubrirse con este hongo, prácticamente solo aparece ese primer año después del incendio. Después, vuelve a esconderse y continúa con su vida como un importante simbionte del bosque, a la espera del próximo gran incendio que le indique que es hora de entrar en acción.

→ Las pezizas de las carboneras suelen ser la primera forma de vida que emerge de las cenizas de los incendios forestales.

GLOSARIO

anamorfo Estado o forma asexual de un hongo. Compárese con teleomorfo.

arbúsculos Haustorios muy ramificados de hongos micorrícicos arbusculares, considerados el principal lugar de intercambio entre el hongo y el huésped; su nombre se debe a que parecen «árboles pequeños».

asca Célula en forma de saco que produce ascósporas; las ascas son características de los ascomicetos.

ascocarpo Cuerpo fructífero que contiene ascas y ascósporas.

ascomicético Referido a los ascomicetos.

ascomicetos Grupo de hongos que se reproducen sexualmente mediante la formación endógena de ascósporas en un asca.

ascóspora Espora haploide producida en el interior de un asca tras la cariogamia y la meiosis.

aseptado Que carece de septos, a menudo relacionado con las hifas que se observan en los zigomicetos.

basidio Célula en forma de maza que produce basidiosporas; los basidios son característicos de los Basidiomycota.

basidiocarpo Cuerpo fructífero que contiene basidios y basidiosporas.

basidiomicetos Grupo de hongos que se reproducen sexualmente mediante la producción de basidiosporas a partir de un basidio.

basidiospora Espora haploide producida en un basidio tras la cariogamia y la meiosis.

cariogamia Fusión de dos núcleos haploides dentro de un dicarión para formar un cigoto diploide; compárese con plasmogamia.

catabolismo Descomposición de moléculas complejas, en organismos vivos, para formar otras más simples junto con la liberación de energía.

coprófilo Que crece en estiércol

cuerpo fructífero También denominado «seta», es la estructura sexual productora de esporas de los hongos ascomicetos o basidiomicetos. Los autores también utilizan el término «cuerpo de fructificación».

diploide Núcleo que contiene el conjunto completo de cromosomas (*2n*) resultante de la fusión de dos núcleos de hifas haploides distintas, pero sexualmente compatibles; cada una de las cuales tiene solo la mitad (*n*) del número diploide de cromosomas.

ectomicorriza (también llamada «hongo EcM») Micorriza en la que las hifas fúngicas crecen alrededor de la raíz y entre las células de la epidermis.

esclerocio Masa altamente condensada de hifas estériles (asexuales) indiferenciadas típicamente recubiertas por una corteza dura, leñosa, gruesa y oscura. Estas estructuras permiten que los hongos que las producen sobrevivan en condiciones ambientales adversas.

esterigma Pequeña estructura estrecha en forma de tallo en el ápice de un basidio sobre la que se forma una basidiospora.

estroma Masa compacta de tejido fúngico sobre o dentro de la cual se desarrollan los cuerpos fructíferos.

facultativo Opcional, adjetivo que se refiere a un atributo biológico o forma de vida, como un método de alimentación, locomoción, obtención de energía, reproducción o asociación. Así, un organismo puede ser carnívoro, anaerobio, aerobio, parásito o simbionte facultativo; lo contrario de obligatorio.

fotobionte Alga o cianobacteria fotosintetizante que forma parte de las asociaciones simbióticas conocidas como líquenes.

gleba Masa interna del tejido portador de esporas de los hongos gasteroides, como los bejines, las estrellas de tierra y los hongos fétidos. En este último grupo, la gleba es una sustancia gelatinosa y maloliente que recubre por ejemplo la superficie del sombrero.

haploide Número de cromosomas (*n*) en un gameto, que es la mitad del número diploide (*2n*) en un cigoto. La fase haploide predomina en el ciclo vital de la mayoría de los hongos. Durante la fase sexual, dos núcleos compatibles se fusionan (cariogamia) para formar un cigoto diploide; a continuación se produce la meiosis, que da lugar a esporas haploides que producen nuevas hifas haploides.

haustorio Apéndice especializado de un hongo parásito que penetra en los tejidos del huésped, pero no en sus membranas celulares. Los haustorios de los hongos arbusculares se denominan «arbúsculos».

heterotálico Hongo que requiere dos tipos compatibles de apareamiento para que se produzca la reproducción sexual.

hifa Filamento del micelio de los hongos.

himenio Tejido fértil que da origen a las esporas sexuales y las alberga (por ejemplo, las láminas a los agáricos y los poros de los boletos y los políporos).

himenóforo Estructura que soporta el himenio, la seta.

homotálico Hongo autofértil.

hongos imperfectos (deuteromicetos) Agrupación informal y polifilética de hongos no relacionados entre sí que solo se conocen por sus formas anamórficas (es decir, de reproducción asexual). Muchos de ellos son anamorfos de ascomicetos y basidiomicetos, pero sin cuerpos fructíferos sexuales, sus afinidades siguen siendo desconocidas.

láminas En los agáricos, pliegues en forma de láminas que soportan el himenio.

liquen Organismo compuesto formado por una asociación simbiótica entre un hongo (el micobionte), que forma el talo del liquen, y un alga fotosintética o una cianobacteria (el fotobionte), o ambos. La morfología y la fisiología del liquen son muy diferentes de las de cualquiera de los simbiontes que viven por separado.

meiosis Proceso por el cual un conjunto diploide (*2n*) de cromosomas en organismos eucariotas se replica primero (*4n*), después se somete a una división reductora (2 ′ 2*n*) y, a continuación, a una segunda reducción para producir 4 gametos o esporas haploides (*n*).

micelio Conjunto de hifas que compone el talo de un hongo.

micobionte Socio fúngico productor del talo en las asociaciones simbióticas conocidas como líquenes.

micorriza arbuscular (también conocidos como «hongos AM») Hongo micorrícico que vive como simbionte de las raíces de las plantas; al crecer, sus hifas penetran en las células corticales, pero no en la membrana celular, de su planta huésped y producen estructuras absorbentes que reciben el nombre de arbúsculos.

micosis Infecciones causadas por hongos a animales o plantas.

mitosis Proceso en las células eucariotas por el cual los cromosomas contenidos en un núcleo se replican primero y después se separan en dos copias idénticas del conjunto original. Una copia de cada conjunto va a un núcleo filial.

monocarión Espora fúngica o célula hifal que contiene un solo núcleo haploide.

GLOSARIO

obligado «Por necesidad», adjetivo que designa un atributo biológico o modo de vida, como un método de alimentación, locomoción, reproducción o asociación. Así, un organismo puede ser carnívoro, anaeróbico, o simbionte obligado; lo contrario de facultativo.

plasmogamia Fusión citoplasmática de dos células hifales compatibles.

rizomorfo Cordón micelial de hifas paralelas agregadas adheridas a la parte basal de algunas setas.

saprobio Que obtiene el alimento de los organismos muertos o en descomposición.

saprófito Plantas (en sentido amplio) que se alimentan de materia orgánica en descomposición.

saprotrófico Adjetivo que describe a un organismo que se alimenta de materia orgánica muerta.

septo «Partición» o pared transversal en una hifa o espora.

taxonomía Disciplina dedicada a la recolección, catalogación, clasificación y denominación de los organismos.

taxonómico Adjetivo que se refiere a la nomenclatura de un organismo o grupo de organismos.

teleomorfo Fase sexual de un hongo. Compárese con anamorfo.

zigosporas Esporas sexuales de paredes gruesas formadas por la fusión de dos gametangios similares; características de los zigomicetos.

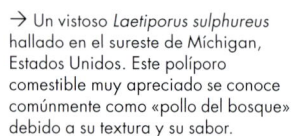

→ Un vistoso *Laetiporus sulphureus* hallado en el sureste de Míchigan, Estados Unidos. Este políporo comestible muy apreciado se conoce comúnmente como «pollo del bosque» debido a su textura y su sabor.

RECURSOS

BIBLIOGRAFÍA RECOMENDADA SOBRE CIENCIA DE LOS HONGOS, TOXINAS, HISTORIA, FOLCLORE E IDENTIFICACIÓN DE HONGOS

Ainsworth, G. C., *Introduction to the History of Mycology*, Cambridge University Press, Cambridge, 1976.

Alexopoulos, C. J.; Mims, C. W., y Blackwell, M. M., *Introductory Mycology*, 4.ª ed., Wiley, Nueva York, 1996.

Arora, D., *Mushrooms Demystified: A Comprehensive Guide to the Fleshy Fungi,* 2.ª ed. Ten Speed Press, Berkeley, 1986.

Benjamin, D. R., *Mushrooms: Poisons and Panaceas*, W. H. Freeman and Company, Nueva York, 1995.

Boughler, N. L., y Syme, K., *Fungi of Southern Australia*, University of Western Australia Press, Nedlands, WA, Australia, 1998.

Bunyard, B. A., y Lynch, T., *The Beginner's Guide to Mushrooms: Everything You Need to Know, from Foraging to Cultivation*, Quarry Books, Beverly, MA, 2020.

Bunyard, B. A., y Justice, J., *Amanitas of North America*, The FUNGI Press, Batavia, Illinois, 2020.

Dugan, F. M., *Fungi in the Ancient World: How Mushrooms, Mildews, Molds, and Yeast Shaped the Early Civilizations of Europe, the Mediterranean, and the Near East*, APS Press, St. Paul, 2008.

Harding, P., *Mushroom Miscellany.* Collins, Londres, 2008.

Hudler, G. W., *Magical Mushrooms, Mischievous Molds*, Princeton University Press, Nueva Jersey, 1998.

Kendrick, B., *The Fifth Kingdom*, Focus Publishing, Newburyport, MA, 1992.

Laessøe, T., y Petersen, J. H., *Fungi of Temperate Europe*, Princeton University Press, Nueva Jersey, 2019.

Letcher, A., *Shroom: A Cultural History of the Magic Mushroom*, Harper Collins, Nueva York, 2007.

Lincoff , G., *National Audubon Society Field Guide to Mushrooms*, Knopf, Nueva York, 1981.

Marley, G. A., *Chanterelle Dreams, Amanita Nightmares*, Chelsea Green Publishing, Vermont, 2010.

McIlvaine, C., *One Thousand American Fungi*, Bobbs-Merrill Company, Indianapolis, 1900.

Millman, L., *Fungipedia: A Brief Compendium of Mushroom Lore*, Princeton University Press, Nueva Jersey, 2019.

Money, N. P., *Mushroom*, Oxford University Press, Nueva York, 2011.

Petersen, J. H., *The Kingdom of Fungi*, Princeton University Press, Nueva Jersey, 2012.

Phillips, R., *Mushrooms and Other Fungi of North America*, Firefly Books, Nueva York, 2010.

Ramsbottom, J., *Mushrooms & Toadstools: A Study of the Activities of Fungi*, Collins, Londres, 1953.

Rolfe, R. T., y Rolfe, F. W., *The Romance of the Fungus World: An Account of Fungus Life in Its Numerous Guises, Both Real and Imaginary*, Lippincott Co., Filadelfia, 1925.

Schaechter, E., *In the Company of Mushrooms*, Harvard University Press, MA, 1997.

Taylor, T. N.; Krings, M., y Taylor, E. L., *Fossil Fungi*, Academic Press, Londres, 2015.

Webster, J., y Weber, R., *Introduction to Fungi*, 3.ª ed., Cambridge University Press, Cambridge, 2007.

ORGANIZACIONES Y PÁGINAS WEB DEDICADAS A LA DIVULGACIÓN Y LA CONSERVACIÓN DE LOS HONGOS

Associazione Micologica Bresadola
ambbresadola.it

Australasian Mycological Society
australasianmycologicalsociety.com

European mushroom information
fungus.org.uk

European Mycological Association
euromould.org

**Fungal Network of New Zealand -
New Zealand Mycological Society**
funnz.org.nz

Fungi Magazine
fungimag.com

Fungi of California
mykoweb.com

Index Fungorum
indexfungorum.org

Mushroom Expert
mushroomexpert.com

Mushroom Observer
mushroomobserver.org

Mushroom Growers' Newsletter
mushroomcompany.com

North American Mycological Association
namyco.org

→ Las *enokitake* (o simplemente *enoki*) son setas cultivadas populares en la cocina japonesa. Esta seta, *Flammulina velutipes*, también crece en estado silvestre y actúa como un importante hongo de la podredumbre de la madera.

ÍNDICE

ÍNDICE

AGRADECIMIENTOS

Este libro es muy personal. Además de ser una recopilación de datos que encontrará en muchos otros recursos micológicos, también es un compendio de mis historias favoritas sobre hongos de todo el mundo. Algunas de ellas, sin duda, serán conocidas para los micófilos formados. Muchas otras resultan bastante desconocidas, y es probable que este libro sea el único medio en el que las encuentre impresas. Espero que disfrute leyendo sobre estos fascinantes organismos tanto como yo he disfrutado escribiendo.

Estoy en deuda con los numerosos educadores y mentores que me han influido a lo largo de mi vida; necesitaría mucho espacio para darles las gracias a todos, y los editores son muy estrictos en cuanto al número de palabras. Gracias a los fotógrafos que han compartido las hermosas imágenes de setas y hongos utilizadas en este libro. Gracias también a los autores de los numerosos artículos publicados en *Fungi Magazine* a lo largo de los años; algunos de ellos dieron pie a parte de las entradas de este libro. Y sería un descuido por mi parte no dar las gracias a Kate Shanahan, Natalia Price-Cabrera y a todo el talentoso equipo de editores e ilustradores de UniPress Books por proponerme la idea de este libro, y por su paciencia y tolerancia conmigo durante todo el proceso.

CRÉDITOS DE LAS IMÁGENES

El autor y el editor agradecen sinceramente el permiso para reproducir en este libro el siguiente material protegido por derechos de autor.

Shutterstock: pág. 4 (sup. izda.): vilax; pág. 4 (sup. dcha.): valzan; pág. 4 (inf. izda.): bogdan ionescu; pág. 4 (inf. dcha.): Aksenova Natalya; pág. 5 (sup. dcha.): xpixel; pág. 5 (c. dcha.): Pisut chounyoo; pág. 5 (inf. izda.): Shutter_arlulu; pág. 5 (inf. dcha.): lcrms; pág. 7: CKHatten; págs. 8-9: Take Photo; págs.10-11, 273: Dmytro Tyshchenko; pág. 12: mark higgins; pág. 13: Protasov AN; pág. 16: Matteo Chinellato; pág. 30: Kichigin; pág. 34: epioxi; págs. 38, 41, 227 (sup.), 277: Henri Koskinen; pág. 39: Josep M. Peñalver Rufas; 57: weinkoetz; págs. 66-67: Denis Gavrilov Photo; pág. 70: Melinda Fawver; pág. 71 (sup.): Kimberly Boyles; pág. 72 (sup.): Anne Powell; pág. 77: Anita Kot; pág. 79: Filip Fuxa; págs. 80-81: Pablo Rodríguez Merkel; pág. 89: PHOTO FUN; pág. 101: Sajjadabda; pág. 103 (inf.): LI CHAOSHU; pág. 110: Pee Paew; pág. 117: bogdan ionescu; pág. 119: krolya25; pág. 123: Ralf Broskvar; pág. 137 (círculo.): FtLaud; pág. 137 (círculo): Yayah-Ai; pág. 142: Ruth Swan; pág. 152 (sup.): Platoo Fotography; págs. 154, 247: Everett Collection; pág. 159: Agorastos Papatsanis; pág. 163: Somogyi Laszlo; pág. 174: Michael Siluk; pág. 177: Zulashai; pág. 179: MR. AUKID PHUMSIRICHAT; págs. 184-185: dugdax; pág. 188: My September; pág. 203: Henrik Larsson; pág. 205: R. Croskery; pág. 208: Iva Hari; pág. 213: Budimir Jevtic; págs. 214-215: James Percy; pág. 216: Ryan McGill; pág. 218: Favious; pág. 219 (inf.): Chen Min Chun; pág. 222: Susanne Leitgeb; pág. 223: Matjaz Preseren; pág. 224: Wingedbull; págs. 226, 233: sruilk; pág. 228: Kirsanov Valeriy Vladimirovich; pág. 231: LariBat; pág. 237: FotoLot; pág. 245: ChWeiss; pág. 246: Kallayanee Naloka; pág. 248 (izda.): Martina Kachakova; pág. 248 (dcha.): Jirawan Muangnak; pág. 249: Kateryna Kon; págs. 252-253: Botanic Table of Elements; págs. 256-257: NK-55; pág. 258: anitram; pág. 261: Joseph Sohm; pág. 264 (izda.): Dominic Gentilcore PhD; pág. 265: Botond Horvath; págs. 280-281: Mary Elise Photography; pág. 283: dan_nurgitz.

Alamy Stock Photo: págs. 3, 271: Roger Phillips; págs. 6, 25: Pat Canova; págs. 42-43: Henrik Larsson; pág. 45: Naturepix; pág. 47: fotototo; pág. 50: 916 collection; pág. 55: Malcolm Schuyl; pág. 71 (inf.), 106, 129, 217: Henri Koskinen; pág. 83: Panther Media GmbH; pág. 91: Buiten-Beeld; pág. 97:

Nature Picture Library; pág. 100: Arterra Picture Library; pág. 103 (sup.): INTERFOTO; pág. 108: Tommi Syvänperä; pág. 111: Science Photo Library; pág. 113 (sup.): Science Photo Library; pág. 131: Kevin Oke; pág. 133: Hakan Soderholm; pág. 137 (inf.): Colin Munro; pág. 138 (dcha.): Nature Picture Library; pág. 144: Andrew Hasson; pág. 145: Inga Spence; pág. 147: Ashley Cooper pics; pág. 152 (inf.): danaan andrew; pág. 153 (sup.): Tribune Content Agency LLC; pág. 157 (sup.): Science History Images; pág. 157 (inf.): Glasshouse Images; pág. 167: Roger Philips; pág. 180: Emmanuel LATTES; pág. 183 (sup.): Scenics & Science; pág. 186: Bill Gozansky; págs. 192-193: Biosphoto; pág. 195: Marina Sutormina; pág. 199: image BROKER; pág. 201: Lee Rentz; pág. 202: David Pressland; pág. 227 (inf.): Custom Life Science Images; pág. 250: Justin Long; pág. 254 (izda.): Marcus Harrison – plantas; págs. 262-263: REUTERS; pág. 267: Hemis; pág. 269: Randy Beacham; pág. 275: Reading Room 2020.

Science Photo Library: pág. 20: Javier Aznar / Nature Picture Library; pág. 21: Eye of Science; pág. 31: Hervé Conge, ISM; pág. 63: Wim Van Egmond; pág. 69: Dennis Kunkel Microscopy; pág. 95: SCIMAT; pág. 95 (recuadro): Keith Weller / US Department of Agriculture; pág. 139 (izda.): US Fisheries and Wildlife Service / Ryan Von Linden, New York Department of Environmental Conservation; pág. 225: Dr. Kari Lounatmaa; pág. 235: Photo Researchers, Inc.

Nature Picture Library: pág. 14: Guy Edwardes; pág. 22: Guy Edwardes / 2020VISION; págs. 24: John Waters; págs. 26-27: Andrés M. Domínguez; pág. 33: Niall Benvie; pág. 73: Juergen Freund; pág. 173: Bence Mate.

Nature in Stock: pág. 2: Ronald Stiefelhagen; pág. 84: Paul Bertner / Minden Pictures.

Fotógrafos independientes: pág. 17: Corentin C. Loron; págs. 18, 114, 116, 241: Britt A. Bunyard; pág. 35: Joe McFarland; pág. 59: Jonathan Frank; pág. 61: James & Dawn Langiewicz; pág. 87: Carlos Cortés; pág. 93: Daniel Winkler; pág. 107 (sup.): Eric Smith; pág. 127: Andrus Voitk; pág. 161: Enrique Rubio; pág. 169: Danny Newman.

Creative Commons / Dominio Público: pág. 23: Dominio Público / DP-EE. UU.- expirado; pág. 44 (izda.): Gerhard Kollor (CC BY-SA 3.0); págs. 44 (dcha.), 105: Alan Rockefeller (CC BY-SA 3.0); pág. 48: Janet Graham (CC BY 2.0); pág. 49 (izda.): Sealox (CC BY-SA 4.0); pág. 49 (dcha.): Dominio Público / DP-EE. UU.-expirado; pág. 53: Lesfreck (CC BY 3.0); pág. 68: Stu's images (CC BY-SA 3.0); pág. 72 (inf.): Karin März/Dominio Público; págs. 74-75: Jpallante (CC BY-SA 4.0); pág. 78 (izda.): Bob Blaylock (CC BY-SA 3.0); pág. 78 (dcha.): Dominio Público / DP-EE. UU.-expirado; pág. 82: James Sowerby / Dominio Público / DP-EE. UU.-expirado; pág. 104: Paul Venter / Dominio Público; pág. 107 (inf.): Henk Monster (CC BY 3.0); pág. 107 (recuadro): Michael Koltzenburg (CC BY-SA 3.0); pág. 109: Ben Mitchell / Wildeep / Dominio Público; págs. 112, 165, 244 (dcha.): Nephron (CC BY-SA 3.0); pág. 113 (inf.): Graham Beards (CC BY-SA 4.0); pág. 118: Dominio Público / The National Gallery, Londres; pág. 121: Yue Jin / Dominio Público; pág. 125: Jamain (CC BY-SA 3.0); pág. 138 (izda.): Dr. Alex Hyatt, CSIRO (CC BY 3.0); pág. 139 (dcha.): Djspring (CC BY-SA 3.0); pág. 140: Vanvlitp (CC BY-SA 3.0); pág. 141: Claudette Hoffman (CC BY-SA 3.0); pág. 142: Dominio Público (CC BY-SA 3.0); pág. 146: Akerbeltz (CC BY-SA 3.0); pág. 149: Mary Ann Hansen (CC BY-SA 3.0); págs. 150-151: Baker, Joseph E. / Dominio Público; pág. 151 (recuadro): Dominique Jacquin / Dominio Público; pág. 153 (recuadro): Smartse (CC BY-SA 3.0); pág. 172: Dominio Público; pág. 178: Ryane Snow (CC BY-SA 3.0); pág. 183 (inf.): Rit Rajarshi (CC BY-SA 4.0); pág. 190: Dominio Público / Dominio Público / DP-EE. UU.-expirado; pág. 191: Jason Hollinger (CC BY 2.0); pág. 197: Gilles San Martin (CC BY-SA 2.0); págs. 210, 211 (sup.): Keith Weller / USDA; pág. 211 (inf.): Sara Wright / USDA; pág. 212: André-Ph. D. Picard (CC BY-SA 3.0); pág. 219 (sup.): Michael Hartwich (CC BY-SA 4.0); pág. 221: Sasata (CC BY-SA 3.0); pág. 244 (izda.): CDC / Dra. Lucille K. Georg (PHIL #3964), 1955; pág. 254 (dcha.): Dan Molter (CC BY-SA 3.0); pág. 259: Dominio Público; pág. 264 (dcha.): Doug Collins (CC BY-SA 3.0).

Se ha tratado por todos los medios de localizar a los titulares de los derechos de autor y obtener su permiso para utilizar material protegido. La editorial pide disculpas por cualquier posible error u omisión en esta lista de créditos, y agradecería la notificación de las correcciones, que se incorporarían en futuras reimpresiones o ediciones de este libro.